JN067971

①調査船ペリカン号がメキシコ湾の海底（水深2180m）に置いたワニの死骸を食べる
巨大なオオグソクムシ（長さは40cm近い）

②大きなオタマボヤの一種
（長さ12cm、青い線が体の輪郭）と、
粘液でできた横筋模様の泡巣

③鯨骨に取りついたホネクイハナムシ
Osedax

④カリフォルニア沖のモントレー海底谷（水深3000m）に横たわるクジラの「ルビー」。
骨はホネクイハナムシが食べている最中で、センジュナマコと呼ばれるピンク色のナマコが集まりつつある

⑤クダクラゲの *Marrus orthocanna*、⑥剛クラゲの *Aegina citrea*、
⑦オタマボヤの *Bathochordaeus stygius*、⑧硬クラゲ *Liriope* の一種、
⑨鉢虫類の *Crossota norvegica*、⑩クダクラゲ *Chuniphyes* の一種、
⑪生物発光している鉢虫類の *Periphylla periphylla*。大きさの縮尺は不統一

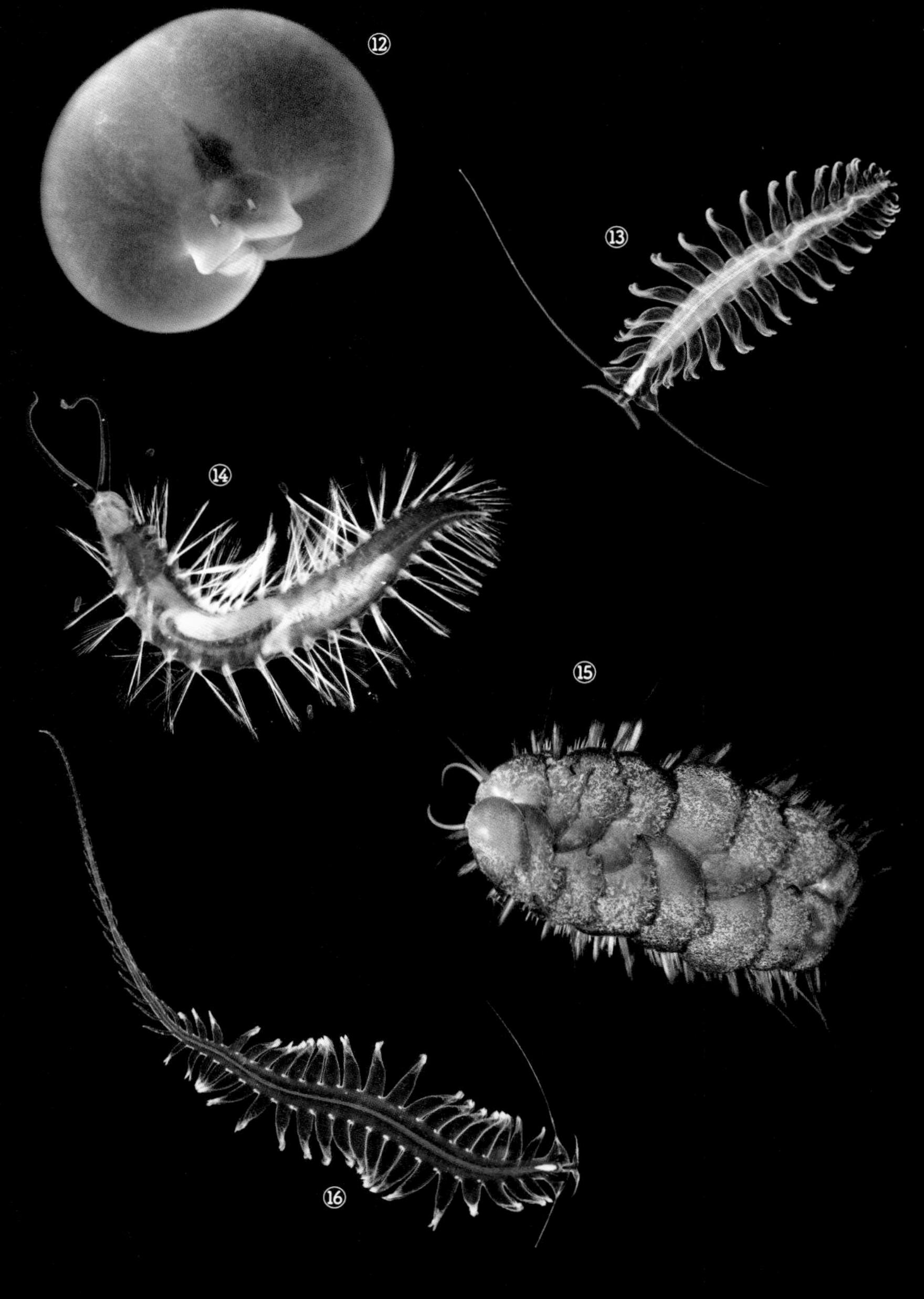

⑫ツバサゴカイ（英名は「ブタノシリムシ」）の一種、⑬オヨギゴカイの一種、⑭明るく輝くハボウキゴカイの一種、
⑮ウロコムシ *Peinaleopolynoe* の一種、⑯オヨギゴカイの一種。大きさの縮尺は不統一

⑰餌を捕獲するための触手を大きく広げた有櫛動物。メキシコ湾（水深1460m）

⑱熱水噴出孔のチムニーに群がるホフガニ（6〜7cm）。
南極海の東スコシア海嶺（水深2400mくらい）

⑲マリアナ海溝にいる端脚類
Eurythenes plasticus（5cm）

⑳マリアナ海溝（水深7037m）にしかけた
サバに集まった端脚類を食べるクサウオ

㉑クロソコイワシを食べる
テカギイカ（25cm）

㉒マリンスノーに取り囲まれるコウモリダコ（30cm）。モントレー湾（水深756m）

㉓シマトウダイの一種とイシサンゴの *Lophelia*。メキシコ湾（水深496m）

㉔海山に生育する各種サンゴ。手前の赤いサンゴにはクモヒトデがいる。
北太平洋のドビュッシー海山（水深2195m）

㉕英名を「キイロガラスカイメン」というカイロウドウケツの *Bolosoma*。
北太平洋のシベリウス海山（水深2479m）
㉖八放サンゴの *Acanthogorgia* の上で生活するコシオリエビの一種。メキシコ湾
㉗八放サンゴの *Iridogorgia* と、ピンク色のコシオリエビの一種。メキシコ湾

㉘北太平洋にあるジョンストン環礁の近くの海山上にある
「奇妙な者たちの森」（水深2359m）のサンゴや六放海綿

㉙ウロコフネタマガイ（2.5cm）。インド洋のケイリ熱水噴出域

The Brilliant Abyss

True Tales of Exploring the Deep Sea,
Discovering Hidden Life and
Selling the Seabed

深海底希少金属と
死んだクジラの教え

深海学

ヘレン・スケールズ［著］
林 裕美子［訳］

築地書館

ジョシュ、サム、デイビッドへ

THE BRILLIANT ABYSS
by
Helen Scales

Published by arrangement with Folio Literary Management, LLC, New York
and Tuttle-Mori Agency, Inc., Tokyo
Japanese translation by Yumiko Hayashi
Pubulished in Japan by Tsukiji-Shokan Publishing Co., Ltd., Tokyo

目次

第3部　深海底ビジネスの光と影

第4部　深海底金属の開発と保護

・本文中の〔　〕は訳者による注です。
・本文中の＊付きの番号は欄外注と、（　）内の番号は巻末の注釈と対応します。
・一ドル一一〇円で換算しています。

プレリュード

私は調査船ペリカン号の中央甲板のじゃまにならない場所に立って、眼下で進行する作業を見守っていた。全長三五メートルの船は一日半前に港を出発し、夜のあいだに米国ルイジアナ州南部の暗い塩性湿地帯を抜け、メキシコ湾の暖かい海の波間へと進んでいた。海に出ると、目に見えるのはごく身の回りの小さな世界だけになった。私は一〇人の海洋学者の一人として調査船に乗り組み、いくつもの深海調査を行なうことになっていた。船の運航にはそのほかに一一人の乗組員が携わった。食堂には、食事時には全員が集まり、テレビを見るときには三々五々集まった。小さな研究室もあり、それ以外に個室もいくつかあったが、個室とは名ばかりの四人部屋だった。私は棺桶のような寝台をあてがわれ、そこにうまく出入りするには寝返りを打つように体を回転させればよいことを覚えた。共用のトイレもあり、船乗りたちは「ヘッド」と呼ぶ習わしのようだが、うねりが高いときにつかめるようにと頑丈な手すりが水平に取りつけられていた。一日目の朝起きると、船のまわりはどちらを見ても水平線までメキシコ湾の波だけが続いていた。しかしそのあとすぐ、はじめは見えなかった海が見え始めた。

調査に必須の機械は船の後部甲板にクレーンでぶら下げられ、深い海に送りこまれるのを待っていた。深海用の潜水艇は小型車くらいの大きさの金属製パイプの枠でできていて、その枠には鮮やかな黄色の浮きとともに多数の電子機器やセンサーが取りつけられていた。前部先端には寄り目のガラスの目玉が二つあり、可愛らしいロボットが心配そうな顔をしているように見えた。目玉に見えるのはステレオ・カメラのレンズで、これが深い海で私たちの眼となる。腕も二本あった。そのうちの一本は、ジョイントで七方向の動きができる高性能の腕で、船上にいる熟練した人間の操縦士の動きを忠実に再現できる。二本目は、回転したり、つかんだり、離したりという単純な作業をボタンスイッチで操作する。掃除機の吸いこみホースのような、表面に波形の凹凸のあるプラスチック製の長いチューブも備え——スラープガンと呼ばれる——、海底の物体をやさしく吸いこんで水面まで運ぶことができる。潜水艇の上下左右の方向転換は、いくつもある小さなプロペラで行なう。そして、私の手首くらいの太さがあるケーブルで、係留のための重りの役目もする総重量二五〇キログラムの電子機器の塊につながっていた。そこから長いケーブルが船上まで延びて動力を供給するとともに、船上から潜水艇への指令が伝わり、潜水艇が撮影するリアルタイムの映像が船上へ送られる。潜水艇には人が乗りこむ余地はない。乗組員はみな船上にとどまる。

潜水艇は四隅に取りつけられたロープで吊り下げられ、それぞれのロープには一人ずつ黄色いヘルメットをかぶった作業員がつかまっていた。作業員たちは、甲板を横切って船べりから海に突き出すように潜水艇を移動させたあと、空中でぶらぶらと揺れる動きを、まるで動物の調教師のように制御した。もし潜水艇が生きた動物なら、そのあと起きることを察知して、自由に敏捷に動ける場所へもどろうとして引き綱を引っ張るような動きをしたことだろう。しかしそのあとクレーンは先端を下げて潜水艇を海面に浮かせた。安堵の息のような泡を漏らした潜水艇は、もがくように動いて船から少し離れた。特等席から見下ろしていた私は、巨大なウィンチが動き始めてケーブルが繰り出され、数百万ドル〔数億円〕はする最新鋭の機材が深い海へと潜っていくのを見守った。

船の各所に据えられたモニターには潜水艇から送られてくる動画が映し出され、作業の進行具合を見ることができた。まずは、調査船の脇を金色のホンダワラの仲間の葉状体が漂う泡だらけの青い水を通り抜けた。そのあと緑色になった水は、深度計の数値が着実に大きくなるにつれて次第に暗くなり、やがて潜水艇のヘッドライトは永遠の闇を照らした。

潜水艇が水深二〇〇〇メートルあまりの海底にたどりつくのに一時間かかった。降下する途中で興味をそそる深海の生き物が視界をよぎったが——クラゲやイカのようだった——、操縦士たちは潜水艇を止めて観察するよう指示を受けていなかった。私がはっきりと観察できた最初の動物は海底のすぐ上を泳いでいた。透明な深紅の生き物で、英語では「頭のない鶏のお化け」と呼ばれることもある。スーパーマーケットの店頭で売られている羽をむしった鶏とよく似た姿をしていて、鶏の死骸に命が吹きこまれて深い海に舞いこんだようだった。[*] これは正式にはユメナマコの仲間 *Enypniastes* で、ナマコとしては珍しいことに時々泳ぐ。海底でごろごろしているのろまな仲間とはちがい、時々、活動的になり、フラメンコの踊り子の波打つスカートのように見える体をしなやかにうねらせて、海底の表面近くを優雅に滑るように移動する。流れに乗って漂ったあとはまた海底に下り、重々しい足取りで歩きながら餌を探す。勢いよく泳ぎ出すのは、何かから逃げ出すためとも考えられる。私が見たユメナマコは潜水艇に驚いたのかもしれない。あるいは、頭上から新たに次々と降ってくる新鮮な食べ物を探すために泳ぎ始

*——鶏の頭を切り落としたような体の切り口はじつはナマコの口にあたり、切り口のまわりには短い触手が環状に並ぶ。

めたのかもしれない。深い海では栄養のある食物に出くわすのは難しいので、できるだけたくさんの食物を見つけるための手段をいくつも用意する。そしてほかの深海の生き物たちと同じようにユメナマコも、暗闇で光を発する能力を進化させた。危険を感じると発光している外皮を脱ぎ捨て、おそらく攻撃者を惑わすためだろうが、光る自分の亡霊を置き去りにしてナマコ自身は逃走する。しかし潜水艇のライトは明るすぎて、私たちはその行動を確認できなかった。そうでなくても、ナマコを観察している時間の余裕はなかった。

そのあと一二時間のあいだ、ペリカン号の船上の科学者たちは二、三人ずつ交替で制御室――大きな金属製の箱を甲板に置いただけの部屋――に入り、調べたいことがあると潜水艇の操縦士たちに指示を出した。制御室にいるあいだは、足の下二〇〇〇メートルから送られてくる画像をモニター画面で見つめ続け、誰もがそれぞれに海底をリモート探査している気分になった。

海はこれまでいつも人間の生活を形づくってきたが、今のところは、海面と海の縁の部分から受ける影響がもっとも大きい。人々は海岸を歩き、陸と海の境界部に居を定めた。そのうち、食物を調達したり、遠い異国に赴いたり、軍隊を送ったり、植民地をつくったり、豊かな異国の恵みを手に入れたりするために海へ漕ぎだした。それでも食物の大部分は浅い海や海面近くで獲れ、世界経済を左右するような日々の糧の多くは高速道路で輸送される。さらに、心の安定を求めるため、あるいは荒々しい波を見つめて忙しい日常から逃れるために、海が見える場所に人々は足を運ぶ。海面のはるか下には、これま

でずっと見ることも考えることもなかった世界が広がる。しかし現代の人間と海洋との密接なつながりは、より深い海へと潜行している。

今が深海探査の黄金期であることに疑問の余地はない。科学者たちは深海用の潜水艇のような新しい高性能機材を使って、深い海がこれまで知られていたより広くて複雑な世界であることを明らかにしつつある。それほど遠くない過去には、深い海には生き物がいないと考えられていた時代もあったが、実際は、想像することすら難しい生き物たちが無数に生活している。ゼリー状の体を持つ生き物の宝庫で、あまりにも体が脆（もろ）くて手で持ち上げようとすると指のあいだをすり抜けて落ちてしまうほどなのに、人の体の細胞や分子なら押しつぶされて死んでしまうような途方もない水圧下でも、生活をかき乱されることはない。数億、数千億匹という小さな光る魚は、水面へ向かって猛スピードで泳いでは、また海の深みにもどるという生活を毎日繰り返す。漆黒の闇のなかで微生物の化学合成に頼って営まれる生態系では、細長いハオリムシは長さが三メートルにもなり、カニはダンスを踊り、巻貝はぴかぴか光る金属製の鎧を身につける。

深い海の研究は、地球上の生命についての概念そのものを変えつつあり、生命にはどのようなことができるかという法則も書き換えつつある。深い海は生命が最初に生まれた場所であるかもしれず、浅い水辺や陸上に進出する前に、複雑でややこしいつくりの体ができた場所かもしれない。それだけではない――科学者が時間をかけ、目をこらして調べれば調べるほど、深い海がどれほど重要であるかがわかってくる。深い海からは、目に見えないつながりが広く遠くまで延びていて、大気や気候のバランスが保たれ、生命に必須の物質がしまいこまれたり放出されたりしている。このような作用がなければ、地球は生き物にとって耐えがたい生存不可能な場所になってしまう。どんな生き物も深い海を必要とする。

深海学者が次々と目を見張るような発見をするのに忙殺される一方で、深い海について急いで知識を蓄え理解を深める必要が出てきた。深い海は、かつては手つかずの厳しい自然の象徴のように見なされていたが、人間が力を合わせて地球を手中に収めるにつれて、人の生活の影響をますます受けるようになった。

それと同時に、深い海にさらなる期待をする人も出てきた。深い海は人間が今直面している問題を解決できるのだろうか。深い海には人間を養えるだけの食料があるのだろうか。深い海は人の医療に役立つのだろうか。深い海は気候変動の危機から人類を救うことができるのだろうか。

深い海のおかげで金持ちになれると考える人たちもいる。海の水面下には、これまでは手が届かなかった、あるいは届いても手に入れるための費用がかかりすぎた物質や動物が存在するが、今は事情が急に変わってきた。浅い海では乱獲によって水産資源が枯渇しつつあり、漁船団の漁場は年を追うごとに深くなるので、成長が遅くて寿命が長いことで知られる魚種は数を減らしている。海底の採掘計画も進む。このまったく新しい産業は、傷つきやすい深海の生態系を一掃し、やがて、現代社会がますます頼るようになる電子機器を製造するためだけに深海底に眠る金属を収奪し、これまでになく大きな傷跡を地球の生態系に残すことになりかねない。

いずれにせよ、これからは海の活動の舞台が深い海域へと移っていく。今どのように決断し、何を選択するかによって、深い海の未来の姿が決まる。実業家や力のある国が思いどおりに事を運び、そうした人たちが自由に深い海を利用することが許されるなら、かつて考えられていたように、深い海は何もなく生き物もいない世界になるという皮肉で陰鬱な未来が待つ。

歴史を振り返ると、地球にある資源の探索や利用は、いつの時代も探検と手を取り合って進められ、その結果どのような事態を招くかに注意が払われることはほとんどなかった。利用できる新しい地域が見つかれば探索が進む。新たな資源を持ち出すための新たな開拓が始まり、最終的にその資源は枯渇する。原油や鉱物、森林や魚、クジラやラッコ、象牙目当てのゾウ、骨を漢方薬にするトラなど、枚挙にいとまがない。

しかし、別の道もある。

今私たちは、生きている地球と新しい関係を築けるかどうかの瀬戸際に立っていて、人間が必要としないものがあることや、手つかずのままにしたほうがよいほどの取っておきの大切な場所があることに気づく機会を与えられている。そうした場所のひとつが深い海なのだ。

第1部

深海生態学

生き物と化学合成と海山と

深海とは

コマのように回りながら移動する地球を宇宙空間の離れたところから眺めると、地球は水の惑星であることがわかる。表面の一〇分の七は、私たちの目には青く見える海で覆われる。太陽から届く光のうち青い光は海水を通過しながら深みへと吸いこまれる。浅い海域に置き去りになるほかの色は、振動する水の分子に吸収され、光の波長のなかでも四五〇ナノメーター以下の短い波長が吸収されずにしっかりと残ることで、地球は独特の青味がかった色になる。しかし、海の深くまで届く光の粒子でも、到達できる深度には限界がある。表層二〇〇メートル――米国シカゴの街並みなら一区画の長辺〔東京の国立競技場の短径〕くらいの長さ――より深い海域では、弱々しい青い太陽光だけがかろうじて残る。二〇〇メートルより深いと物理的な状態が変化して、海での生活は浅い表面海域と明らかに異なったものになる。定義上は、この深さから深海が始まる。

海の深さは平均すると三〇〇〇メートルくらいになり、これはニューヨークのエンパイアステートビルの一〇倍〔東京スカイツリーの五倍〕になる。およそ一〇〇〇メートルより深い部分には太陽光はまったく届かず、地球の表面の大部分は日射にさらされたことがないことを意味する。地球上には、明るい場所より永遠の闇に閉ざされた場所のほうがはるかに多いのに、私たちの多くはそのような暗い部分を目にすることはなく、そこに何が眠るのか知ることもない。

深海底の大パノラマ

海底よりも月の表面のほうがわかっていることが多いとよく言われるが、これはあながち間違いではない。月については解像度が七メートルの全体地図ができあがっているのに、深海全体の海底地図のもっとも詳細なものには、直径四・八キロメートルより大きな地形しか記されていない。しかし、月という天体との比較は重要な点を見落としている面もある。その理由のひとつは、月の地図と深海底の地図は大きさがずいぶんとちがうことだ。つまり、もし月の表面を一枚に薄く剝がして深い海底に並べることができるとしたら、一〇枚近く並べられる[1]。また、月の表面はカラカラに乾いていて、あいだにじゃまをする海や湖がないので、月までの距離は深い海底までの距離よりはるかに遠いにもかかわらず、地図をつくるのがずっとたやすいということもある。雲のない夜に望遠鏡で見れば、地球の側を向いている月の表面の様子なら誰でも観察することができる（地球から見えない側については、もっとややこしい話になる）。深い海底も同じように観察できるだろうか。

水の外套——上半分が青、下半分が黒——によって私たちの視界が遮られなければ、地球はかなりちがって見える。深い海底に広がる目を見張るような複雑な地形という絶景を目にすることになるだろう。そうするとたぶん、私たちの地球は一度爆発して傷跡を雑に縫い合わせたように見える。深い海底を横切る巨大なノコギリの歯のような傷跡は、地球上でもっとも長く、もっとも変化に富んだ山脈だ。中央海嶺と呼ばれる地形構造物でできる山脈はうねうねと六万キロメートルも延び、水面下の山頂は高いところで三キロメートル、幅は場所によって一六〇〇キロメートルにもなる。こうした山脈の多くは、地理的な位置にちなんだ名前がつけられている。大西洋中央海嶺はグリーンランドから南へはるか南極大陸まで延び、大西洋を二分する。インド洋は南西インド洋海嶺、中央インド洋海嶺、南東インド洋海嶺が分断している。オーストラリアとニュージーランドの南側を回りこむように続く太平洋南極海嶺は、北へ向きを変えると東太平洋海膨と名を変えて北米カリフォルニアへ向かう。ほかにも大きな山並みにつながる断片的な山脈がある。アデン海嶺はソマリアとアラビア半島のあいだに位置する。チリ海嶺は太平洋東部を南米大陸の先端まで延びる。長さ五〇〇キロメートルのワーン・デ・フュカ海嶺は、米国オレゴン州からカナダのバンクーバー島のあいだの北米太平洋岸沖にある。

こうした山脈はどれも、七つの地殻構造プレートや無数の小さな構造プレートの辺縁部に形成される。地球のいちばん外側の地殻という層が、巨大なジグソーパズルのように組み合わさっていて、その下にある粘り気のあるマントルの上を滑るように動きまわっている。水面下にある構造プレートが両側へ引っ張られて裂ける部分では、どこも深部のマントルからマグマが噴出し、大洋の中央にある山並みを押し上げ、湧き出たマグマで真新しい海底が生まれている。それが裂け目の両側へ押し出され、厚さ五～一〇キロメートルの玄武岩質の海洋地殻をつくる。

山並みが海底を横切るときに滑らかな線にならずに切れ切れになって襞（ひだ）のように並ぶことも多い。裂けた構造プレートがすれちがう場所では破砕帯が生まれ、地震が起き、津波が海を駆け抜ける。

こうした中央海嶺にそびえる頂上部の両側には深海平原ができ、思い思いの方向へ移動する――大西洋中央海嶺では山脈の東側と西側、太平洋南極海嶺では南側と北側。海面下三〇〇〇～五〇〇〇メートルに広がる深海の大平原は延々とどこまでも続く。水平方向の広がりなので、海底地形全体の大きな部分を占めることになり、地球表面の半分以上はこの大平原に覆われる。ハンガリーから中国までという広大なユーラシア草原でさえも、深海平原と比べると小さく見える。深海底に帯状に広がるこの平原は、試しに歩いてみるとふかふかしていることがわかる。その下にある海底の岩盤を探し当てるには泥を一キロメートル以上も掘らねばならず、場所によっては泥の厚さは一〇キロメートルにもなる。二〇一九年に更新された地球の海底堆積物地図を見ると、堆積泥はこれまでの研究による推測より三〇パーセント以上多い。[2] 堆積物には、川から水で流されたり、氷河に削られたり、風に吹き寄せられたりした風化岩石の粒子と、海面にいる微小な浮遊生物の死骸が広い海底の平坦な部分に降り積もったものが入りまじる。

深海平原は、単に終わりのない平坦な泥地が広がっている地形ではない。うねる丘や蛇行する谷で隔てられ、泥の噴出口が開き、泡風呂のようにメタンガスが噴出している場所もある。そして深海平原には無数の高い火山が点々と連なる。活火山も休火山もあり、形状が三角錐のものもあれば、やっと海底の表面に到達したと思ったら波で削られてしまったかのように頂上が平らなものもある。これは海山と呼ばれる地形で、山が単独で出現するところは中央海嶺の山脈とは異なるが、近接して並ぶものもある。大きな海山は構造プレートの中央部にある場合が多く、マグマ溜まりから溶けたマグマが海洋地殻を突き破って出てくる湧き出し口にできる。湧き出し口の上を構造プレートが移動すると、ケーキ工場でベルトコンベアに乗ってケーキができあがるのと同じように、海山が次々と連なる。

中央海嶺を背にして海山を横目に見ながら深海平原を移動していくと、海底は徐々に古くなり、やがて海の最深部へと続く地形の縁にたどりつく。そこは構造プレートが沈み込んでいる部分で、二つの構造プレートが衝突して片方のプレートがもう片方の下に潜りこんでいる。ここで古い海底はドロドロの地球内部に引きずりこまれて溶かされて再利用されるのだが、引きずりこまれる部分には深さ六〇〇〇メートルにもなる海溝が形成される。地球上にはこうした海溝が二七あり、古代ギリシャの冥府の神ハデスにちなみ、英語ではハダル・ゾーン（超深海層）と呼ばれる[3]。

海溝の断面はV字形をしていて、これが水平方向に数千キロメートル続く。大西洋とインド洋にはそれぞれ海溝がひとつだけあり、前者はプエルトリコとバージン諸島の北側にあるプエルトリコ海溝[*1]で、後者はインドネシアのジャワ島とスマトラ島の南側を湾曲して走るジャワ海溝である。また、南米ティエラ・デル・フエゴの南端沖の南極海には、サウスサンドウィッチ海溝とサウスオークニー海溝がある。残りの海溝はすべて環太平洋火山帯の周辺に位置し、太平洋の東側、北側、西側を馬蹄形に取り囲む。ここは多くの構造プレートがぶつかり合う海域で、非常に活発な地震活動が見られ、世界の地震の九〇パーセントがこの海域で起きる。ロシアからニュージーランドにかけて連なる海溝は、どれも深さが一万メートル以上ある。千島海溝、フィリピン海溝、トンガ海溝、ケルマデック海溝にくわえて、最深のマリアナ海溝は一万一〇〇〇メートルの深さを誇る。

地震学者は海溝がたてる音に耳を澄ませている。構造プレートが押し合いへし合いする沈み込み帯にできる壁のように急峻な海溝は、世界でもっとも激しい部類に入る地震によって絶えず持ち上げられたり揺さぶられたりしている。日本海溝にある一連の地震計は、二〇一一年に衝撃的な津波を引き起こしたような巨大地震が次にいつ起きるかを予測するために、ガラガラという海底の音をとらえるために設置されている。二〇一一年の津波では一万八〇〇〇人の命が失われ、福島第一原子力発電所が水浸しになり、チェルノブイリ以来最悪の原子力発電所事故が起きた。二〇二〇年四月に日本政府の地震調査委員会は、北海道付近の日本北部はいつ地震で津波が起きてもおかしくないと警告を発した。発生する時を正確に予見することはできないものの、調査委員会は古い堆積物を調べて三〇〇〜四〇〇年ごとに巨大地震が発生していることを突き止めた――最後に起きたのは一七世紀だった[4]。

身震いするような超深海層から陸の方向へ這い上がり、穏やかで静かな深海平原をまた横切ると、大陸棚の縁で深い海底とは別れを告げる。岸へと続くおなじみの浅い大陸棚の平原に出るためには、まずコンチネンタルライズと呼ばれる途方もない量の土砂堆積物の緩い斜面を登らなければならない。すると、大きな断崖のような大陸斜面が現われる。この斜面には、壁のような急峻な海底谷の切れこみが世界中で九〇〇〇カ所くらい刻まれている。アマゾン川、コンゴ川、ハドソン川、ガンジス川などの大きな河川の多くは水面下の海底谷とつながっているが、海底谷は川のように絶えず流れる水で刻まれるわけではなく、海底にたまった土砂が大陸棚の縁から崩れ落ちるときの水中地滑りで刻まれる。海底谷は平均すると長さが四〇キロメートル、深さが二・五キロメートルにもなるが、それより規模の大きなものはたくさんある。ナザレ海底谷はヨーロッパ最大の海底谷で、ポルトガルの海岸方向へ二一〇キロメートル延びる。

ここでは、荒々しい大西洋のうねりが漏斗(じょうご)形の渓谷を遡るときに寄せ集められ、型破りの波が生まれる。二〇一七年にはロドリゴ・コウシャというブラジル人のサーファーが、誰も乗ったことがないような大波（二四・四メートル）をとらえた。そして二〇二〇年には、同じブラジル人のマヤ・ガベイラ

＊1――カリブ海にはケイマン海溝もあるが、構造プレートの沈み込み帯にできたのではなく、中部ケイマン海膨の断層によってできた。

が女性記録（二二・五メートル）を打ち立てた。この時の波は、その冬にサーファーがとらえた最大のもので、女性プロサーファーとしては最高記録だった。地球の裏側にあるアラスカ沖のベーリング海にあるジェムハグ海底谷は幅が九六キロメートルあり、米国のグランドキャニオンは幅が一三キロメートルであることを考えると、いかに大きいかがわかる。米国を象徴する陸の渓谷グランドキャニオンの落差は、海洋でそれに匹敵するほど感動的なグレートバハマ海底谷の半分にしかならない。グレートバハマ海底谷は深海底から四二八五メートルもそびえ立つ。

しかし、海底のこのような壮大なパノラマは膨大な海水で覆われて見えない。二〇〇メートルより深い海の水の総量は、おおまかに言って一〇億立方キロメートルになる。八〇分ごとに一立方キロメートルの水を海に流しているアマゾン川でわかりやすく考えると、その流量で深海全体を満たそうとすると約一五万年かかる[5]。

しかしながら海洋は、そのようにして満たされたのではない。地球が生まれてからずっと海は存在したが、水がなぜそれほどの量になったのかは、宇宙学者のあいだでは永遠の謎になっている。多くの学者は、太陽系の外縁から氷の彗星が初期の地球に衝突して水が供給された可能性が高いと考えている。ピーナッツ形をした岩だらけの小惑星イトカワから持ち帰った塵の粒子に水が付着していたことから、地球にたどりついた水の半分は、宇宙空間を漂うありふれた岩に由来するかもしれないことが示された[6]。水を含んだ岩が合体して四五・五億年前に地球ができたことで、地球にはもともと原初の水[7]がいくらかあったのかもしれない。当時の地球は今より熱く、水素と酸素を豊富に含む鉱物が溶けて反応し合い、その結果できた水が地殻から染み出したとも考えられる。染み出した水は蒸発して、新たにできつつあった大気中へと上昇したことだろう。そのあと地球が冷えるにつれて水蒸気が凝縮して雲ができ、雨が降り始めた――たぶん四四億年前には早くも降っていた。そして海の形成が始まった[8]。

海洋の地質学的な記録は絶えず消し去られているので、太古の数々の海[*2]の歴史を知るのは難しい。地球の地殻の高い位置に太古から浮いている分厚い大陸と比べると、海底の地殻は薄く、若く、寿命が短い。沈み込み帯で地球内部に引きずりこまれるまでの海底の寿命は、数千万年、場合によっては数億年である（地史学的な視点からはそれほど長くない）。地球内部に引きずりこまれ、溶かされ、再利用できるようになると、再び地殻から押し出されて新しい海底地殻を形成する。たまに、太古の海底という厚板が持ち上げられて大陸の上に乗り上げることもある。そうすると、海底の地殻がそのまま残るので、地質学者が調べて遠い過去に起きたことを再構築できる。

西オーストラリアの奥地で見つかったそのような原始の海底からは過去の時代を垣間見ることができ、三〇億年以上前に地球の大部分は水で覆われていたと推測できる。ここの岩にわずかに残る化学成分からは、当時は水の豊富な世界が存在していたことがわかる。豊かな土壌に覆われた巨大大陸はなく、岩場ばかりの小島に毛が生えたくらいの微小大陸がところどころ波間から頭を出していた[9]。やがて、現在と同程度の大きさの大陸が出現し、悠久の時間が経過するうちに、その大陸が摺（す）り足ダンスを踊りながら、ゆっくりと地球全体をめぐるようになった。そして地球の海は、大陸のダンスの動きに合わせて常に形を変えてきた。

＊2――海が複数あるかのように「数々の海」と書いたが、本当は今も昔も地球にはひとつながりの水塊がひとつあるだけだ。本書で私は「海」「海洋」「数々の海」をその場に応じて使い分ける。特に海洋名を挙げないかぎり――たとえば太平洋、大西洋――、一般的な意味で地球上の塩水の水塊を指すと考えてほしい。厳密にはそれが地球の海になる。

かろうじて海洋とつながるような閉じた水域も形成され、太古の海は現われたり消えたりした。大陸が一カ所にまとまるとまわりにある水域も合体し、時には特大の海が形成された。一〇億年前には、ミロヴィア海と呼ばれる広大な海がロディニア超大陸を取り囲んでいたと考えられている。その大陸は裂けては合体を繰り返し、三億五五〇〇万年前にパンゲア大陸になった。パンゲア大陸はパンサラッサ超海洋に囲まれていたが、そのあと分裂して私たちが知る今日の海ができた。そのなかでもっとも古く、もっとも大きく、もっとも深いのが太平洋である。生まれてから二億五〇〇〇万年がたつ。その次に古いのが大西洋、インド洋、北極海になる。そして最後に南極大陸と南米大陸が三〇〇〇万年前に分裂し、地球の底に当たる部分で海水が時計回りに回転し始めて南極海が誕生した。

海底へ落ちていくビー玉

どこまでも広がる深い海底、深海平原や海山、海底谷や海溝、そして、それらすべてを水で覆えば、地球上で群を抜いた規模の生き物の生活の場ができる。地球の生物圏――生物が生活に利用できる空間の容積――の九五パーセント以上は深海が占める。[10] それ以外の空間すべてを合わせても――森林や草原、川や湖、山々、砂漠、浅い沿岸海域――、容積だけでみると、青い水面の下に横たわる広大な海洋には遠くおよばない。

もし船で外洋に出る機会があれば、船べりからガラスのビー玉を海中に落としてみてほしい。[11] ビー玉は最初の六、七分のあいだは海のいちばん最上層を沈んでいく。この層にはまだ太陽光が届き、表層あるいは真光層と呼ばれることもあれば、単純に有光層と呼ばれることもある。私たちにはいちばんなじみがある層で、これまでに知られている生物種のほとんどがこの表層部分の海に生息し、海洋の光合成はすべてここで行なわれる。太陽光を吸収する生物には大きな海藻もあれば、植物プランクトン[*3]とまとめて呼ばれる微小な単細胞生物もある。どちらも二酸化炭素を吸収して、ほかのほとんどの海の生き物のための食物につくり換える。

ビー玉が沈んでいくにつれて太陽光は薄れていく。深さ二〇〇メートルあたりまでくると青い光はまわりをやっと見まわせるくらいに弱くなり、光合成を行なえるほどの強さはなくなる。だから植物プランクトンは、これより深いところにはあえて行こうとしない（少なくとも生きているうちは行こうとしない）。

ここからビー玉は深海に突入する。これより深い層では水域が水平に積み重なっていて、ちょうど、パフェの縦長のガラス容器にゼリーを層状に入れたときのような状態になる。深さ二〇〇メートルのすぐ下にあるいちばん上の層は中深層である（トワイライト・ゾーンや弱光層と呼ばれることもある）。水深一〇〇〇メートルまであるこの藍色の薄暗がりの層をビー玉が通過するのに三〇分近くかかり、そのあと中深層は真っ暗闇の漸深層（ぜんしん）（ミッドナイト・ゾーンや無光層とも言う）に取って代わられる。漸深層の深さになると、下がり続けていた水温は変化しなくなる。ここまでビー玉は、太陽光で暖められた水面から海の暗い深部に向かうにつれて水温が急速に下がる水温躍層を通過してきたが、地球上のほ

＊3——植物プランクトンは、かつては植物だと考えられ、今でもさまざまな場面で藻類に分類されるが、実際のところは進化の系統樹に見られる種々雑多な分類群（上界や門）に属する生き物の寄せ集めで、珪藻類、円石藻類、鞭毛、シアノバクテリア類などが含まれる。

とんどの漸深層は水温が四℃で変化しない。[*4] ビー玉が漸深層を通過するのにさらに一時間半かかり、次に、水深四〇〇〇〜六〇〇〇メートルくらいにかけての深みに到達する。現在はこの深みを深海層と定義している。[*5]

　海底へ向かうビー玉の旅は、生きている動物たちの脇を通り過ぎる旅でもある。太陽光ではなく、数多くの光をつくる動物から発せられた光がガラス玉のなかで反射して瞬(また)き、発光する紐のような虫や点滅するハダカイワシなどは、光を返してくるのはいったいどんな動物なのだろうと訝(いぶか)るかもしれない。あるいは、ビー玉の表面に有機物が付着して、それを食べる小さなエビが玉乗りすることもあるかもしれない。漸深層の水中なら、イカを追いかけるマッコウクジラの尾で払いのけられることもあるだろう。海底谷の岩だらけの急峻な斜面を跳ね下りることもあれば、深海層の柔らかな深海平原に着地するかもしれない。深海平原なら、ナマコの一種が群れているだろう〔口絵④〕。薄いピンク色のナマコで、小さな子豚のようにも見えるが脚が多すぎ、ほかに隠れ場所を見つけられない棘だらけの赤いエビを背に乗せていることもある。ビー玉が海山の脇に着地すれば、そこで数百年という歳月を移動することなく生きてきた動物の森の茂みにまぎれこんで迷子になってしまうかもしれない。中央海嶺にある割れ目から噴き出す熱水泉の脇に落ちれば、特大の二枚貝や深紅の羽を持つ巨大なハオリムシの群れに出会うことになる。

　だが、もしねらいが正確だったらビー玉は海溝に落ち、海洋でいちばん深い超深海層にたどりつくこともある。そのような深みでもビー玉は生き物の脇を通り過ぎる。輪郭のはっきりしない幽霊のような魚だ。そして最終的に――水面で落としてから六時間後――、ビー玉は海のいちばん底に着地する。海面から一一キロメートルを少し上まわる深さで、ここでもビー玉を食べようとする空腹の白っぽい甲殻類の群れが寄ってくるかもしれない。

深海の広大さを考えると、生き物の種類数がどれくらいにのぼるかは、もちろんまったく不明で、生物分類学的な研究はまだ端緒についたばかりと言ってよい。フレッド・グラスルとナンシー・メイシオレックという二人の米国の科学者は、一九八四年にクッキーの抜き型のような箱形コアサンプラーという道具を使って、米国ニュージャージー州とデラウェア州沖の一五〇〇〜二五〇〇メートルという深い海底から泥の塊を採取した。丁寧に泥をふるい分けながら、どのような小さな生き物——さまざまな多毛類やハオリムシ類、甲殻類、ヒトデ、ナマコ、二枚貝や巻貝——もすべて拾い上げたところ、七九八種類を確認することができ、そのうち半数が新たに見つかった種だった[12]。平均すると海底一マイル四方(約二・六平方キロメートル)あたり三種の新種がいたことになるので、地球全体の深海平原には三〇〇〇万種の生物が生息していてもおかしくないとグラスルとメイシオレックは考えた。しかし、深い海によっては生物種の密度が低いところもあるかもしれないと二人は気づき、少なめの一〇〇〇万種に修正している。

グラスルとメイシオレックの画期的な研究から三五年以上がたってもなお、深い海の生物をすべて調べ上げようとする作業は続いている。二〇一九年には、カリフォルニア州より広い太平洋の深い海域で、一七人の著名な科学者が潜水艇を数百時間にわたって遠隔操作して深海を調べ、三年におよんだ調査の

＊4——最深部では海水温は二℃になり、極地ではさらに下がる。
＊5——深海学者たちは、四〇〇〇メートルより深い海底を指すのに深海層を使うが、一般にはもっと広く深海域を指す語として用いられ続けている。水深四〇〇〇〜六〇〇〇メートルの水中を指す専門用語には深海水層という語もある。

結果を発表した[13]。撮影した動物の写真は最終的に三四万七〇〇〇枚になり、そのうちすでに知られていた種類は五匹に一匹の割合しかいなかった。小さすぎたり、画像が不鮮明だったりして同定できないものもあったが、大半の動物は誰も見たことがなかった。深い海には豊かな生物の多様性が見られ、なじみのある浅い海にひけをとらない――おそらく陸上の生き物の多様性にも匹敵する。

深海生物の登録リストとして中心的役割を果たす「世界深海生物目録(WoRDSS)[14]」の生物種は二〇一二年から増え続けている。新しい種類が常に追加されているので、一覧が完成する見通しはたっていない。二〇二〇年時点の登録数は二万六三六三種だ。これらすべて、そしてこれら以外にも多くの種類が、深い海という極端に厳しい環境で生き残って子孫を残す手段を進化させてきた。そのようなことは、比較的最近まではあり得ないと考えられてきた。

深淵に棲むもの

深い海にいるのは怪物や悪魔や神だけであると人間は長いあいだ考えていた。神話をつくった者たちは、力のあるこうした存在を水の底に隔離して、真相を知ろうとする者たちの目から遠ざけた。そうしたものを海面で見かけるのは、故郷が恋しくて幻影を見る船乗りである場合が多く、ときおりしか目にしなかったことも、それが本当の話だと人々が信じ続けるのに手を貸した。

水の世界にはクラーケン、レビヤタン、トリトン、ポセイドンなどほかにも多くの名だたる怪物や神々が解き放たれ、水界を支配し、人間と海を分かち合ってきたことが、世界各地の文化を見るとわかる。日本の海坊主は僧侶という人の姿をした妖怪で、皮膚は真っ黒で触手を持つこともあり、海で嵐を引き起こす。スコットランド系ゲール人の神話では海龍セリアンが泳ぎまわり、アイスランドのサガの物語に登場する巨大な海の怪物ハーブグーバは島に化けている。タンガロアはマオリ族の海の神で、数多くの海の生き物の父親である。古代フィンランドの海の女神ベラモには娘がたくさんいて、人間の姿をして波間で生活しながら海底で牛を飼い、穀物を育てる。ティアマトは古代バビロニアの海の女神で、海龍として描かれることが多い。ノルウェー神話の海龍ジョルムンガンズはミッドガルド・サーペントとも呼ばれ、オーディン神によって海に投げこまれたのち、あまりにも大きく成長したので体が地球を一周して自分の尾を噛んだ。もしジョルムンガンズが自分のしっぽを口から放したら、ノルウェー神話で重要視されるラグナロクの数々の大事変が起きると考えられていた。

こうした想像上の生き物はどれも深い海とつながりがあるものの、本書で深海を意味する用語として使っている“abyss”を描く書物や物語が必ずしも海の深みと結びついているわけではない。“abyss”には、ほかにもいろいろな意味がある。ラテン語で「底なしの穴」を意味するabyssusや、ギリシャ語で「非常な深み」を意味するἄβυσσοςを語源とする。これまでは、地上と天国が創造された原初の混沌を指す言葉として使われてきたし、新約聖書に「底知れぬ所」と書かれているように、底なしの裂け目や地獄の奈落も指す。ジョン・ミルトンは、一六六七年に書いた『失楽園』で「深淵」という意味に用いて次のように記している。

……もしも全能の創造主(つくりぬし)がさらに
多くの世界を造るための玄妙な材料と定め給わなかったなら、
このままいつまでもこれらの四大は争い続けていたかもしれ

なかったのだ、――この狂乱の深淵に向かって、慎重な悪魔(サタン)は
地獄の縁(ふち)につっ立ったまま、じっと行く手を凝視し、自分の
これからの旅路のことを思った。横切ろうとする海原は決して
狭いものではなかったからだ。

(『失楽園(上)』平井正穂訳、岩波文庫)

境界がないもの、理解不能なもの、計り知れないものなら何でも深淵になる。一七世紀のドイツの哲学者ヤーコプ・ベーメが著書『シグナトゥーラ・レールム(物事の印)』で書いているように、「虚無のなかにあって虚無を見つめる永遠の目や深淵なる目」が存在する。これまで無数の作家が主人公を深淵の縁に立たせ、文字どおりあるいは比喩的に、一度足を踏み入れると二度ともどってこられない場所へ飛びこませようとしてきた。一七二三年にジェーン・バーカーが書いた小説『女性のためのパッチワークスクリーン(A Patchwork Screen for the Ladies)』には次のような詩が出てくる。

人間の愚行に煩わされずにたどろうとすると、
大衆の一部であろうと孤立していようと、
心を溺れ死にさせる深淵がたちはだかる。

比喩的に使われる「深淵」という語は、実際の海の深みを言い表わすのに確かにぴったりだ。海は底なしかもしれないと考えるのは難しくない。多くの人にとって深い海は調べようがなく、理解できない

もので、何かを投げ入れると二度と手もとにもどることはないように思える。しかし一九世紀の半ばになるまでは、海洋のもっとも深い部分を特に深淵と認識することはなかった。一九世紀の半ばは、海がどれくらい深いかを船乗りや科学者が調べ始めた時期にあたる。深い海を探索した第一世代で、鉛のおもりを船べりから下ろして、海底に到達するまでワイヤーを繰り出すという手間のかかる作業を行なって調べた。

海に深淵があることを広めた人物は、そうした深みから怪物を追い出すついでに、ほかのすべての生き物も閉め出してしまうのに一役買った。この若いイギリス人の博物学者エドワード・フォーブスは、一八四一年にギリシャとトルコのあいだにある地中海の入り江のエーゲ海の深海探索に出発した。目的は、海のなかの生き物の世界の構築に作用している力を解明することだった。英国艦船ビーコン号で一年半にわたる航海をしたフォーブスは、二三〇ファントム（四二〇メートル）もの深みから数々の動物を引き上げた[*6]。

捕獲網を風と人の力だけで海底を引きずったあと船に持ち上げる作業は大変な労を要した。フォーブスは膨大な数の動物を集め、船長室を資料保管室兼用の研究室にして、集めた標本を解剖して保存し、図を描いた。異なる種類の動物を見つけることだけに関心があったのではなく、どこで見つけたかを詳しく記録した。その四〇年前にドイツ人のアレクサンダー・フォン・フンボルトが、山の斜面には海面と同じ標高の森林とは異なる植物が生育することや、赤道から極地に向かうにつれて植物の種類が減ることに気づき、陸上の生き物は層状に分布するという理論を打ち立てていた。フォーブスは、海が深く

＊6——一ファントムは六フィート（約一・八メートル）で、もともとは成人が腕を広げたときの長さにあたる。

なるにつれて同じような鉛直方向の変化が見られるのではないかと探していた。

フォーブスの研究によって、海の生き物の生き様について多くの重要な事象が明らかになった。海底の硬さ——砂地、岩場、泥地——によって見つかる動物のタイプが異なることを示し、特定の場所にしか生息しない動物がいることも示した。決定的だったのは、海が深くなると生き物が減ってくることに気づいたことだった。探す場所が深くなるほど、生きた動物は見つけにくくなった。

フォーブスはエーゲ海での調査結果から論理的に推論して、深いところにはまったく生き物がいないという結論に到達した。そして一八四三年には、三〇〇ファントム（五五〇メートル）より深い海底に生き物はいないという法則にたどりつく。中深層の上限近くに境界線を引き、そこを地球の生き物が分布できる限界深とした。

当時フォーブスは大きな影響力を持っていて、この考え方は広く受け入れられた。もしもっと長生きをしていたら、ほかにも深い海について多くの科学的発見をしても不思議はない。一八五二年には、深い海でも特に一〇〇ファントムより深い海域を表わすのにはじめて"abyss"という語を使った。しかしその二年後に、著書の『ヨーロッパの海の自然誌（The Natural History of European Seas）』を執筆している最中に三九歳の若さで亡くなった。友人のロバート・ゴッドウィン-オースティンがその本を仕上げ、それには深い海に生き物はいないというフォーブスの考え方が盛りこまれていた。

この海域では、深みに行くほど生息している生き物はますます奇妙な姿になり、数もどんどん減った。これは、海の深淵では生き物が死に絶えるか、あるいは、かろうじて生き延びている痕跡があるだけという私たちの説と一致する。

無生物論として知られるようになった理論は広く受け入れられた。暗く、冷たく、何でも潰れてしまう水圧がある深さは生命を寄せつけないにちがいないという自分の論理を下支えするデータをフォーブスが持っていたことも一因だった。しかし、そのデータには不適切な点が三つあった。ひとつ目は、海底での採集に用いた道具はとても理想的とは言えない代物だったことだ。おもに使ったのは、小さな穴を開けたキャンバス地の袋で、フォーブスとビーコン号の乗組員がこの網を海底で引きずると、袋はすぐに泥でいっぱいになり、小さな穴は詰まってしまった。何か動物を捕まえられたとしても、それはたまたま最初の引き始めに袋に入った動物だった。

二つ目として、海洋についての一般的な主張をするのにエーゲ海は調査海域として適当ではなかった点が挙げられる。地中海のこの海域は、浅い場所も深い場所も、海の生き物が異常に少ない。表層水には栄養分が少なく、生態系全体が常に飢えていた。フォーブスが地中海の別の海域を調べ、泥で目詰まりしないもっと適切な底曳きの道具を使っていたら、三〇〇ファントムより深い海底でも生き物がいたことがわかっただろう。

また、当時の科学的発見にはつきものだったが、フォーブスはほかの人たちがすでに発見していたことを考慮しなかった。その三〇年以上前の一八一八年に、大西洋と太平洋を結ぶ北西航路を探すためにジョン・ロス大佐が英国艦船イザベラ号の指揮を執り、乗組員がカナダ沖のバフィン湾の水深を測った。先端が海底に当たると泥をつかみ取る仕組みの金属製の道具を水中に下ろしたところ、泥だけでなく、生きたゴカイ類や大きなテヅルモヅルもつかんだ。テヅルモヅルは棘皮（きょくひ）動物の一種で、ヒトデの親戚にあたる。五本の腕がレースのように枝分かれし、素敵な帽子になるくらいの大きさがある。ロスが率いる調査チームはこの新種の動物を六〇〇ファントム付近、水深一〇〇〇メートル以上の海底で捕獲した。[15] この発見により無生物論には終止符が打たれるべきだったのに、船がイギリスに帰還してから起きた物議のために発見が広く知らされることはなかった。数人の乗組員が、帰還してから発表された報告書に自分たちの貢献がきちんと記されていないと苦情を申し立てたためと、さらに、バフィン湾沖にあるランカスター海峡の海底山脈の範囲について偽りを発表したとしてロスの評判に傷がついたためだった。

そうこうしているうちに、それほど深くない海域についての報告が蓄積してきた。フォーブスがエーゲ海で底曳き網を使ったのと同じ時期に、ジョン・ロスの甥であるジェイムズ・クラーク・ロスは科学調査隊を率いて南極海を探検した。彼はそこで四〇〇ファントムの深さからサンゴを引き上げた。また、動物学の教授をしていたマイケル・サールスは、一八五〇年代にノルウェーの近海でさらに多数の深海サンゴを引き上げた。サンゴは熱帯の浅海だけで礁をつくるのではなく、少なくとも二〇〇〜三〇〇ファントムの暗く深い海でも繁殖することを示すのにサールスは貢献した。こうした情勢にもかかわらず、ほとんどの博物学者は、もっと深い海に生き物がいると断言するには、確証が必要という立場を崩さなかった。

一八六〇年にイギリスの軍医で博物学者でもあったジョージ・チャールズ・ウォーリッチは、英国艦船ブルドッグ号でアイスランドとグリーンランドを探検した際の報告書を発表したのだが、深海に生き物がいるというさらなる証拠は学術界で退けられた。この時、鉛の重りを沈めて水の深さを調べる測深索を引き上げたら、その先端にヒトデが一三匹ついているのをウォーリッチは目にした。ヒトデは海底に生息する動物であり、海底まで下ろす途中の水中で取りつくことはあり得ない。測深索は一二六〇ファントム（二三〇〇メートル）の海底に到達したので、そこでヒトデが取りついたのだ。しかしこの発見もなかったことにされ、フォーブスの無生物論は生きながらえた。博物学者のほとんどは、深い海で動物が生きるのは不可能だという考え方にとらわれ、それを覆す反証が出ても認めようとしなかった。

ウォーリッチの発見が日の目を見なかったのは[16]、使用した道具が生物採集を目的とした科学器具ではなかったことと、ウォーリッチが多くの人から性格の悪い誇大妄想の持ち主と見なされて学術界でつまはじきにされていたことにもよる。特に、ロンドン王立協会の有力会員だったチャールズ・ワイヴィル・トムソンとウィリアム・カーペンターとは鋭く対立した。この二人は、ウォーリッチのかわりに自分たちで深海の探索をすることにし、一八六八年から一八七〇年にかけて、海軍船だった英国艦船ライトニング号と英国艦船ポーキュパイン号で王立協会の探検隊を率いた。二人は海底を曳く網を長い麻撚りロープの先に結びつけ、ヒトデやテヅルモヅル、そのほか数百におよぶ海底に生息する生き物を捕獲した。一九世紀が終わろうとするころになってやっと、フォーブスの無生物論が完璧に否定されることになった。

マリンスノー

海洋は深さが測れないほど大きく、深いがゆえの極限状態におかれた環境であったことから、深い海で生活できる生き物はいないだろうとエドワード・フォーブスのような人たちは考えた。第一に、途方もない水圧がかかり、どのような生き物もそれに対処しなければならない。陸上動物は、陸地を歩きまわっているぶんには、上空から常に押さえつけるように作用する空気圧に気づかない。しかし海に飛びこんで息を止めて深く潜っていくと、体を押しつぶすような水圧をすぐに感じるだろう。たった一〇メートルの深さでも、人間が素潜りすると肺は通常の大きさの半分に圧縮され、三〇メートルまで潜ると四分の一に押しつぶされる。人間は、中深層やそれより深い水中では、まったく無力になる。深海層では水圧が水面の四〇〇倍になり、これは車のタイヤの空気圧の一五〇倍以上に相当する。

深い海で生物を待ち受ける問題はほかにも二つある。深海層はあまりにも広大で、あまりにも暗いため、孤独で食物に乏しい場所と言える。はてしない海底をさまよっても伴侶を見つけるのは容易ではなく、何も境界線が引かれていない水中をさまよえばなおさら難しい。また、光合成はまったく行なわれないので、食物が新たに生産されることもない（よく知られた例外もある）。だから深い海の動物たちのほとんどは、海底で生産される有機物のかわりに、海の表層から降ってくる有機物をあてにする。

日本人の科学者たちは、「くろしお」と名づけた狭苦しい鉄球の海中観測艇の窓から、沖合の海中で粒子が降りしきるのを一九五〇年代にはじめて観察した。それを目撃した鈴木昇と加藤健司はこの粒子をマリンスノー（海の雪）[17]と名づけ、それが「水から生き物へ、さらには地球の一部へと変化する」物質循環回路の一部ではないかと発表した。言い換えると、海で生活する動物はマリンスノーを食べていてもおかしくないということだ。そして確かにそうだと判明したのだが、ふわふわした粒子は名前ほどロマンチックなものではなく、おもに植物プランクトンや動物プランクトン[*7]の死骸や糞で、それらが、プランクトンやバクテリアの分泌する分子からできる粘着性物質でつなぎ合わされている――それでも食物にはちがいない。

深い海のほとんどの場所では、食物連鎖の底辺にいる動物が食物源として利用するのはマリンスノーのみになる。ナマコの群れは深海平原を這ったり泳いだりしながら新鮮なマリンスノーを探している。ヒトデやクモヒトデもマリンスノーを食べる深海底の棘皮動物だ。一方、水中では、動物は沈んでいくマリンスノーを自分で捕まえる。ムンノプシスという等脚類には、体の数倍もの長さになる毛の生えた腕があり、それでマリンスノーを海水から濾し取る。「海の蝶」として知られる泳ぐ微小な巻貝の翼足類は、沈んでくる粒子をとらえるために、粘つく大きな網を広げる。

　また、マリンスノーを集めるグループの意外な一員として、名前を聞くだけで恐ろしげな姿の動物を連想させるものがいる。英語では「吸血鬼イカ」[18]と呼ばれ、体色は血のように赤く、赤い目が飛び出し、真っ白い嘴（くちばし）がある。脅かすと八本の腕を体に巻きつけ、まるで、大風が吹いて傘が反転したときのような姿になり、何列も並ぶ恐ろしげな鉤爪（かぎづめ）を見せびらかす。

　この吸血鬼の正体はコウモリダコ *Vampyroteuthis infernalis* [＊8]という小さな頭足類で、体長は三〇センチもなく、ほとんどの時間を深い水中でまったく身動きせずに過ごす〔口絵㉒〕。その時、体の長さの八倍にも達する螺旋（らせん）状の繊維を一本、体のまわりに漂わせる。この細い糸状の器官は、疑似餌あるいは粘つく罠やしかけ線のような敏感な触手と間違われるかもしれない。しかし本当は糸をただ広げているだけで、マリンスノーの粒子が降ってきてくっつくのを待っている。時々その糸をたぐり寄せ、腕で丁寧に表面の粒子を拭き取り、集めた粒子を固め、腕の鉤爪を器用に動かして雪玉を口へ運んで飲みこむ。頭足類にしては珍しいものを食べる吸血鬼イカは、それが終わるとまた糸を延ばし、雪集めという平和な作業を続ける。

＊7――動物プランクトンはプランクトンのうち動物由来のものを指し、魚や甲殻類の小さな幼生も含まれる。

＊8――正確なことを言うとイカでもタコでもなく、所属が曖昧なバンピロモルファ目（もく）という頭足類で、この目に属する種は一種しか知られていない。

ここで問題になるのは、深い海ではマリンスノーがとても穏やかにしか降らないという点だ。深い海底には、海水面で生産される食物のせいぜい二パーセントしか沈んでこない。陸上でこれに相当する状況を想像してみるなら、草や木や花や種子や果実のようなものは何もなく、空からパンくずがパラパラ降ってくるだけといったことになる――クジラの死骸はたまに降ってくる。

深海へ潜る技術

深い海が広大であるということは、どちらかというと新しく未熟な研究分野における深海生物学者の仕事が多いということでもある。現在、深海生物学を本職にしている研究者は五〇〇人ほどになるだろう。これだけの人数で、考えられないほど巨大でほとんど何もわかっていない空間を調べるという作業をしている。深い海の生物界全体をこの人数で等分すると、一人がおよそ二〇〇万立方キロメートルの海洋を調べている計算になる。

深い海に潜るには、エドワード・フォーブスやほかのビクトリア朝時代の生物学者が想像すらしなかったような技術が必要になる。自律型海中ロボットは、暗闇を見透かすのに音波を使いながら、とてもたどりつけないような深みを機械じかけのクジラのように泳ぎまわる。そのような深みでまだ悪魔や神に出くわしたことはないが、生き物の不思議そのものには必ず遭遇する。

水中を自由に動きまわれる自律型海中ロボットあるいはＡＵＶと呼ばれるこの潜水艇は、長さ三〜四メートルの魚雷のような形をしている場合が多く、距離測定器、ソナー（超音波探査機）、カメラを装備し、ミサイルに搭載されているのとよく似た誘導システムを使う。たまに行方不明になることがあり、そうした時のために、艇の側壁には「科学調査機材なので無害」と大きく書かれている。研究者は計画した調査に合わせてAUVのプログラムを設定し、いったん発進させると、潜水調査からもどるまでは海水を隔てて潜水艇と直接交信することはできない。

ほかにも、長いケーブルを介した遠隔操作で深海まで潜れる潜水艇があり、こちらを使えば深い海の様子をリアルタイムで観察することができ、水や動物や海底の石や堆積物のサンプルをそっと集めて持ち帰る機能もある。ROVと呼ばれるこの遠隔操作型の潜水艇は[*9]、もともと石油や天然ガスを扱う業界が開発し、海中油田の掘削プラットフォームやパイプラインを建設したり維持管理したりする際に使ってきた。さまざまな仕様があり、水深六〇〇〇メートルに対応する型もある。また、実際に深い海へ潜る幸運を手にした人も何人かいる。潜水艦の乗組員は中深層の上部にしか潜らない場合が多いが（ただし、海軍の潜水艦が潜る正確な深度は極秘扱い）、研究者はそれよりはるかに深くまで潜る。

天文学者の数は宇宙飛行士の数よりはるかに多く、それと同じ関係が深海生物学者と潜水技術者のあいだに成り立つ。現役の潜水艇でも水面から三〇〇〇メートルより深い水域まで人間を運べるものは数えるほどしかない[*10]。いちばん知られているのは米国マサチューセッツ州にあるウッズホール海洋研究所が運用している米国海軍保有の「アルビン号」で、一九六〇年代からさまざまな装備を搭載して科学者二人と操縦士を深海層へ運んできた。日本の海洋研究開発機構（JAMSTEC）は「しんかい650

＊9――本書ではROVを潜水艇と呼ぶ。
＊10――もしお金に余裕があれば、数十メートルの深さまで潜れる潜水艇なら今は個人でも購入できる。一九六〇年代の想像上の宇宙船のような姿をしていて、スーパーヨット（超大型クルーザー）の甲板に乗せられるくらい小さい。

0」で研究者を六五〇〇メートルの深みまで運ぶことができる。中国の潜水艇は、洪水を起こす水龍にちなんで「蛟竜号（ジアロン）」と名づけられた。

人を命に別状なく深い海に送りこむには、遠隔操作できる潜水艇や自律型海中ロボットを使うよりもはるかに費用がかかるため、深海研究に割り当てられる比較的限られた予算は、人間ではなくロボットで深海探査を行なうのに費やされる。*11 とは言っても、深海探検の歴史は宇宙探検の歴史の数歩先を歩んできた。人間が海の深みへと出発したのは、地球をあとにして宇宙へ向かった時期より早かった。一九三〇年代に米国の博物学者ウィリアム・ビービと米国の発明家オーティス・バートンは、身動きも難しい鉄製の潜水球に入り、バミューダ諸島沖の水深八〇〇メートルの中深層まで潜った。ソビエトの宇宙飛行士ユーリイ・ガガーリンが、大気圏を抜けて地球の低軌道に乗る二〇年前のことだった。また一九六〇年代にはスイス人海洋学者ジャック・ピカールと米国海軍大尉ドン・ウォルシュが潜水球「トリエステ号」でマリアナ海溝に潜った。現代の億万長者もいる。現代の億万長者はいまだに宇宙へ行くことを夢見るが、海の深みへ行くためにすでに大枚をはたいた億万長者もいる。二〇一二年にカナダの映画監督ジェイムズ・キャメロンは、所有する一人乗り艇「ディープシー・チャレンジャー号」でマリアナ海溝へ潜るという快挙を成し遂げた。その七年後には米国の金融業者ビクター・ベスコボ(19)が、みずからに課した五大洋の海底の最深部に潜るという目標を達成した。

しかし、通常の宇宙飛行では宇宙空間で何カ月も生活できるが、長時間潜水はまだ技術が追いついていない。一回の潜水で潜っていられる時間は二四時間より短い。深海研究ステーションもまだ実現しておらず、広く深い海で研究するおもな手だては、今のところは大きな船で出かけていくしかない。船は移動性の研究施設として海上に浮かび、水面下の様子を知ろうとする生物学者、地質学者、化学者、物理学者、工学技術者が協力し合う調査チームの基地になる。研究航海と呼ばれる調査では、人里離れた波の高い外洋を研究者が探索するのに、ふつうは数週間から数カ月を費やす。こうした調査のあいだ、深海生物学者たちは温めている仮説を取りあえず脇において、探していなかったものに目を向け、誰も予見しなかった事象に気づくよう、自分を仕向けなければならない。

*11——地球全体の海洋、河川、大気についての米国の科学研究を監督する米国海洋大気庁（NOAA）の二〇一九年の総予算は五四億ドル〔五九四〇億円〕（前年比八パーセント減）。同じ時期の米国航空宇宙局（NASA）の予算は前年比三・五パーセント増の二一五億ドル〔二兆三六五〇億円〕だった。

クジラとゴカイ

海底に沈めた丸太特有の生態系

「跡形もなくなってしまわないことに、いつも驚く」。ルイジアナ大学海洋コンソーシアム（LUMCON）の事務局長でもあり共同主任研究員でもあるクレイグ・マクレインは、ペリカン号でメキシコ湾探索を行なったときに言っていた。その時私は、潜水艇が二〇〇〇メートルの深い海底から大きな丸太を引き上げる映像をリアルタイムで一緒に見ていた。サンゴ礁や藻場では、そのようなものを海底に置き、時間がたってからそれを同じ場所で探しても、まず見つけることはできない。強い潮流や、嵐が引き起こす波に運ばれてなくなってしまうのだ。それなのにその時の丸太は、水の流れのない静寂に包まれた深い海の、マクレインが一八カ月前に沈めたまさにその場所に横たわっていた。

マクレインは、理由があって以前から海底に木材を沈めてきた。カリフォルニア州の海岸沖には、以前三六本の丸太を三二〇〇メートルの深みに沈め、五年後に同じ場所で引き上げた[20]。丸太には、ザイロ

ファガ *Xylophaga* という、学名のとおり木材しか食べない特殊な進化をした深海の二枚貝が一面に付着していた。[12] 貝たちは貝殻の鋭い縁で堅い丸太に穴を掘り、おそらく体内に共生するバクテリアの手を借りながら、掘るときにできる木片を食べている。この二枚貝が掘った穴にはほかの動物も潜りこむ。巻貝、ゴカイ類、ヒトデ類、ナマコ類、甲殻類などで、二枚貝の糞や二枚貝そのものを餌にしている。そして時間がたつと丸太特有の生態系ができあがる。二枚貝のザイロファガを含めてほとんどの種類は、海のほかの場所には生息しないと考えられ、朽ちていく木材に生活のすべてを託すようになった。

餌が少ない深い海ではむだになるものはない。世界中の大きな川はあらゆる瓦礫を海へ洗い流し、古木や落枝などは水を吸って重くなって沈むまで、はるか沖まで浮いたまま漂流する。このような炭素の塊がときおり流出することで、陸地と深い海には結びつきができる。生き物が多様化するのを後押しし、木質しか食べない動物の餌となり、生き物が深い海を移動するための飛び石の役目を果たす。

マクレインはメキシコ湾の深海生態系の専門家クリフトン・ナノリーとともに、このような木質生態系がどのように営まれているかを知るための実験を考案した。大きな木塊は豊富な食料源になるが、どのように食物として利用されるのだろうか。取りつく生物種が増えれば、より複雑な食物網が形成されるのだろうか。それとも、強引な種類が力ずくで木に潜りこんで成長するのだろうか。木塊同士の距離は、そこで生活する動物にどのような影響を与えるのだろうか。深い海に沈んだ木材がどうなるのか詳しくわかれば、陸上や浅海で変化が起きたときに——たとえば、森林伐採が進んで沈水木が減ったときや、大きな気候変動でハリケーンの発生が増えて洪水が頻発し、深い海に押し流される丸太や枝が増え

＊12——Xyloは「木」を意味し、phagaは、「食いしん坊」を意味するphagusに由来する。

たとき——、深海の生物多様性がどうなるのかを予測するのに役立つだろう。

こうしたことを陸上で調べるには、さまざまな大きさの丸太を目的に合わせた配置で並べるなど、ごくわかりやすい実験を行なえばよい。しかしマクレインとナノリーは、海底から二〇〇〇メートル以上離れた水面から潜水艇を操作しながら、真っ暗闇の深い海で丸太を設置して回収するという、時間がかかって骨の折れる作業を行なった。

船の食堂に設置されたモニター画面で見た潜水艇のロボットの腕は、まるで宇宙空間で作業しているように見えた。金属製の把握器が誤って丸太の一本を落としたときには、重力が少し弱いかのように丸太はゆっくりと沈んでいった。[*13] 海底で丸太をヒッチハイクしながら移動する動物を捕まえるために、潜水艇は丸太を一本ずつそっと持ち上げて、目の細かい袋に入れなければならなかった。そのあと袋の口を留め具で閉じ、大きな金属製の籠——海底用エレベーター——まで運ぶ必要がある。一二時間の潜水時間の終わりに籠がウィンチで巻き上げられ、やっと木塊がペリカン号に引き上げられる。

そのような作業が行なわれているあいだ、私は船の研究室でプラスチック製のねじ蓋つき小瓶に貼りつけるラベルをたくさんつくり、丸太についている小さな動物を受け取って保存する準備をしていた。手書きのラベルをできるだけ小さく見栄えのよいものにするという楽しい作業に没頭していると、乗組員の一人が研究室の入り口に顔を出し、船首右舷の先でクジラの潮吹きが見えたと教えてくれた。私がブリッジ（船橋）に登って一等航海士のブレノン・カーニーの横に立つと、見るべき方向を指さしながら双眼鏡を貸してくれた。太陽の明るさに目が慣れてきて波間を探したが何も見えず、駆けつけるのが遅すぎたと思い始めた。だがその時、水しぶきが上がるのが見えた。クジラの息継ぎだった。

もっと船に近い位置でまた潮が噴き上がり、水面の波のあいだに灰色の体がいくつか浮かぶのが見えた。どれにも短いこぶ状の背鰭(せびれ)があった。さらに近くで傾いて水しぶきが噴き上がるのが見えた。潮の噴き上がり具合が明らかに片側に傾いていることからマッコウクジラの群れであるとわかった。マッコウクジラは左側にある片方の鼻孔で息継ぎをする。

するとクジラの一頭が空中へジャンプした。まるで手をポケットに入れたように小さな胸鰭を体の脇にぴったりとつけ、四角張った丸い頭で天に頭突きをしたようだった。長さはおよそ六メートル。マッコウクジラにしては華奢(きゃしゃ)だったので、たぶんメスなのだろう。水面に落下するときに水しぶきを上げた。そのクジラはすぐに二回目のジャンプをしたと思ったらもう一回はね、最後のジャンプでは尾鰭を立て、それが水中に垂直に沈んで姿を消した。

私は大急ぎで研究室へもどった。海底から送られてくる画像は潜水艇が次の木塊を持ち上げているところを映していたが、マッコウクジラが水深二〇〇〇メートルまでやってきてカメラをのぞきこまないかと期待したのだ。マッコウクジラには決して不可能な深さではない。マッコウクジラはクジラ目(もく)のなかでももっとも深くまで潜る種類のひとつで、[*14] 成獣ならいつも一時間かそれ以上の潜水を繰り返し、一生の四分の三以上の時間を中深層と漸深層(ぜんしんそう)で獲物を追って生活する。[(21)] マッコウクジラは人間の生活から

＊13——地球の重力場は場所によって異なるが（理由はいくつかあり、地球が完璧な球体ではないことも理由のひとつ）、深海で必ず弱いというわけではない。塩水の浮力のため重力が弱いように見える。

＊14——マッコウクジラのほかにも、途方もなく深い海を生活の場にする海洋哺乳類は数種知られている。最深記録はアカボウクジラのもので、二〇一四年に南カリフォルニア沖で二九九二メートルの深さまで潜ったと報告されている。アカボウクジラは英名を「キュヴィエのハクジラ」といい、フランスの解剖学者ジョルジュ・キュヴィエが一八二三年に最初にこのクジラの頭骨の化石を地中海で見つけた。

かけ離れた世界で生きる動物だが、これまで長いあいだ、人の生活と深い海を密接に結びつける役割を果たしてきた。

マッコウクジラの狩り

マッコウクジラがどれほど深くまで潜れるかを知っていたのは捕鯨に携わる漁師たちだった。銛を打ちこまれたクジラが、銛につなげたロープを延々と引っ張りながら一目散に海に潜るのを目にしてきた。一九世紀の米国の捕鯨漁師は、通常は長さ二二五ファントム（四〇五メートル）のロープを使った[22]。そして多くの場合、クジラが力つきるまでロープを三本も四本もつなげる必要があった。海の底へ向かってではなくても、マッコウクジラはロープを一・五キロメートル分以上引いて逃げた。イギリスの博物学者ジョージ・ウォーリッチは、ウィリアム・スコアズビー船長から聞いた実話を一八六二年に詳細に記している[23]。銛を打ちこまれたクジラは捕鯨船を水に引きずりこみながら潜った。あまりにも深くまで潜ったので船の材木から空気が押し出され、船を水面まで引き上げても、石のように沈むだけだったという。

ハーマン・メルヴィルの『白鯨』でエイハブ船長は、捕鯨船ピークォド号の船べりから垂れ下がるマッコウクジラの切り落とされた頭と対話をする。

大きいが無力な頭よ、話してくれ。おまえが秘密にしていることを教えてほしい。海に潜る生き物のなかでおまえがいちばん深くまで潜る。今や太陽のもとにさらされているその頭は、世界の礎となる海を泳ぎまわってきたのだ。

捕鯨漁師は、クジラを捕まえて解体するときに、神秘的な白いクジラの仲間がなぜそれほど深くまで潜ろうとするのかを知ることになった。胃を切り開くと、マッコウクジラはサメなどさまざまな魚を食べていることがわかるが、ほかの魚よりもイカをはるかに好む。消化管内にはさまざまな種類のイカの硬い嘴（くちばし）（カラストンビ）が大量に消化されずに残っていて、それにはもっとも大型の二種のイカ――ダイオウイカとダイオウホウズキイカ――のものも含まれる。しかしいちばん数が多いのは、せいぜい二メートルにしかならない中型のイカの嘴だ。マッコウクジラが食べるイカは、大きなものも小さなものも、ほとんどの時間を深い海で生活する。

漸深層や中深層でイカを捕まえるためにマッコウクジラは独自の手法で体に酸素を蓄えて潜るのだが、肺に蓄えるのではなく――三〇〇メートルの深さに潜ったときにマッコウクジラの肺は水圧で押しつぶされるが、折りたたみ式の肋骨で守られているのでもとにもどる――、筋肉や血液中に蓄える。マッコウクジラの体重の五分の一は膨大な量の血液が占める。血液は糖蜜のようにドロドロで、人が簡単に腕を入れられるくらい太い動脈や静脈のなかをこの血液が流れる(24)。血液の粘度が高いのは、酸素と結合するタンパク質であるヘモグロビンが詰まった赤血球の占める体積が多いからだ。

別のミオグロビンというタンパク質も持っていて、こちらは筋肉を黒に近い色に染める。このタンパク質も酸素を結合し、体の必要部位で必要なときに酸素を放出する。カワウソ、アザラシ、イルカやそのほかの潜水する動物と同じように、クジラも平均的な人間の一〇倍のミオグロビンを筋肉中に持っている。理論的に考えると、凝集して体をカチカチに固めてしまうほど量が多い。しかしこれらの水中動物は、少しだけ陽性の電荷を示す型のミオグロビンを進化させ[25]、そのため分子が互いに反発するので、体をしなやかな状態に保てる。海洋哺乳類は、くっつき合わないタイプのミオグロビンを持っているのだ。

マッコウクジラが酸素をやりくりするのを助けるさらなる仕組みもある。潜水するときには心拍数が毎分五回に減り、このような心拍数の減少は多くの潜水動物に共通して見られる反応だが、マッコウクジラでは極端に少ない（人間も冷たい水に顔を浸けると心拍数が少し減る）。そのように心拍数を下げると、蓄えた酸素の消費量が減り、マッコウクジラの心臓が使う酸素の量も減る。潜水中に必要のない臓器――腎臓、肝臓、腸、胃――への血管もふさがって血流が止まり、節約した酸素は脳と筋肉で使われる。

潜水するときに、それほどたくさんの酸素を蓄えるのは、単に深い海で生き延びるためだけではない。酸素をたくさん持っていることでマッコウクジラが大いに有利になることがある。水深が一〇〇〇メートル前後の狩り場では水に溶けている酸素量が少ない。このような層は世界中の海に分布し、酸素極小層と呼ばれる。魚やイカなど水中で呼吸する動物は、生き抜くために鰓（えら）からできるだけたくさんの酸素を取り入れなければならないが、その層では水中の酸素が少なすぎるため、一時的に泳ぎが遅くなったり動きがおかしくなったりして、捕食者から逃げる力が低下する。ところがマッコウクジラは自分用の酸素を体内に持っているので、息が苦しくなるこの水深でも問題なく動きまわることができ、速く泳いだり獲物を出し抜いたりできる。

なぜ深い海に潜るのかということもそうだったが、マッコウクジラがどのように獲物を捕まえるかということも、長らく生物学者にとって謎だった。マッコウクジラは一日に一〇〇～一五〇匹の獲物を食べ[26]、その重量は平均すると一トン前後になる。大きな頭で水中を進み、頭の下部にある細い顎を開けて獲物を捕らえるというのでは、これほど狩りがうまい動物に似つかわしくない。マッコウクジラが深海でどのように餌を獲るかについては、ここ数年にわたってさまざまな説が出された[27]。頭を下に向けて静止して通り過ぎるイカを待ち伏せするとか、白っぽい口で餌をおびき寄せるとか、獲物がたてる音に耳を澄ますといった説がある。二一世紀初めになって、クジラの体に水圧計、動作感知器、聴音探知器を取りつけた研究が行なわれ、マッコウクジラは獲物が通りかかるのをじっと待ち伏せするタイプの捕食者ではなく、標的にした獲物を追いまわし、暗闇を見透かす独自の騒々しい手法で捕まえることが確認された。

マッコウクジラがたてる音は、ザトウクジラがたてる叙情的な心に残る歌声とはちがい、巻いてあるセロハンテープを引きはがすときに耳にするビッビーという音に似ていて、独特のけたたましさがある。マッコウクジラの大きな四角張った頭は巨大化した鼻なのだが、ここから発せられる音は、動物の世界でもいちばん迫力がある。音源は右側の鼻孔の管で、この管は外界とはつながっていない。ここに空気を押しこんで鼻をならす。空気が一対の鼻声門(びせいもん)(サルの唇)と呼ばれる筋肉質の垂れ幕のような器官を通過すると、それが人間の咽頭(いんとう)のように振動する。生み出された音波は、巨大な鼻の内部で何度も反響し、液体で満たされたいくつもの小部屋で振動の形が整えられてまとまり、水中へ放たれる。

一九八〇年代には、いわゆる生物界のビッグバン仮説が提唱されて、マッコウクジラは大音響で獲物を弱らせて狩りをするのではないかと考えられたが、その後の研究によれば、そのような使い方をするには音が小さすぎることがわかった。弱らせるためではなく、獲物の大きさや位置を知るためにクジラは音を突発的に発し、音響定位によって獲物を探したり追いかけたりしている。水中版巨大コウモリなのだ。

狩りが始まると、マッコウクジラは一秒間に一、二回の頻度でたて続けにカチカチという音を深い海の水中へ放つ。間合いの長いこの音は暗闇を探るソナーの働きをし、数キロメートル以内にいるイカは隠れようがない。マッコウクジラは、パチンと挟むことができるオウムの嘴のようなイカの嘴や、八本の足と二本の触手の吸盤に環状に並ぶ歯[*15]といったイカの体の硬い部分に反響する音に耳を澄ませる。獲物に近づくと、狩りをしているクジラはカチカチ音の頻度を増やしていき、ついには音が合体して錆びた蝶番（ちょうつがい）がたてるキーキー音になる。似たようなことをするコウモリも、昆虫を捕まえる態勢に入ると音波を放つ方向を絞り、飛んでいる獲物について詳しく知るために発生頻度を増やす[28]。

イカはクジラのカチカチ音やキーキー音に気づかないようだが、クジラがたてる水中の波紋を感じ取っているかもしれない。マッコウクジラはイカに近づくと尾の動きを止め、獲物のあとを追って暗闇の水中を滑空するように移動する。襲いかかろうとするときには突然遊泳速度を上げ、速いときには毎秒七メートルになる。そして体をひねったり向きを変えたりしながら音波の弾丸を浴びせて、逃げようとするイカを追いまわす[29]。イカに近づいて捕まえられる位置になると、クジラは急ブレーキをかけて向きを変え、口に飛びこんでくるイカを丸ごと飲みこむ。

イカを次々と飲みこむこのような狩りは、体内の酸素が減ってくるまで一時間あるいはそれ以上続く。酸素の蓄えを補給する頃合いになるとマッコウクジラは静かに水面へ浮上し、鼻面を波間に出して息を吸ったり吐いたりして、筋肉や血液中の二酸化炭素を放出して酸素をまた取りこむ。そしてわずか八〜九分後には、また潜る準備が整う[30]。

クジラの乱獲

『白鯨』が世に出た時代といえば一九世紀の半ばであるが、その前後に油の需要が高まったことを背景に、商業捕鯨が世界中の海で活発に行なわれるようになった。浅い海に生息するヒゲクジラ類――ナガスクジラ、ザトウクジラ、イワシクジラ、シロナガスクジラ――は、捕獲したら脂身を剝ぎ取って煮詰め、安物のランプ油として利用された。これは火を灯すと臭かった。マッコウクジラは、この脂肪分に富んだ表皮のためではなく、もっと利用価値がある鼻を目当てに捕獲された。音響定位に使う音波が通る片方の鼻の穴には、液体の金塊とも言える鯨ロウ(げい)があった。捕鯨漁師はマッコウクジラを捕まえると頭に穴を開け、内部にしまいこまれている貴重な鯨ロウを何リットルもかき出した。[*16] 鯨ロウからは、混

＊15――イカの吸盤内部の歯をつくる硬いタンパク質は角質環タンパク質と呼ばれる。マッコウクジラがダイオウイカを襲うことを示すさらなる証拠として、直径が数センチメートルの環状の吸盤の跡がときおりクジラの皮膚に残っている。

＊16――鯨ロウのためにマッコウクジラには誤解を生む英名「sperm whale（精子クジラ）」がついた。鯨ロウは英語で spermaceti といい、「クジラの精子」を意味する。鯨ロウはオスの鼻にもメスの鼻にもあるので精子でないのは明らかで、音波をつくり出す役割を持つ。また、捕鯨漁師はマッコウクジラの胃にワックス状の分泌物で固められたイカのカラストンビ（嘴）の残骸が塊になって残っていないか調べた。この塊は、クジラから排泄されたあと何年も海を漂いながら太陽と波の作用によって化学変化を起こし、信じられないくらい高級で珍しい熟成した竜涎香(りゅうぜんこう)となり、ときおり海岸に打ち上げられる〔この香りが抹香(まっこう)に似ていることから、中国では竜涎香を生むクジラを抹香鯨と呼ぶようになった〕。

入物がいちばん少なくてもっとも明るい光を放つロウソクがつくられた。ヨーロッパや北米では街灯に使われ、灯台の明るい光源にも使われた。こうした灯りは深い海にためこまれたエネルギーを取り出したものにほかならない。マッコウクジラは、イカを主体とした餌を食べることによって、メルヴィルが言うところの「世界の礎」である海面下の暗闇の深い海と、海上の波間を照らす灯台とをつなげた。

このように、大量の鯨油と鯨ロウが深い海から人間社会にもたらされた。一九〇〇年までに世界で捕獲されて殺されたマッコウクジラは合計すると三〇万頭にのぼり、一頭のクジラからは二〇〇〇リットルの鯨ロウが採れた。そして産業がもっとも急激に発展する時代に突入すると、帆船と手投げの銛のかわりに、蒸気船と火薬で発射する銛が使われるようになった。二〇世紀になって家庭の照明用の燃料が灯油に置き換わっても、鯨油の需要が高い時期は続いた。鯨油は工業用潤滑油、北米ではオートマチック車のトランスミッション・オイル、口紅、糊やクレヨンなどに使われた。第一次世界大戦では兵士が足に鯨油を塗りたくり、その防水効果によって塹壕足〔湿った冷たい環境で足に起こる病気〕を防ごうとした。そして一九三〇年代のヨーロッパでは、マーガリンの半量近くに水素添加された鯨油が使われた。鯨ロウも、悪臭がなく金属を腐食させない高品質の潤滑油としての利用が続き、高温でも潤滑性が損なわれなかったことから、機器の動作はいっそう速くなった。

一九七〇年代の終わりになって、やっとクジラの保護が叫ばれるようになった。これまでの野生動物についての社会の考え方を変える動きのなかで、「セイブ・ザ・ホエール（クジラを守ろう）」運動は、いちばん成功を収めた運動のひとつに数えられる。数年という短いあいだに、クジラは工業原料から守るべき大切な野生動物に姿を変えた。この運動の成功は、クジラの行動が詳細に明らかにされたことや、ザトウクジラのうっとりするような歌声が録音されたことに負うところが大きく、人々を確実にクジラ好きに導いた。

一九八六年には世界中で商業捕鯨が禁止されたが、それ以前の二〇世紀だけで二九〇万頭のクジラが捕殺された。そのうち七六万一五二三頭がマッコウクジラだったという記録が残っている[31]。

深海という水中で過ごす時間がこれほど長い動物の頭数を調べるのは困難であることを考えると、商業捕鯨をやめてからの数十年間にマッコウクジラの個体数がどれくらい回復したのか正確に知るのは難しい。マッコウクジラの専門家として世界的に知られるハル・ホワイトヘッドは、マッコウクジラの分布域の四分の一にあたる海域で行なわれた海洋生物学者によるクジラの頭数調査をもとに、この海域での二〇〇二年のマッコウクジラの頭数のできるだけ正確な推定を行なった[32]。そして、その推定数から世界全体の生息数を三通りの方法で求めた。生息域の全面積からの算出、クジラが海で利用できる食物（イカ）の量からの算出、一九世紀に捕獲されたクジラの頭数からの解析だった。どの方法でもホワイトヘッドが求めた推定値は似通ったものになり、現在マッコウクジラはおよそ三六万頭生息している。人間は二〇世紀に、現存するマッコウクジラの二倍に相当する数を捕殺したことになる。

死んだクジラが教えてくれること

もはやクジラが数十万頭という単位で人間に殺されることはなくなったが、クジラが死ぬと、また人間世界とつながりができ、深い海の秘密が明かされる。クジラが海の浅瀬に閉じこめられたり、岸に打ち上げられたりすると、これまでに進化したもっとも大きな動物をひと目見ようと見物人が集まる。そしてクジラが陸上に体全体をさらせば、それまで知られていなかった詳細が明らかになる。

マッコウクジラは浜に打ち上がると体が横になり、片目は砂に埋もれ、もう片方の目は空を見上げる。体は横から押しつぶされたように扁平な形をしていて、腹ばいにさせようとしても、すぐに横に転がってしまう。生活している自然界では水の支えがあるので、もちろん難なくまっすぐに水中に浮くことができる。体はゾウのような灰色で、前部は滑らかだが後部ほどしわが目立つので、まるで余分な皮膚が体の後部へしごかれたように見える。オスならすぐにわかる。体内で腐敗が進んで内臓が膨張すると、巨大なペニスが体から押し出されて砂の上に垂れ下がるからだ。

ピンクと白の顎は半開きになり、無数のイカが飲みこまれていった暗い喉の奥をのぞきこむことができる。細長い下顎の両側には短い歯が並び、歯は顎から斜めに外向きに突き出すので毛虫の足のように見える。上顎には穴が一列に並んでいて歯はない。抜けたわけではなく、そもそも生えてこない。マッコウクジラが下顎の歯を何に使うのかは、正確なところはわかっていない。歯がなくても餌を獲れるようなので、食べること以外の用途があるのだろう。オスのマッコウクジラは体に引っかき傷が無数にあることが多く、オス同士の戦いに歯を使っている可能性もある。

生きたクジラが岸に打ち上げられて海にもどせないことがはっきりすると、科学者がやってきて、クジラの死骸からできるだけ多くのことを知ろうとする。この時にいちばん重要な問いになるのは「なぜ打ち上げられたか」である。

死因がはっきりしている場合もある。一九七七年には死んだマッコウクジラがスコットランドのフォース湾という入り江を漂流した。解剖したところ陰茎尿道が破裂していることがわかり[33]、その状態がひどかったので、このクジラはそれが死因だったようだ。腸にプラスチックが詰まったクジラの死骸が見つかることもますます増えている。二〇一八年にはオスのゴンドウクジラがタイの運河で身動きがとれなくなり、救出しようとした人間の腕のなかで咳をしてビニール袋を五枚吐き出したあと息絶えた。あとでわかったことだが、胃のなかから八〇枚のビニール袋が見つかった。しかし、泳ぎがうまく、海の水先案内人であるクジラが[34]、体を浮かせることさえ難しい浅瀬に漂着するのはなぜなのかについては、まだ謎が残る。

海が騒々しい音で満ちているせいでクジラが漂着するとも考えられる。深い海に潜っていたクジラたちは、軍隊が使うソナーや、海底に埋まっている石油や天然ガスを探す際に使う振動波が発する雷のような音でパニックになり、水面へと一目散に逃げるようだ。人間のスキューバダイビングで浮上が速すぎると問題が起きるように、クジラも減圧症あるいは潜水病とも呼ばれる症状に苦しむと考えられる。浮上が速すぎると体の組織中に窒素の泡が生じ、血管をふさいだり、肺への血流が止まったりする。

海とはまったく関係のない自然現象がきっかけでクジラが迷子になることもある。二〇一五年のクリスマスの前後には北極の空にみごとなオーロラが現われ、そのあとの一カ月間に北海を取り巻く海岸に二九頭のマッコウクジラが漂着した。陸地で囲まれたこの海域はマッコウクジラにとっての罠のようなものとして悪名高く、南側へと次第に浅くなる地形がマッコウクジラを混乱させるらしい。このクリスマスの漂着は、これまででいちばん大規模なもので、大きなクジラの死骸がドイツ、イギリス、オランダ、フランスの海岸で見つかった。

ドイツのキール大学の研究者であるクラウス・バンセロウは、海面下と海面上の現象につながりがないかと思いをめぐらせている[35]。当時は激しい太陽嵐が起きていて、太陽コロナの大規模な噴出によって荷電した粒子の塊が次々と放出されて地球の磁場を乱し、そのクリスマスには息をのむようなオーロラが北の空に輝いた。クジラがハチやハトやウミガメと同じように磁場を感知して泳ぐのかどうかはよくわかっていないが、どうもそうらしい。バンセロウらはクジラが磁場を感知すると仮定し、もしそうなら、二〇一五年の太陽嵐によって地球の磁場がずれ、実際にいる場所よりも数百キロメートル南にいるとクジラたちに勘違いさせるほどのずれ具合だったという結果を得た。これなら、たくさんの若くて健康なオスのマッコウクジラが、いつも餌場にしているイカの豊富なノルウェー海ではなく北海に入りこんだ理由を説明できる。磁場が通常の状態にもどっても、来た道をもどるのは容易ではないだろう。

これをきっちり検証することはできないが、専門家の多くが妥当な考え方だと認めている。[36]海を回遊するほかの動物も太陽嵐で混乱するらしい。伝書鳩のレースは時間がかかり、ミツバチは帰巣する数が減る。バンセロウは以前の研究で、太陽の活動が活発で太陽嵐が多い年ほど、北海で漂着するマッコウクジラの数が多いことを見出している。[37]

深海に横たわるクジラの「ルビー」

ほとんどのクジラは、体が浮く水の世界を離れて砂浜で自分の体重に押しつぶされるときにどのように感じるのか知る機会はない。通常は岸から離れた海で死ぬからだ。たいていの場合、クジラは病気か餌不足で死ぬ。体の脂肪分がなくなっているため、死んだらすぐに海に沈んでいく。死骸が一〇〇メートルくらいの深さまで沈むと、バクテリアによる腐敗で発生するガスを死骸からすべて押し出すのに十分なくらいに水圧が高まり、死骸が再び水面に浮くことはなくなる。そして、死んだクジラの最後の潜水行では、それまでとはまったくちがう運命が待ち受けている。

「海の底へ出かけていって死んだクジラを探すのにお金を出す人はいない[38]」と、カリフォルニアにあるモントレー湾水族館研究所（ＭＢＡＲＩ）[*17]を退職した進化生物学者のロバート・バリジェンフックは言う。しかしバリジェンフックも知っているように、たまたま死んだクジラが見つかることがある。

二〇〇二年にバリジェンフックは、研究チームを率いて調査をしているときに、モントレー湾の深い海底谷で思いがけないものを見つけた。彼らは遠隔操作型の潜水艇のソナーを使って二枚貝の繁殖地を探していた。そしておよそ三〇〇〇メートルの海底で、二枚貝の繁殖地ではなく大きなクジラの骨格が横たわっているのを潜水艇のカメラの映像がとらえた。科学者たちはその骨に目を奪われた。表面は毛足の長い赤い絨毯で覆われているように見えた〔口絵③〕。潜水艇の操縦士はロボットの腕で赤い毛が生えたクジラの脊椎骨をひとかけらつかみ、調査船へ持ち帰った。のちにこのクジラは「ルビー」と名づけられることになる〔口絵④〕。

「人間には海底を調べてきた一〇〇年の歴史の蓄積があった」[39]と当時ＭＢＡＲＩの研究員だったシャナ・ゴフレディは言う。しかし研究チームの深海の専門家は誰も、ルビーの骨からそっと切り取られた生き物の名前がわからなかった。一見したところ、くねくねしたゴカイのようだったが、長さ三センチほどの体は粘液性の筒に入っていた。その筒の片方の端からは、赤い羽根のような環状の触手が出ていた。筒のもう片方の端は骨のなかに埋もれ、さらに奇妙なものがついていた。鮮やかな緑色をした枝分かれする根の束があったのだ。さらに詳しく調べたところ、この動物には口も腸も肛門もなかった。これがゴカイ類のような動物なら、それまで科学者が目にしてきた動物とは似ても似つかぬものだった。

研究室にもどったゴフレディは、その体の一部をとってＤＮＡ解析を行なった。すると、この動物は

＊17――「エムバリー」と呼ばれることが多い。

多毛類に分類できることがわかった。多毛類は海洋性の蠕虫の大きな動物群で、砂浜や沿岸域でよく見かけるゴカイ類も多毛類にはいる。遺伝子配列の解析から間違いはなかった。MBARIの研究チームは次に、クジラの「ルビー」から採取して保存してあったこの虫の一部を、当時アデレードの南オーストラリア博物館にいたグレッグ・ラウズに送った。ラウズは実物を調べたが、この虫が本当に多毛類であるという証拠を最初は何も見つけられなかった。虫はすべてメスで、卵巣には卵が詰まっていたが、体が明瞭な節に分かれているといった通常の多毛類に見られる特徴を何も備えていなかった。

その後ラウズは、このメスが真の姿を放棄することにつながる秘密を抱いていることに気づき、この緑色の根のある多毛類の物語はますます奇妙な展開をみせた。メスの筒のなかを調べていたら、最初は精子の塊だと思ったものを見つけた。しかしそれは、それ以上体が大きくならない小さなオスで、「キート」と呼ばれる小さな鉤爪を持っていた——鉤爪は精子の特徴ではなく、多毛類の明瞭な特徴である（これゆえ多毛類は英語でポリキートと呼ばれ、「たくさんの鉤爪」という意味になる）。それぞれのメスは筒のなかに、コビトのようなオスからなる自分だけのハーレムをつくっていたのだ。オスの数は数百にもなり、鉤爪でメスの筒につかまって、卵を受精させる機会をうかがっていた。

この発見の二年後にラウズとゴフレディとバリジェンフックは、オスはコビトのようで、赤い羽根と緑の根がある多毛類の新しい属の詳細を記した論文をサイエンス誌に発表した。[40] 属名はオセダックス *Osedax* とした。"os"はラテン語で骨を意味し、"edax"は貪る者を意味する〔和名はホネクイハナムシ〕。この多毛類は「ルビー」の骨格にただ取りついていたのではなく、あの緑の根が何らかの形でクジラの骨を食べるのに手を貸しているとの確信があったからだ。

この虫には最初、ゾンビワームとあだ名がつけられていたが、あまり意味のない名だとラウズは考えている。「関心を集めるには、うまい命名だということは理解できるが、ゾンビは脳を食べる。骨には見向きもしない」[41]。それにもかかわらず、このあだ名は人気を博してすぐにメディアで取り上げられ、ホネクイハナムシは骨を食うゾンビという忌まわしい虫に仕立て上げられた。

鯨骨生物群集

ホネクイハナムシの物語が一般にも知られるようになったころには、クジラの死骸に独自の生態系が形成されることがわかっていた。クジラの死骸特有の生態系で、束(つか)の間の生き物のにぎわいが島のように海底に出現する。これは一九九〇年代に鯨骨生物群集として知られるようになった[42]。英語では単に「沈下クジラ」と呼ばれるが、クジラの死骸の沈下は、生物群集形成の始まりにすぎない。

クジラが死んで深い海に沈むということは、海底に膨大な量の食物をもたらすことを意味する[43]。捕鯨漁師が数世紀前から知っていたように、クジラの死骸は脂肪組織から骨の髄まで、大部分に高エネルギーの油脂を含んでいる。深海の動物たちが四〇トンのクジラ（それよりはるかに大きなクジラもいる）の運んでくる栄養分に匹敵する量の餌を集めようとすると、中程度の深さにある一ヘクタールの海底を一〇〇年か二〇〇年かけて餌を拾い歩かねばならない。それほど豪勢なご馳走であるにもかかわらず、鯨骨生物群集では誰もが自由に食事にありつけるわけではなく、食べる順番には決まりがある。入れ替わり立ち替わり数百種類の動物が食事に集まるが、食事の進行具合によって参加する動物グループが明確に異なる。

まず、死肉食の動物が泳ぎ着いて我がもの顔にふるまう。ほとんどが魚や甲殻類で、遠くからでも食べ物を嗅ぎあてる鋭い嗅覚を持っている。一メートルもあるヌタウナギでも、身をくねらせて巨大なクジラの死骸の上を泳ぐとヒルくらいにしか見えない。オンデンザメは脂肪組織を塊で食いちぎる。カニも鯨肉を片づける第一陣に加わり、集まったカニが食べる脂肪や筋肉は、合わせて一日に数十キログラムにもなる。

肉がなくなってきれいな骨格だけになると第二陣の動物が現われる。この時に集まる巻貝、カニ、ゴカイ類などは、行儀の悪い死肉あさり屋たちが海底に散らかした肉の断片を片づける。入れ替わりの激しい鯨骨生物群集という生態系が数年のあいだ続き、そのあいだ数万匹の動物が養われる。

この生態系についてわかっていることの多く、そして、やってきて食事をする動物の増減についてわかっていることの多くは、科学者たちが人為的につくった鯨骨生物群集を調べることで解明されてきた。深い海底でたまたまクジラの死骸を見つけるよりも、岸に打ち上げられて死んだクジラを海へ押しもどし、深い海底に沈めるほうがずっと話が早い。[*18] 死骸を「移植」して鯨骨生物群集をつくり出すわけだ(44)。あとで探しやすいように沈んだクジラに音波発信器を取りつけ、調査船から発せられるピーンというソナー音に反応して信号を送り返させる。「まわりの声援をもとに位置を当てるスイカ割りのようなものだ」とバリジェンフックは言う。見つけたら深海用の潜水艇を送って、そこで盛大に行なわれている饗宴を科学者たちが観察する。

骨だけを食べる生き物たち

移植クジラで鯨骨生物群集をつくり出して調べるようになってから、数十種類のホネクイハナムシ(45)も含めて新たに一二〇種の未知の生物が発見された。骨を食べるこの多毛類が発見された経緯は、深海の科学がどのように発展してきたかを知るための好例になる。科学者は、ある程度の確信を持って調査することが多く、すでにわかっている事柄をさらに詳しく知ろうとする。クジラの「ルビー」の骨格には、たまたまホネクイハナムシでもっとも大型の種類が群がっていた。そのような偶然の出会いから、何を探すべきなのかがわかる。そして、海洋には骨を食べる多毛類が数多くいることが明らかになり、その多くは、最初に見つかった種類より体が小さいので見つけるのが難しい。

スウェーデンの沖合では「骨を食べる洟垂れ花(はなた)」の通称を持つ *Osedax mucofloris*(“muco”は粘液、“floris”は花の意味)というホネクイハナムシが見つかり、最初にクジラの「ルビー」のまわりに散らばる骨で見つかった *Osedax jabba* は、太い胴体がねじれているところが映画「スター・ウォーズ」に登場するジャバ・ザ・ハット(Jabba the Hutt)のしっぽに似ていたので、この学名になった。ニュージーランド、オーストラリア、コスタリカ、南極大陸、日本、ブラジルの沖合でも新しい種類が見つかっている。

ホネクイハナムシの発見は、深い海で知られる生物種の数が増えただけでは終わらなかった。この多毛類の研究は、始まった当初から生活の仕方を詳細に記録することに終始した。こうした特殊な多毛類は、深い海に生息するほかのすべての動物と同じ問題を抱える。つまり、餌の少ない孤独な海の深みで、食べ物を見つけて交尾しなければならない。ホネクイハナムシは、たまに頭上から予告なしに降ってく

＊18――クジラを沈めるのによく使われる手法のひとつに、鉄製の電車の車輪を重ね合わせてつくった巨大なTバーを死骸に取りつけるというものもある。

る死骸に頼って生きているので、状況はさらに厳しい。しかし、深い海のほかの動物と同じように、ホネクイハナムシたちも生き残るために独自の奇策を進化させた。

ホネクイハナムシが深い海をどのように移動するのか、動物の骨格がある位置をどのように察知するのかは、正確にはわかっていない。ひとつだけ明らかになっているのは、ホネクイハナムシの幼生が骨を見つけるにはタイミングがすべてだということだ。

むき出しの骨に運よくたどりついた幼生は、到着順が早いものはメスに変身する。そして体を大きく成長させ、根が生え、骨に穴を開け、食事を始め、卵をつくり、オスに見つけてもらうのを待つ。幼生が骨を見つけたときに、骨がすでにほかのホネクイハナムシで混み合っていると、先にそこへ来てメスになっていた虫の体に降り立つことが多くなる。あとから来たこうした幼生はオスになる。オスになると成長をやめ、メスの筒のなかに潜りこみ、すでに潜りこんでいたほかのオスと一緒に、ちょうどよい場所に剛毛のような鉤爪で体を固定する。これらのオスが再び筒の外へ遠征することは決してない。食物を採ることに短い一生を費やすこともなく、母親からもらった卵黄を使いながら、精子をつくることに全力を注ぐ。オスは卵黄を使いきると死んでしまう。

進化が小さなオスを生み出した動物はほかにもいる。食物が足りないときや、交尾相手を探すのが難しいときに出現することが多い。深い海に生息するアンコウもこの手法を採用し、小指大のオスがラグビーボール大のメスの体にしっかりとつかまって生活する。このような生活形態では、オスが多数のメスの卵を受精させることはできないので、一匹のオスの子の数は限られる。しかし一匹でもよいのでメスと出会えることができれば、必ずいくばくかの子孫は残せることになり、もっとたくさんの相手と出会うという儚(はかな)い望みを抱えながら深い海をさまよう危険を冒すよりは割に合う。

骨だけが食べ物という状況で生き延びるには、ややこしい手順をふまなければならない。まずホネクイハナムシたちは緑の根から酸を分泌して骨を溶かす[46]。次に、コラーゲンでできている骨のタンパク構造を消化する酵素を根から放出し、消化した骨から栄養の大部分を手に入れる。

現在はロサンゼルスのオクシデンタル大学の教授のシャナ・ゴフレディは、クジラのルビー由来のホネクイハナムシをはじめて調べたときに、あの緑の根の内部では何か別の作用が行なわれているのではないかと即座に疑念を持った[47]。ゴフレディは、互いに密接な関係を築きながら生活する共生生物の専門家で、おもに、単細胞の微生物を体内に保有する動物を扱う。動物が餌を獲る手段が見た目でははっきりとわからないときには、それが共生を見つける手がかりになると自身の経験から学んだ。口や腸を持たないホネクイハナムシは、その基準にぴったりと当てはまった。もうひとつ共生動物の特徴として挙げられるのは、通常とは異なる体の組織があることで、そこに微生物を格納している可能性がある点だ。ゴフレディが珍しい緑の根を調べたところ、案の定、内部にはバクテリアが詰まっていた。しかし、それから一五年以上もたったのに、その根のなかにいるバクテリアがホネクイハナムシの虫体の生活でどのような役割を果たしているのか、まだ完全に解明されていない。

骨を食べるだけでは入手できない必須の栄養をバクテリアが生産している可能性はきわめて高い。体内に埋めこんだビタミン錠として共生微生物を利用している動物は多い。たとえばアブラムシ(アリマキ)は、植物から吸い出す汁から多量の炭水化物を入手するものの、タンパク質は十分にとれない。そこで、腹部のポケットで飼っているバクテリアから、必須のアミノ酸二種を調達する。ゴフレディは、ホネクイハナムシの体内のバクテリアは不足するトリプトファンを生産し、ホネクイハナムシがバランスのとれた栄養をとるのを助けていると考える。

化石が語るホネクイハナムシの起源

出現したのはホネクイハナムシが先かクジラが先かという問いの解明にも、ホネクイハナムシが骨を食べる性質が一役買った。

最初に背骨を獲得した動物(広義の魚)[48]は水中で進化した。水を使って呼吸し、水中を泳ぎ、水中で子孫を育ててきた。やがて、水から上がる者が出てきて、両生類、爬虫類、鳥類、哺乳類といった、今日、陸上を飛んだり、跳ねたり、駆けたり、這いまわったりしている数多くの脊椎動物が現われた。そして五〇〇〇万年くらい前に、もともとは蹄(ひづめ)を持つ大きなオオカミのような姿をしていた哺乳類の一群が、祖先が生息していたまさにその場所へもどっていく進化経路をたどり始めた。この哺乳類の系統は、その後一〇〇〇万年ほどのあいだに水中の生活にますます適応していった[49]。カワウソのように水かきのある足を持ち、岸辺の浅い海を泳ぐようになったものもいた。もっとあとになると、後ろ脚を失って鰭と矢尻形の尾を持つようになって外洋へ泳ぎだしたものもいた。耳は水中の音を聞き分けるように進化で改良され、鼻孔は頭蓋骨のてっぺんに移動して潮吹き用の穴になった。脊椎動物が水中にもどるという進化上もっとも大きなUターンのひとつによって、大型のクジラの時代が幕を開けた。

大きな骨格がたくさん海底に出現するようになった時期に合わせるようにホネクイハナムシも進化したのかもしれない[50]。ロバート・バリジェンフックらが行なった別の遺伝学的研究はこれを裏づける。その研究チームは、ホネクイハナムシとほかのゴカイ類のDNA配列を比較して分子時計〔生物間の分子的な違いをもとに推定される進化的分岐の年代〕を作成した。このバーチャル時計は、時間を巻きもどして生物種がいつ二種に分かれたのかを示すことができる。「分子時計の時間補正は慎重にしなければならない[51]」と、バリジェンフックは言う。進化系統樹が枝分かれする年代の決め手となる化石がないので、分子時計がどれくらいの速さで時を刻んできたかを知るのは容易ではない。

ある分子時計を使うと、ホネクイハナムシの出現は四五〇〇万年くらい前になり、これは最初のクジラが出現してからそれほど時間がたっていない。この「クジラが先、ホネクイハナムシがあと」仮説は、もっともらしく聞こえる。しかし骨を食べるゴカイの物語はもっとこみ入っている。別の時計では複数の異なる現生種を使って補正を行なったところ、時間の進み具合がはるかに遅かった[*19]。こちらはすでに八〇〇〇万年以上の時を刻み続けていて、ホネクイハナムシの起源は白亜紀に遡る。そうすると、クジラやその骨格が出現したときにホネクイハナムシはすでに存在したというおもしろい話になり、もしそうなら、ホネクイハナムシはクジラの出現よりはるか以前に海を泳ぎまわっていたほかの大型脊椎動物

＊19――最初の時計を合わせるのに使われた生物種は浅海に生息する無脊椎動物だった。二つ目の時計には深海の熱水噴出孔のゴカイ類が使われた。

の骨を食べていたことになる。

古生物学者が柔らかいホネクイハナムシの虫体の化石を見つけられる望みは薄いが、博物館に収蔵されている古い骨の化石を調べれば、ホネクイハナムシが残した物言いたげな穴なら見つかる可能性がある。プレシオサウルスは、ネス湖の怪物のように長い首と小さい頭を持ち、四枚の水かき用の鰭がある海洋性の絶滅爬虫類だが、この骨の化石がホネクイハナムシの起源を知る有望な候補になった。一億年前のプレシオサウルスの上腕骨が二〇一五年にＣＴスキャナーで調べられた。[52] ＣＴスキャナーは、化石の調査よりも、病院で人間の体を生きたまま調べて三次元画像を作成する装置として使われることのほうが多い。これで化石の骨を細部にわたって調べたところ、思っていたとおり、太古の骨の表面には、まぎれもなくホネクイハナムシが開けたと思われる穴と、骨のあるべき形状の内側には、生きた虫が酸を分泌してつくる形にぴったり合う凸凹のある空洞があることが明らかになった。すでに石になった骨には餌になるコラーゲンが残っていないだろうから、化石になったあとにホネクイハナムシが群れたとは考えにくい。食べたあとの骨が石になったのだ。これらの穴は、プレシオサウルスが死んで海底に沈んだあと、それほど時間がたたないうちに開けられたにちがいない。

ホネクイハナムシの起源についての真実は、これまでずっと身近にあった化石に刻まれていたことになる。骨のなかに封じこめられた太古の秘密を解き明かすには、最先端の遺伝子解析技術と、最新のスキャナー技術を駆使する先見が必要だった。ゆっくりと時を刻む時計は、進化の正しい時間を教えてくれているらしい。クジラが進化で出現したときにホネクイハナムシはすでに存在し、クジラが現われるのをしばらく待っていたことになる。

この話には、ホネクイハナムシ効果として知られるオチがある。ホネクイハナムシの個々の虫は小さいが、これまでに途方もない数が、途方もなく長い年月を生きてきたことで、目には見えないがまぎれもない刻印を化石の記録に残した。虫たちは太古の骨に穴を開けただけでなく骨格全体を食べつくしたので、すぐに砂に埋もれなければ起きない化石化という希有な現象に提供されたかもしれない骨の数を減らした。骨を食べる虫がこれほど多くなかったら、現代の自然史博物館では、もっとたくさんの太古の水生動物の骨格を展示できたことだろう。

ワニの死骸を海底に置くと

メキシコ湾のペリカン号のモニター画面に珍しい深海の訪問者が映し出された。私は船の後部甲板を横切って、海底で行なわれている活動の中枢である潜水艇制御室に入った。室内はひんやりとして暗く、長い一日の作業のせいか少し湿っぽかった。スピーカーからは米国のロックバンド、ボストンの「宇宙の彼方へ」が流れていた。潜水艇の操縦士であるトラービス・コルビーとジェイソン・トリップの二人は、六つの画面をまとめて並べてある作業台の前の潜水艇操縦席に座っていた。そのうしろにクレイグ・マクレインとクリフトン・ナノリーが立って指示を出していた。コルビーが制御桿に置いた自分の腕をひねると、およそ二〇〇〇メートル下の水中では、関節部分が回転するロボットの腕が同じ動きをした。

画面の視野に鱗(うろこ)に覆われた動物の体が現われ、ロープにつながれているのがわかった。「ワニを散歩させているだけだ」と、もうひとつの制御桿を操っているトリップが言った。長さ二メートルのワニの死骸を海底に腹ばいに横たえ、それに一八キログラムの鉄製の重りをロープでつないで海底につなぎ止めてあった。

その数日前に、ペリカン号の二週間分の食料を保存してある大型冷蔵庫に三匹のワニが入っているのを見たコックは、大きく息をのみながら、「これだから科学が好きなんだ」と言っていた。その時の調査にワニを持っていったのは、深い海にワニが沈むと死骸がどうなるかを調べるためだった。

米国のミシシッピ・デルタがハリケーンや洪水に見舞われると、ワニが溺死して木の枝や丸太と同じように出水で流され、海岸から遠く離れた沖合で見つかる。マクレインとナノリーは、死んだワニがどうなるのかを見きわめて、死肉や骨といっても大きな爬虫類の死骸ばかりを食べに集まる動物がいるのかどうかを知ろうとした。ミシシッピワニ[*20]、ケイマン諸島のイリエワニ、そのほかさまざまな海岸域に生息する爬虫類は、死ぬとかなりの量の炭素を深い海にもたらす。またワニは、かつて海を泳ぎまわっていたイクチオサウルス、プレシオサウルス、モササウルスといった巨大な海生爬虫類にもっとも近縁な現生種でもあるので、科学者が太古の深い海の生態系を垣間見る機会を与えてくれる。

最初のワニを海底に置いてから二四時間もたたないうちに、様子を見るために潜水艇を再び潜らせたら、胸が躍るような光景を目にすることになった。オオグソクムシという等脚類が少なくとも一〇匹、せっせとワニを食べていたのだ（口絵①）。石の下や庭の鉢の下に潜んでいるワラジムシの親戚を想像してもらえばよい。色は薄いピンク色で、大きさはラグビーボールぐらいあった。オオグソクムシは、ワニのように予告なく現われる大型の食物を利用するのにちょうどよいくらいの、かくも巨大な体を進化させた。オオグソクムシは甲殻類の一種で、甲殻類の体はラクダのこぶと同じように大量の脂肪を蓄えることができ、餌が欠乏する苦境をその脂肪で乗りきる。日本の水族館で飼育されていた個体は、餌を与えても四年間食べようとしなかった。

オオグソクムシは、深い海底に私たちが置いたワニの死骸の臭いを即座に嗅ぎとり、泳いでやってきて、腹や脇の下の皮膚が柔らかい部分から食べ始めていた。明らかに食べ放題と言ってもよい量だった。私たちが見ていると、たらふく食べてフラフラと泳ぎ去ろうとして海底に頭から突っこむものもいた。

一カ月後には二匹目のワニの様子を見に行った。[53] それくらい時間がたつと腐食動物が皮膚や肉を食べつくし、きれいに残った骨格は、骨を食べる虫に覆われて赤くふわふわになっていた。あとでその骨格の一部を持ち帰って調べたところ、覆っていたのは二種の新種のホネクイハナムシであると判明し、これがメキシコ湾ではじめて確認されたホネクイハナムシになった。どちらも、はるか昔の海で巨大な太古の爬虫類の骨を食べるのに特化したホネクイハナムシの子孫と考えてもおかしくない。

マクレインとナノリーは三匹目のワニの様子も調べに行ったが、死骸はどこにも見当たらなかった。海底に置かれてからたった八日のうちに死骸はなくなり、置かれていた砂地が少し窪み、深い海の底には何かを引きずった跡がついていただけだった。一〇メートル離れた地点には金属製の重りが落ちていて、ワニに結びつけてあった太いロープはきれいに噛み切られていた。

ワニを持ち去った腐食動物は、メキシコ湾に生息することが明らかになっているカグラザメかニシオンデンザメ[54]という二種類の深海性のサメのうちのいずれかかもしれない。どちらも成長すると少なくとも四メートルになり、ワニを丸ごと持ち去ることができるほど体が大きく、ロープを噛み切れるくらい強靱な顎がある。[55]

＊20――この時使ったミシシッピワニ（*Alligator mississippiensis*）は、米国ルイジアナ州の人道的駆除プログラムで特別許可を得て入手した。

可能性はもうひとつ考えられる。ワニが消えてからすぐあとに、それほど遠くない海域で別の研究チームが、深い海で活動する別の捕食動物を探すために吊り下げ型水中カメラを使って調査をしていた。フロリダ州の海洋研究保全協会の事務局長だったエディス・ウィダーが、数時間にわたって撮影した映像を見ていると、色の薄い長いものが視界に入り、その研究チームが探していた動物がついに見つかった。吸盤に覆われた巨大な触手や腕をちょうど広げたところで、少なくとも長さが三メートルはあった。確証はないが、三番目のワニはその巨大イカの強靱な腕に抱きかかえられ、鋭い口でロープが真っ二つに切られたとも考えられる。[56]

ゼリーの捕獲網

ペリカン号でのメキシコ湾遠征調査が始まって数日すると、私はまっすぐに立っているために気を張っていなくてすむようになった。波が通り過ぎるときに体が重くなったあと軽くなる感覚を楽しみ始めたほどだ。調査船という小さな単純な世界は心地よい効率のよさに包まれ、ほかに人間の営みを感じさせるのは、巨大な金属製の蚊のように水平線にたたずむ石油掘削施設だけだった。何もしなくてよい自分だけの時間に私は船首へ行って船べりから顔を突き出し、刻々と変わる水面の波立ち具合や海水の色を観察した。やさしい横風が吹くと、水面には動きのある樹皮のような模様が現われることもあれば、光沢のある平らな水面が広がることもあった。外洋の海は沿岸の海よりもいつも色が濃い。亜熱帯の太陽の光は一〇〇〇メートルの厚さの透明な青に染みこんでいき、その光を反射してくる海底は見当たらないので、海中には黒い水の世界が広がる。

潜水艇につながるケーブルは滑車を通って一直線に海中へと延び、博物館で見た漁業ジオラマを思い起こさせた。そのジオラマでは、精巧につくられた漁船が透明な樹脂でできた海に浮き、水中の断面には、小さな魚の模型を捕獲するためのミニチュアの釣り糸や網がしかけられていた。ペリカン号を同じ大きさのジオラマに縮めて展示しようとすると、潜水艇がどれくらい深くまで潜るかを示すためには、ビル数階分を使った展示スペースが必要になるだろう。そして水中には、イカの模型を追いかけているマッコウクジラの模型や、展示室の照明を消すと発光するクラゲの模型が据えられることになるだろう。船には私のミニチュアも乗っていて、甲板で足の下に広がる海底や、水面と海底のあいだにある膨大な量の海水の世界に思いを馳せているかもしれない。

ヘッケルを魅了したゼラチン質の体の生き物たち

深海とひとくちに言っても、海底から離れた水中は餌がもっとも少なく、とても孤独な世界と言ってよいかもしれない。水面と深海底のあいだに広がる水だけの広大な三次元空間で食物や伴侶を見つけるのは容易なことではない。海の底なら少なくとも餌を探す足場となる海底面があり、上から沈んできた食べ物が積み重なっている場所を見つけられる可能性もある。ところがその上に広がる、遮るもののない水中では、もっと気を入れて餌を探さねばならず、獲物や伴侶が通りかかるのを待つにしても、もっと辛抱強く待たねばならない。

海底から離れた水中にはゼラチンのような柔らかい体を持つ動物がたくさんいる。空飛ぶ円盤のような形をしているものもあれば、こんがらがった羽の塊のように見えるものや、丸っこい蜘蛛（くも）のようだが細い脚が多すぎるものもいる。キラキラと輝く球体に虹色に点滅する線が入ったものも、精巧なガラスのシャンデリアに灯りをともしたような姿のものもいる。

こうした繊細で脆い体は深い海の静けさが進化させてきた。深い海では波の動きや潮の満ち干（ひ）に煩わされることがなく、穏やかな水の流れだけが体を撫でる。どのような浮遊性の生き物も一生を通して硬い物体の表面に触れることなく水ばかりの世界に支えられながら浮いて過ごし[*21]、こうした動物にとってゼリー状の体を持つことは必勝戦略になる。水に薄くタンパク質のコラーゲンが溶けたゼリー状物質（ゼラチン質）で組織ができ、これで簡単に体をつくりあげることができる。体が水に浮き、代謝量も低く抑えることができるので、効率のよい生活ができる。体がおもにゼリー状物質でできている生き物はエネルギー節約型の生活をすることで食べる餌の量を減らし、餌の少ない深い海で生き延びる可能性を広げている。

しかし、このように脆弱な生き物には弱みがある。体があまりにも華奢（きゃしゃ）なので、近くを泳いだ魚が尾を一振りしただけで体がバラバラになってしまうものもいる。それほど脆いと、科学者が研究するのも難しい。こうした繊細な動物を見つけて捕まえるのは幽霊を追うのと似ている。ゼリー状の動物は網に入ってもずたずたに引き裂かれたり潰れたりしてしまう。細胞は深い海に適応しているので、水面に引き上げられて水圧が大きく減少するのも具合が悪い。体が溶けてなくなってしまうのだ。

無傷で捕獲するのが難しいにもかかわらず、ゼラチン質の動物のおもなグループは一〇〇年以上前に深い海の水中ではじめて見つかった。深い海に生息する脆い動物の学名の多くには、その動物の詳細を調べて命名したある科学者の名前が併記されている。科学に数多くの貢献をした学者だが、今日では描

*21——浮遊性の生き物全般を英語では「プランクトン」といい、「さまよい歩く」という意味の古代ギリシャ語の「プランクトス」が語源になっている。岸から離れた水中で生活し、強い潮流に逆らって泳ぐことのできない生物種を指すことが多い。

いた生物画によってその名がもっとも知られ、この生物画によって優美な生き物が世に広く知られることになった。

⚓

エルンスト・ヘッケルは一八三四年にドイツで生まれた。ベルリンで医学を学んだが、自然界を探索したいと熱望し、芸術的関心も強かった。医学を学んでいたときに、ドイツの海岸の沖にあるヘルゴラントという小さな島で講義を受けたことがある。ヘッケルはのちにその時の旅を振り返って、「それまで生きた標本を目にしたことがなかった無数の動物のなかで、メデューサほど私の心を惹きつけたものはなかった[57]」と書き残している。クラゲは西欧ではメデューサとかゼリー・フィッシュと呼ばれるが、科学的にも芸術的にもヘッケルの心をとらえ続け、やがて関心を海の深みへと向けさせることになった。

ヘッケルはベルリンで医者として短期間働いたが、すぐに動物学に転向した。最初は、珪素でできているガラスのような骨格のなかで成長する海の微小な放散虫――動物でも植物でも菌類でもない――をもっぱら調べた。放散虫は、ヘッケルが好きだった科学と芸術をはじめて結びつけた。一八六二年には放散虫についての長い研究論文を発表している。その論文には、生命のある雪の結晶のようなこの生き物の、微に入り細をうがった数十枚の図が収録されている。

そのあとの一〇年間は、浮遊動物がまたヘッケルの生き方を左右したが、今度は半透明なゼリー状の動物だった。一八七六年にロンドン王立協会のチャールズ・ワイヴィル・トムソンが主任科学者として率いる英国艦船チャレンジャー号が二年間の世界各地をめぐる海洋調査から帰還し、海の深みには生物がいないとするエドワード・フォーブスの理論を否定する資料をたくさん持ち帰った。ヘッケルはチャレンジャー号には乗船しなかったが、水中で慎重に曳かれた網や、波間に投げこまれたバケツで集められたゼリー状の動物を調べる作業を引き受けた。

世界各地で集められて保存された数百にのぼる標本を調べることで、ヘッケルは海洋についてのまったく新しい考え方を切り拓き、深い海には傘を開閉させて泳ぎながら生活する無数の脆弱な生き物がいることを明らかにした。名前をつけたゼリー状浮遊生物の数は六〇〇くらいあり、特殊なものについては進化の系統樹に新しい枝をつくった。[*22] クラゲのように見える深い海に生息する動物の多くが、じつはクラゲとはまったくちがう動物であることも明らかにした。そしてヘッケルは、それまで目撃されたこともなく、存在も知られていなかったこれら深い海の動物たちの多くに、広く一般の関心を向けさせた。

一八九九年にヘッケルは、いちばん有名な著作である非科学小冊子シリーズ『自然の芸術的形態(Kunstformen der Natur)』〔邦訳『生物の驚異的な形』〕を出版し始めた。毎回、動植物や菌類の華麗な図が一〇枚掲載された。ヘッケルのねらいは一般の人たちと自然をつなぐことで、科学者や博物学者が野外や顕微鏡下でこうした生き物を発見するときに実際にどのようなものを見ているか、あるいはゼリー状の動物の場合には、深い海を漂う姿をヘッケルがどのように想像しているかを知らせるための手がかりを提供しようとした。ページをめくると、チャレンジャー号の収集標本にあった動物がたくさん選ばれていることがわかり、繊細な体の形や色が保存液のなかで変質してしまう前に、彼らがどのような生活を

*22――ヘッケルがゼラチン質動物について創設した分類目(もく)・綱・属は数知れず、それらの分類は今日でも有効とされる。

していたかが想像できるよう描かれている。

この本には、沿岸部の浅海やもっと深い海をさまよう、なじみが深いさまざまな本物のクラゲ——鉢虫類〔口絵⑥⑧⑨⑪〕——は、厳密に言うとわずかしか登場しない。『自然の芸術的形態』で鉢虫類を扱うあるページには、そうした鉢虫類のデスモネマ・アンナセッテ*Desmonema annasethe*が描かれていて、これを発見したヘッケルは最初の妻のアンナ・ゼッテにちなんで命名した。赤と青の大きな体、レースのペチコートのような腕や長く尾を引く触手。図なので動きがないはずなのに、本のページから読み手の膝の上へと、旋回したり脈動したりしながら泳ぎ出てくる様子をたやすく想像できる。ただ、クラゲには、このように派手なメデューサと呼ばれる成長段階だけでなく、ほかにも成長段階があることはヘッケルの絵には描かれていない。

鉢虫類は、岩にへばりついた小さなポリープという、まったく異なる姿で長い時期を過ごす。小さな花のように見えるので、近縁のサンゴやイソギンチャク（どれも刺胞動物門[*23]という同じ分類門に属する）とも似ている。海底での生活は数年におよび、時には数十年にもなることがあるが、ポリープは定期的にたくさんの小さな遊泳性のメデューサを水中へ送り出す。メデューサはすぐに成体の大きさに成長し、餌を探して食べ、繁殖相手を探す。オスもメスも数カ月生きながらえ、このあいだに卵と精子を水中へ放出する。食物が豊富で生活環境が好ましければ、毎日のように放出する場合もある。受精卵は微小な幼生へと成長し、海底に落ち着くと新しいポリープに変身する。このように鉢虫類は、メデューサからポリープへ、そしてまたメデューサへと、生活史を循環させている。

『自然の芸術的形態』には、ヘッケルが発見して命名したが分類が曖昧な鉢虫類のクラゲがほかにも登場する。剛クラゲ〔口絵⑥〕と硬クラゲ〔口絵⑧〕は、どちらもヘッケルが詳細を新たに記した鉢虫類のグループ（目）で、ヘッケルの図では、滑らかなドーム状の体からビーズをつなげたような触手と筒状の口が一本垂れ下がり、唇は花が咲いているように見える。どこにでもいる鉢虫類とは異なり、この二つのグループに含まれる種類はほとんどすべてが深海の水中で生活し、受精卵は、海底に固着するポリープという成長段階を経ずに、卵から孵化するとすぐに微小なメデューサになる。しかし、幼いクラゲは必ずしもすぐに自立して生活できるわけではない。しばらくのあいだ成体になったメデューサの体内に潜りこんでヒッチハイクするものもいて、餌のおこぼれにあずかりながら自分だけで深海の水中を泳ぎまわれるようになるのを待つ。

ヘッケルが調べて小冊子で図解した刺胞動物の別のグループにクダクラゲ目がある。その図のひとつには、優雅に触手をたなびかせながら螺旋状に渦巻く花のようなクダクラゲが描かれている。また、垂れ下がった葉や花のつぼみの束があるパイナップルのように見えるものもある〔口絵⑤⑩〕。クダクラゲには、海面に紫色の風船を浮かせるカツオノエボシのように浅い海で生活するものもいるが、多くは深い海に生息し、他に類を見ないほど体が柔らかいので、一匹を丸ごと捕まえるのは難しい。カツオノエボシの脆い体は、ほかのクラゲとは大きく異なるつくりになっている。ヘッケルもよく知っていたように、個体とは何かという問いをクダクラゲは私たちに突きつけてくる。

クダクラゲは、ポリープとメデューサという異なる成長段階を順にたどる生活史ではなく、ひとつの体に両方の段階が同時に出現する。そうしたポリープやメデューサはどれも個虫と呼ばれ、つながって数十メートルあるいはそれ以上の長さに延びる。クダクラゲのアポレミア *Apolemia* の映像が二〇二

＊23——英語名称の Cnidaria は「ナイダリア」と発音し、古代ギリシャ語でイラクサを意味する語に由来する。

〇年に西オーストラリア州のニンガルー沖の深い海底谷で撮影された。巨大な螺旋を描く体は長さが四五メートルと推定され、記録に残るなかでいちばん長い動物という王座につく可能性が高い。

興味深いことに、大きな長い体をつくり上げる個虫はどれもが同じ形をしているわけではない。群体を形成するサンゴなどのほかの動物は、一匹だけでも餌を獲って繁殖できる半自立した同じ形のポリープがたくさん寄り集まっている。ところがクダクラゲは、餌を食べる個虫、卵か精子をつくる個虫、風船のように気体をためこんで群体が浮くのを手助けする個虫がいて、多数のメデューサ段階の個虫が並んで鐘形の傘を脈動させて水を同時に押し出し、水中の群体を進ませたり方向を変えたりする。クダクラゲの個虫は特殊な役割にあまりにも特化しすぎたため、一匹だけでは生きていけない。集団になって一個体としてふるまう動物なので、個体と集団の境界がぼやける。

ヘッケルの『自然の芸術的形態』には深い海に生息するクラゲの図がもうひとつあるが、このクラゲはほかのクラゲとはかなり様子が異なり、類縁関係も離れている。有櫛(ゆうしつ)動物として知られる動物たちで、体には微小な毛が睫毛(まつげ)のように並ぶ八本の櫛板(しっぱん)列と呼ばれる筋が走り、光が当たるとそれが虹のように輝く[*24]〔口絵⑰〕。有櫛動物はこの毛を波打たせて滑らかにゆっくりと前進し、その様子は、透明なオオスグリの実がのんびり散歩しているようにも、水中を滑るように移動する宇宙船のようにも見える。

深海に潜って生きた動物を見る

『自然の芸術的形態』のなかでエルンスト・ヘッケルは、深海に生息するゼラチン質の柔らかい動物を次から次へと紹介しているが、生きている実物は一度も見たことがなかった。こうした生き物は、彼の研究のあと数十年のあいだ、外洋の生き物を研究する人たちの目にも触れることはなかった。船の速度が上がり、海洋の研究者たちはさらに機械化の進んだ大型の捕獲用具を使うようになったので、脆い動物の体を崩壊させずに捕まえるのが難しくなったのだ[58]。

二〇世紀後半になって研究者が海のかなり深くに潜れるようになると、生きた動物が目撃されるようになった。カリフォルニア大学デービス校のウィリアム・ハムナーは一九七〇年代の初めに、当時はまだ目新しい発明だったスキューバダイビングを使えば、深い水中の動物をうまく調べられると気づいた。船を使った調査には費用がかかり、数年前から立てられた調査日程に厳密に従わなければならないことをハムナーは嘆いていた。「誰かが船のまわりでクラゲを観察するために泳いでいるあいだ、調査船がずっと止まっているわけにいかないのは仕方がない[59]」と一九七五年に記している。

ハムナーとその仲間たちは、海底が見えないほど深い海で安全に潜水するための手法を考案し、この先駆的な潜り方はのちにブルーウォーターダイビングとして知られるようになる。アリス・オールドレッジは、「外海で水面近くに浮いていると、自分がどこにいるのかわからなくなる[60]」と、ハムナーの研究室の大学院生だったときのことを振り返っている。「光が散乱し、水面がどの方向かわからなくなることもある」。水面に蜘蛛の巣のように張りめぐらせたロープから垂れ下がるロープでダイバーをつなぎ止め、潜っている人が方向を見失ったり、いなくなったりしないようにした。「どこを見ても透明な

＊24――この動物だけで有櫛動物門という分類群を形成し、動物の進化系統樹上の最古の枝という地位をカイメン動物とどちらが占めるかで競い合っている。英語の Ctenophora はテノフォラと発音し、ギリシャ語で「櫛を持つ者」を意味する。クシクラゲと呼ばれることも多い。

青しか見えない。そのような世界の一部になれただけでもすばらしい体験だった」と、オールドレッジは言う。

ブルーウォーターダイビングに参加したメンバーは、海に潜ると鉢虫類、クダクラゲ、有櫛動物に取り囲まれた。喉もとに固定した防水ビデオや防水マイクで撮影したり解説を録音したりするかたわら、空いた両手で動物を一匹ずつ、そっと瓶やビニール袋に採集した。「スキューバダイビングの装備で潜って自分の目でこのゼラチン質の浮遊動物を見るまでは、これほどたくさんいるとは思ってもみなかった」とオールドレッジは言う。

水中では空気の補給が必要であったにもかかわらず、そして、せいぜい三〇メートルしか潜れなかったにもかかわらず、ブルーウォーターダイビングは深海の重要な研究を進めるための道を切り拓いた。オールドレッジはホヤの一種であるオタマボヤに注目した。[*25] オタマジャクシのような姿をしていて〔口絵⑦〕、大きなスライムの風船のなかで生活する。入り組んだ粘液の構造物である風船は泡巣（あわす）と呼ばれ、オタマボヤの種類によって形が異なり——大きなオタマボヤの一種（*Bathochordaeus mcnutti*）の泡巣には縦筋が刻まれていて、広げたりたたんだりできる天使の翼のように見える〔口絵②〕——、食物となる微小粒子を水中から濾過して集める機能を持つ。泡巣の目が詰まると古いものは捨て、一日に五回も六回も新しい泡巣をつくる。バハマ沖でブルーウォーターダイビングをしたオールドレッジは、うち捨てられたオタマボヤの泡巣はすぐに沈んでマリンスノーとなり、炭素が豊富な食物を海の深みに絶え間なく供給していると推測した。[61]

水面に近い層だけでなく、クラゲを主体とする生き物にあふれるもっと深い水中を目で見て観察するのは、大変な思いをしてでも十分に意義のあることだとブルーウォーターダイビングは示した。基本的には同じ手法——目で観察して慎重に動物を集める——が潜水艇を使った深みでの調査に受け継がれ、ゼラチン質の動物が深い海にどれほどたくさんいるか、それらがいかに重要な存在であるかについて新たな認識を生むことにつながった。

クラゲが食物網で占める位置

海の深みの水中にいる動物たちが食物やエネルギー源を手に入れる経路はひとつだけだと広く考えられていた時代はそれほど昔のことではない。マリンスノーが降ってきて、それを捕らえて食べる浮遊動物がいて（その多くはオキアミやカイアシ類といった甲殻類で、さまざまな動物の幼生も加わる）、それを漸深層（ぜんしん）や中深層で群れをなす無数のハダカイワシや銀色の小魚が食べるという経路だった。あらゆる種類の柔らかいゼラチン質の生き物は脇役であるかのように見なされ、食物網で重要な役割が与えられてこなかった。クラゲはそれなりの量のマリンスノーを捕らえて食べるが、この水っぽい袋状の動物を食べる動物はほとんどいないと考えられていたので、食物連鎖の袋小路と見なされていた——エネルギーをより高次の動物に受けわたさず、死んで腐敗した死骸はまた食物網の底辺へと沈む。ところが実際は、深い海の複雑な食物網はクラゲで構成されていた。

食物網を構築するための従来の手法——誰が誰を食べるかを調べて、生態系のなかのつながりを示す

＊25——オタマボヤがホヤ（尾索（びさく）動物とも呼ばれる）の仲間であるということは、哺乳類、爬虫類、鳥類、魚類、両生類を含む脊索動物の一員でもあることになる。

図を描く――では、動物の胃を解剖して、最後の食事は何だったかを調べるという手順を踏む。問題は、消化管内にゼラチン質の浮遊動物が詰まっていると、生物種を見分けられないほど形が崩れていることだった。そこで、解剖するかわりに餌を獲る行動をリアルタイムで観察するようになった。餌を獲る場面に遭遇する機会はまれにしか訪れないが、深い海で目にする可能性がまったくないわけではなく、十分に長い時間を水中にとどまれば可能になる。

一九八〇年代にモントレー湾水族館研究所が米国カリフォルニア州の沿岸に設立されて以来、水族館職員はモントレー湾の深い海を定期的に調べ、遠隔操作する潜水艇で集めた膨大なビデオ映像を水族館に蓄積してきた。二〇一七年にモントレー湾水族館研究所のポスドク研究員だったアネラ・チョイは、この保存記録のなかから、ほかの動物を食べたり、ほかの動物に食べられたりする決定的瞬間が撮影された映像を探した。(62) 撮影された捕食者のなかで中心的存在だったのは、魚を腕で包みこむようにして捕まえるイカ〔口絵㉑〕と、麻痺させたクダクラゲを触手に抱えこむ剛クラゲの一種だった。

ゼラチン質の動物は体が透けて見えるので、狩りが終わったあとでも直前に何を食べたのか見分けるのは難しくなかった。ガラス製のマトリョーシカ人形のように、有櫛動物の体内にオキアミが見えたり、鉢虫類の体内に魚が見えたりした。カンテンダコ*26が食べかけの黄色い大きな鉢虫類を腕に抱いている映像もあった。タコは鉢虫類の腹部や生殖器のような栄養がある部分の大半を食べ終わったのに、残った刺胞がある触手を捨てずに抱きかかえていて、おそらくそれを武器、あるいは、もっと餌を捕まえるための道具として使っていた。そのようなことは、それまで観察されたことがなかった。

チョイと共同研究者たちは、保存してあった記録を穴が開くほど見返し、捕食攻撃の真っ最中という映像を無数に見つけ、複雑な食物連鎖網のつながりをひとつずつ徐々に明らかにしていった。成果を公表した論文にはその食物連鎖の図が描かれている。色とりどりの丸や線が使われていて、いくつもの深海動物群を結ぶ明るい色の線はループを描くので、研究者たちはその図を「誕生パーティーの図」と呼ぶ。しかしその図には、ふつうの誕生パーティーでは起きないことが描かれている。パーティー参加者は互いに食い合っているのだ。「それぞれの線は、密接に関係し合う食事の様子を物語っている[63]」とチョイは言う。数十年にわたる水中の映像の助けを借りてチョイは海の深みを垣間見て、動物がどのように生活しているかを観察した。

チョイらが明らかにした深い海の饗宴でいちばん驚くべき出来事は、典型的な捕食者の基準に当てはまらない脆弱なゼラチン質の動物で見られた。クラゲのような動物には大きな歯や目がないのに、深い海の食物網でしっかりと中心の座を占めていたのだ。映像記録では、英語で「大皿クラゲ」と呼ばれるカッパクラゲ *Solmissus*――剛クラゲの仲間で、本当に大皿ほどの大きさに成長することもある――が、ほかのクラゲ、ゴカイ、クダクラゲ、オキアミなど一〇種類以上の異なる餌を捕まえるところも確認されていて、食物網全体とつながりがあることがわかる。しかしカッパクラゲを水面に引き上げると、貪欲な捕食者とは似ても似つかぬ姿になってしまう。「指から透明なゼラチン質がこぼれ落ちるだけ」とチョイは言う。

水中での餌の獲り方というこの新しい視点で見ると、クラゲの食物網が一部のクラゲの体そのものと同じくらい複雑であることがわかる。もはや、関連が薄いという理由でクラゲの名で呼ばれる生物種を

*26――英語の通称は「七本足のタコ」。精子をつくる腕を丸めて右目の下にある袋に大切に収めているオスにちなんだ名前（喧嘩になると、相手のこの腕を引きちぎろうとする）で、足が七本しかないように見える。

食物網から除いたり、食物網の図の脇の小さな枠のなかに押しこめたりはできない。クラゲは、餌としても、捕食者としても、想像しているよりはるかに重要な生き物で、マリンスノーという沈みゆく粒子が持つエネルギーを生態系の次の段階へと受けわたす役割を担う。そしてクラゲがおよぼす影響は海の深みにとどまらない。もっと浅い海に生息して人間の生活と直結する動物も、こうしたクラゲの食物網とつながっている。

数十億ドル〔数千億円〕という水揚げのある大規模漁業は、この深い海のゼラチン動物のエネルギーを当てにしている。キハダマグロも、クロマグロも、ビンナガマグロも、中深層に潜ってイカを捕まえ、そうしたイカは鉢虫類や硬クラゲを食べている。ミズウオやアカマンボウのように表層でも海底でもない水中を生活の場にしている魚もゼラチン質の浮遊生物を食べ、どちらの魚も漁業資源ではないものの、マグロやサメなどほかの動物の大事な餌になる。クラゲの食物網の触手は、野生の海洋生物の生活のあらゆる面に伸びていることになる。南極大陸一帯に生息するペンギンや大洋を回遊するオサガメはクラゲを常食する。ホホジロザメ、オットセイ、アシカ、マッコウクジラ、そのほか多くの海洋生物が、海の深みにたくさんいるゼラチン質の動物と何らかのつながりがある。

一メートル以上にも成長するオヨギゴカイ

潜水艇で深海を調べるようになってからは、体がおもにゼラチン質でできて水中を生活の場にする動物の新しい重要な種類が次々に見つかった。オヨギゴカイはムカデのような姿をしていて、中国の春節のお祭りで見られる龍の舞のような動きをする。泳ぐときには数十本の脚（疣足(いぼあし)でもよい）を波打たせ、一対の触角は頭から後方へたなびく（口絵⑬⑯）。「超格好いい動物で泳ぎが素早い[64]」と、米国ワシントンDCにあるスミソニアン国立自然史博物館の海洋無脊椎動物担当カレン・オズボーンは言う。アクロバット遊泳をするので捕まえるのが難しく——網をすり抜けてすぐ逃げる——、これまで長いあいだオヨギゴカイがほとんど知られていなかったのも頷ける。たとえ網で捕まえても、良好な状態を保つのは難しい。体はほとんどの部分が水を満たした風船と言ってよく、すぐ破裂する。それほど大きな傷を負わなければ、体の外側にある筋肉が体液を押しだし、体を縮めることによって傷をふさぐ。そして、体の残りの部分をまたゆっくりと膨らませる。しかし底曳き網に捕らわれて打ちのめされると、そのような自己修復は難しい。生きた個体が自然に生活しているさまを観察できるようになるまでは、オヨギゴカイは人間の指の長さくらいしかないと考えられていた。しかし実際は一メートル以上に成長することもある。

オヨギゴカイを捕まえる最良の方法は、深海に潜れる潜水艇を使うことだ。追いまわして疲れさせ、止まって休んだところを捕獲する。「体が海水入りの袋にすぎないので、たくさんエネルギーを蓄えられない」とオズボーンは言う。疲れはてた虫を潜水艇のスラープガン（吸引式深海生物採集器）を使ってそっと吸いこめばよい。あるいは透明なアクリル製の容器にやさしく閉じこめてもよい。「そうすれば傷ついていない美しい虫が手に入る」とオズボーンは付け加えた。

オズボーンはオヨギゴカイを一〇種類以上発見しただけでなく、ほかにも深海を泳ぐゴカイ類を数多く見つけた。「潜水艇を海に潜らせるたびに、それまで目にしたことのないものが見つかる」。見つけた瞬間に発見の喜びに包まれることはあまりないとオズボーンは言う。見慣れないものを何か新たに目にしたときに科学者は、「あれはいったい何だ！　あり得ない！」という反応を見せる場合が多い。

目新しい動物が見つかると、しばらく観察したり映像に収めたりしたあと、新種として記載するために持ち帰る標本を捕まえる。捕まえても、保存された虫が誰の目にも触れることなく、研究室の棚に長いあいだ放置されることもある。深海生物学者の数も研究費も足りないからだ。何を研究するかを決めるのも難しい。オズボーンは、深海の生態系で要（かなめ）となる役割を果たしているように見える動物を選ぶようにしている。数が多くて多様性に豊んだ動物や、海の仕組みを理解する一助になる動物だ。ゴカイ類の場合には、なぜそれほどたくさんの種類が確たる足場のある海底を見限り、海底を這いまわる祖先種を置き去りにして水中へ泳ぎ出したのかを知りたいと思っている。

この海底との劇的な決別は、進化の過程でゴカイ類の体に起きた同じくらい劇的な変化と呼応している。そのような変化が起きたことで、新しい環境に対処できるようになった。オズボーンらは、二〇〇七年にインドネシアとフィリピンの間にあるセレベス海の三〇〇〇メートル近い深海で、イカのような姿をしたゴカイの仲間を見つけた。[65] 彼女はこのイカムシを、その一種だけが含まれる新しいテウティドドリルス属 *Teuthidodrilus* に分類した。体より長い触手を持ち、その先には鋭敏な巻きひげがある。海底から離れた水中で生活するためには、体を取り巻く水中で何が起きているかを知る必要があり、イカムシはそれを触手で行なうことにした。鼻の下だけでなく頭全体に長いひげを生やした猫といったところだ。

泳ぐゴカイ類のなかには、深海の水中でゼラチン質の体を進化させた動物と同じ地位を築いたものもいる。オズボーンは、通称「ブタノシリムシ」[66] で知られる多毛類のツバサゴカイの一種 *Chaetopterus pugaporcinus* も見つけた。体節のひとつが液体で満たされた風船のように膨らみ、体を浮かせるのに役立つ。その体節が尻のように見える〔口絵⑫〕。

オズボーンが深海で見つけたハボウキゴカイの一種*Swima bombiviridis*も、学名にふさわしい生活をする。*Swima*の属名からは、この虫が泳ぎに長けていることがわかる。体の側面に扇子のような剛毛が並び、それを使って前へも後ろへも、水中を難なく漕ぎ進む〔口絵⑭〕。*bombiviridis*[*27]は、攻撃されたときに、体につけている緑色に光る液体に満ちた玉を爆弾のように投げることを指す。その玉は、破裂すると数秒のあいだ光を放つ[67]。

英名を「緑の爆弾魔」というこのハボウキゴカイの一種のほかにも、深い海には発光ゴカイがたくさんいる。「ブタノシリムシ」はやさしく突かれると、数秒のあいだ明るく青色に輝いたあと緑に輝く粒子をまき散らす[*28]。オヨギゴカイも、いじめられると水中に黄色い光を放つ煙を出すかもしれない。深い海では、そうしたまぶしいほどの発光をごく当たり前に見ることができる。

発光する生き物たち

イカやタコには生物発光するものがあり、サメ、硬骨魚、エビ、オキアミにも発光するものがいる。こうした生き物は、発光する粘液や粒子を圧縮して水中へ放出したり、体の一部を発光させたりする。エルンスト・ヘッケルが図にしたゼラチン質の柔らかい動物の多くも光を発する。鉢虫類の一部、有櫛

＊27――*bombiviridis*のbombiは、ラテン語のbombusに由来し、「ブーンという音」を意味する。英語のbomb（爆弾）も、この語に由来する。viridisは、ラテン語で緑を意味する語に由来する。

＊28――粒子は尻の割れ目（正確には背中中央繊毛溝）から放出される。

動物のすべて、剛クラゲ、硬クラゲたちだ。オタマボヤも泡巣の内部に発光するマリンスノーの粒子を詰めこんで光る。

深海は発光する動物に満ちているのではないかと昔から考えられてきたが、モントレー湾水族館研究所のビデオデータからもそうした映像が次々と見つかったことで、それが裏づけられた。外洋の水中で撮影された映像には、生物名を特定できる動物が三五万回以上映っていた。これらは大きく、発光することがすでに知られている動物と、そうではない動物の二つのグループに分けることができる。研究所が水中に設置したカメラでとらえたすべての動物のうち七六パーセントが生物発光した[68]。

海の深さが異なれば、そこに多くいる発光動物の種類は異なる。クダクラゲは上層の五〇〇メートルに多い。その下の一〇〇〇メートルは剛クラゲと硬クラゲが多くなる。深さ二二五〇メートルあたりまでの漸深層は、ハボウキゴカイ、ツバサゴカイ、オヨギゴカイといった多毛類のゴカイたちや、ほかにも多くの発光動物が生息する。さらにその下の最深部はオタマボヤの世界になる。表層から深海層の深みまで、生物発光する動物は確かにたくさんいる。しかし、それがなぜなのかということについては、まだ完璧に満足できる答えは出ていない。

発光物質をまぜ合わせたり、体内に発光するバクテリアを棲まわせたりして光を生み出すのは、餌が少なく捕食者の多い広大な水中空間という海の深部で生き延びるために動物が進化させた重要な能力であるのは間違いない。そうした光をどのように利用するかについて、研究者たちはいくつもの説を提唱

してきた。深い海に生息するアンコウは、口のなかへと獲物をおびき寄せるために光る疑似餌をブラブラと揺らす。エレナ *Erenna* というクダクラゲは、ピクピクと動く触手の横枝に赤い光をともして魚をおびき寄せる。エビは捕食者の顔をめがけて光る粘液を吐き出し、相手を煙に巻く。しかし、こうした行動が海のなかで記録されることはほとんどなかった。

「私はそれを『なぜなぜ物語』と呼んでいる。トラはどのように縞模様をまとうようになったのかと問うのと同じで、答えを探すのは本当に大変だ[69]」とモントレー湾水族館研究所のスティーブン・ハドックは言う。

深海で実際に発光している最中の生物を映像でとらえるのはきわめて難しい。潜水艇のまばゆい光は自然が生み出す光をかき消してしまう。ライトを消しても、動物が発する光が短時間の点滅であれば、たとえそれがカメラの方向へ発せられたものであっても、カメラの感度でとらえるには弱すぎる。

写真や映像で発光している様子が撮影された生き物を実際に研究室へ持ち帰って調べると、大半は光を点滅させた。実験室では、発光させるために突かれたり化学薬品にさらされたりする。こちらから光を当てると光を返してくる発光生物もいる。しかしこうした実験からは、その個体に光を発する能力があることがわかるにすぎない。仲間や捕食者や餌動物に対して、暗闇を通して光を投げかけたり点滅するメッセージを送ったりするつもりで発光しているわけではない。動物たちが生物発光をどのように利用しているかを確かめるには、自然環境下で通常の行動がとれるようにしてやる必要がある。

人間は潜水艇で潜ってもすぐに目が慣れ、のぞき窓から弱々しい光の点滅を見ることができるが、人が目で見たものをそのとおりに録画することはできないし、ましてや再生したり解析したりする手だては持ち合わせていない。ハドックは以前、一九九四年に潜水艇で七五〇メートルくらいの深さまでババマの海に潜ったことがある。彼はそこで、青く光る煙のような筋を残しながら猛スピードでかなたへ泳ぎ去るヤムシを目にした[70]。このほっそりとした透明な動物は自ら光を発することはできないと考えられていたが、ハドックの記憶だけに残るあの素早い光の動きは、それが事実ではないことを物語っていた。最近になってハドックは、動物を驚かせないように赤いライトの潜水艇に超高感度の新しいカメラを取りつけた調査で、光るドーナッツリングを回転させて水中に放つヤムシを映像でとらえた。カメラでうまく撮影できることがはっきりしたので、そのうち行動を撮影したい生物のリストをつくっている。そのリストには、腹部を青い光で覆って中深層に身を潜めているカラスザメから、キラキラとした魅惑的な光に包まれた二本の長い触手を釣り竿のように延ばすイカまで、さまざまな生き物が並ぶ。

生物発光を感知する視力

深みに生息する生き物は発光によって驚くような適応を遂げた。陸上の地下深い洞窟にある淡水の湖沼や河川に生息する魚類には視覚を失ったものが多い。たとえ複雑な構造の目という器官が残っていても、常に闇に閉ざされた世界では使い道がない。ところが深い海に生息する魚類は逆に、きわめてよい視力を進化させた——どの魚も生物発光を感知するためだった。目は超高感度になり、網膜には数十もの光色素をぎっしり並べて異なる波長の光を見分けることができるため、ほかの動物が発する弱い光の点滅が見えるだけでなく、発する光の色のちがいも見分けられる。

人間も含めたほかの脊椎動物の多くは、暗闇では色を見分けられない。つまり、視界が暗いときに働く網膜の桿体(かんたい)という視細胞には、色素が一種類しかない。これとは対照的に、ナカムラギンメの一種は三八種類の桿体を持っていることが最近になって明らかになった[71]。科学者たちは遺伝子配列を調べてその色素を実験室でつくり、それに光を当てることによって、どの波長の光にもっとも鋭敏に反応するかを調べた。この小さな魚が中深層を泳ぐときには、人間の目よりも多くの青や緑——生物発光のなかでもっとも多い色——の微妙な陰影を見分けることができる。

海の深みで催される花火大会は、海底から離れた水中で生活する動物が姿を隠す方法も進化させた。捕食者の多くはサーチライトを照らしながら狩りをし、触れると光るプランクトンやマリンスノーのなかにいれば、体を動かすだけで光に包まれる。まわりの光をできるだけ反射させない皮膚ならば、ほかの動物に気づかれにくいという意味で対極となる効果をもたらす。だから、海を泳ぐ魚には漆黒のものが多い。

カレン・オズボーンは共同研究者と一緒に、黒い魚の皮膚を集めた[72]。皮膚の反射率を測定したところ、深い海に生息する魚の多くは、地球上の黒い魚のなかでもっとも黒い部類に属することが示された。ゴクラクチョウが漆黒の羽を使って、色とりどりの羽の効果を打ち消すような強烈な求愛行動をするのに似ている。研究チームが顕微鏡で魚の皮膚を調べたところ、人間やほかの多くの動物の皮膚にあるのと同じメラニン色素が多量に含まれていた。魚の皮膚の極端な黒さには、そのメラニン色素顆粒の大きさと配列が重要な役割を果たす。光の粒子は、皮膚に当たるとメラニン色素顆粒のあいだを横方向へ跳びはね（ゲーム機のピンボールにあるフリッパーやバンパーのあいだで球が跳びまわるような感じ）、皮膚から抜け出せなくなって漏れ出る光がほとんどなくなる。*29

二〇二〇年に発表された論文では、メラニンが多量に含まれる皮膚は深海魚に見られる場合が多いことが明らかにされた。オズボーンらは、類縁関係が薄い一六種の魚に超黒色の系統が個別に七回進化で出現したことを突き止めた。ほかの発光動物の餌食になるのを防ぐために黒を使う場合もあれば、自分が放つ光が自分の体に反射してほかの魚が逃げるのを防ぐために使っている場合もある。こうしたことを考え合わせると、深海という太陽光のない世界で生活するには、光を放つ手段だけでなく、深い海の暗さよりもさらに暗い陰となって身を隠す手段を進化させることも役立つことがわかる。

＊29——黒い色画用紙は、そこに当たった光のおよそ一〇パーセントを反射する。新品の自動車のタイヤは、まわりの光の一パーセントあまりしか反射しない。オズボーンと共同研究者が計測した魚の皮膚は、どれも反射率が一パーセントに満たなかった。調べた黒色魚の光の反射率は、人間がカーボンナノチューブから製造するもっとも黒い物質ベンタブラックとほぼ同じだった。

化学合成の世界

「雪男ガニ」が発見されたときに、それがマリンスノーを食べるカニだったら風情があったかもしれない。しかし現実の世界では、マリンスノーを食べるより風変わりな生活をしている。雪男ガニは、二〇〇五年に太平洋東部のイースター島南の深い海を調査したときにはじめて目撃された。先端にハサミのある長い腕が親指ほどの大きさの白っぽい胴体から突き出ていて、その腕には剛毛と呼ばれる殻の突起が長く伸び、ふさふさと毛が生えているように見える。ブロンドの毛皮で覆われた腕と、先端にある丸っこい風変わりな形のハサミを見ていると、イギリスのバラエティ番組「マペット・ショー」に登場してもおかしくない深海のカニに見えてくる。

この新たに見つかったカニは、深い海から一匹が引き上げられたときにキワ・ヒルスタ *Kiwa hirsuta* [73] という学名が与えられた。Kiwa はポリネシアの海の神にちなみ、hirsuta はラテン語で「毛深い」とか「毛むくじゃら」を意味する。しかし誰もがそのカニを雪男ガニ（英語でイエティクラブ）と呼ぶ。

その最初の雪男ガニの標本では、体の表面に糸状のバクテリアが繁殖していた。このことから、カニはふつうとは言いがたい食事をしているのではないかと考えられた。毛皮の袖に微生物を繁殖させて、それを食べているというのだ。生えていたバクテリアはよく見かける種類ではなく、数十年前までは誰も考えもしなかったようなことができるバクテリアだった。この慣習にとらわれない微生物の能力のおかげで、雪男ガニやほかにも多くの動物が熱水噴出孔——深海でももっとも変化に富み、生き物を寄せつけず、危険そのものと言ってよい場所——で生活できる。

海水の化学組成を変える熱水噴出孔

一九七七年に潜水艇アルビン号に乗船した科学者たちは、やはり太平洋東部にあるガラパゴス諸島の北側の海域ではじめて熱水噴出孔を目にした。

「深海は砂漠のようなものだったはずではないか？」[74]と、アルビン号から二・五キロメートル上方に浮かぶ調査船に電話回線でジャック・コーリスは問いかけた。「でもここは動物で大にぎわいだ」。

アルビン号の観察窓からコーリスは、背の高い煙突のようなチムニーからチラチラと光る液体が流れ出ているのを目にした。そしてそのチムニーのまわりに無数の動物がいた。深紅の羽のある長さ三メートルもあるゴカイのような虫もいれば、大皿くらいある二枚貝もいた。そこには太陽光から隔絶された生態系が発達し、その時まだコーリスは知るよしもなかったが、この発見がのちに地球上の生命のとらえ方を革命的に変えることにつながった。

それ以来、深海のいたるところで熱水噴出域が六五〇カ所以上も確認され、それぞれの噴出域には、数十、時には数百という熱水噴出孔が口を開けている。[75]三〇〇カ所近くは実際に目視確認され、残りは化学的・地質学的調査から存在が推定されている。熱水噴出孔は、地球表面の大陸プレートの縁にできる海底山脈である中央海嶺に沿ってできる。大陸プレートの中央部にもあり、海山の脇や上にできる。さらに、海溝の脇に海底火山が弧を描くように連なる沈み込み帯にもできる。こうした火山活動が見られる海域では、溶けたマグマ溜まりがマントルを押し上げて海底の地殻にまで達している。

地殻のひび割れを伝って海水が入りこみ、マグマ溜まりがある深さにもよるが、五キロメートルもの深さまで入りこむこともある。溶けた熱い岩まで海水が到達すると、超加熱状態になった水に浮力が生まれ、地殻の深部の割れ目を今度は上向きに流れる。流れるときにまわりの岩と反応して可溶性の鉱物や金属が溶けこむ。こうして海水の化学組成が大きく変化し、循環する海水は熱水流体と呼ばれるものになる。熱水流体は地殻中を上昇し続け、やがて海底に噴き出るので、陸上の温泉や間欠泉の深海版と言ってもよい。ただ、温度がはるかに高く毒性も強い。熱水噴出孔から吐き出される熱水流体は数百℃に達することが多い。深海では水圧がおそろしく高いので、熱水流体が沸騰して気体になることはない。

海洋全体の水の量から計算すると、海水は熱水噴出孔を通じて一〇〇〇万〜二〇〇〇〇万年に一度循環する[76]。この熱水循環と呼ばれる海水の循環は巨大な化学反応炉の役割を果たし、海水の化学組成を調節したり、地球内部の熱を放出したりしている。

噴出した熱水流体が冷たい海水に出合うと、溶けこんでいた鉱物や金属のなかには沈殿して固体になるものがあり、長年のあいだに尖塔や煙突のようなチムニーが形成される。なかには一日に三〇センチも伸びるチムニーもある。チムニーは数種類の金属からできている岩で、硫化鉄でできているものが多く、高さが三〇メートル以上にもなる場合もある。科学者たちが「ゴジラ」と名づけた背の高いもののひとつが、カナダのバンクーバー島の西の沖合にあるワーン・デ・フュカ海嶺のエンデバー熱水噴出域にあった。この化け物のような噴出孔チムニーは一五階建てのビル（四五メートル）くらいの高さがあり、一九九〇年代までは幅が一〇メートルあったが、そのあと、ぐらついたと思ったら倒れてしまった。噴出孔チムニーの真ん中には穴が開いていて、たいていの場合は金属が豊富に溶けこんだ猛烈に熱い濁った液体がてっぺんからあふれ出ている。側面にある穴からも漏れ出る。ブラックスモーカー（黒煙を吐き出す煙突）と呼ばれるチムニーだが、噴き出ているのは煙ではなく、何かが燃えているわけでもない。

どこの海にも熱水噴出孔はある。大西洋を南北に走る大西洋中央海嶺と、カリフォルニア湾から南極大陸まで続く東太平洋海膨には、多数の熱水噴出孔があることが知られている。地中海では、アフリカプレートが小さなエーゲ海プレートの下に潜りこむ部分に形成されるヘレニックアークという弧状海底山脈に熱水噴出孔がみられる。最近になって、インド洋の中央海嶺や、南米大陸南端沖の南極大陸近くにある小さなスコシアプレートの縁でも見つかった。二〇〇八年にははじめて北極海で見つかった。北極海には地球のてっぺんに切れこみを入れるようにギャーコル中央海嶺が走る。そこにある「ロキの城」と呼ばれる熱水噴出域は、北欧神話の悪戯（いたずら）好きな神にちなんで名づけられた。五本集まったチムニーが、ロキが根城にしていたかもしれない架空の要塞に似ていることや、地球上で最北に位置するこれらの噴出孔がノルウェーとグリーンランド島のあいだの近寄りがたい荒々しい海の、まるでロキが隠したかのような見つけにくい場所にあることが理由だ。今後も熱水噴出孔が見つかるのは間違いない。特に、南東インド洋海嶺や太平洋南極海嶺近辺のはるか南の海など、まだ誰も調べていない辺境の海で見つかる可能性が高い。

熱水噴出孔がある海嶺は、どこも水深が一五〇〇～五〇〇〇メートルあり、船のソナーのような地形認識装置で探すのをじゃまする微小粒子の霧に覆われているので、熱水噴出孔を見つけるのは決してたやすくはない。数が少なく、面積が狭いということもある。ほとんどの熱水噴出域は劇場ホールほどの面積に収まり、世界中の熱水噴出域をすべて合わせても五〇平方キロメートルにしかならず、これはニューヨークのマンハッタン島よりも少し狭い。

いちばん行きやすく研究が進む熱水噴出域でも、いまだに驚くような発見が続く。一九八〇年代以降、科学者たちはエンデバー熱水噴出域を調べ続けている。ここにはかつて「ゴジラ」がそびえていたほかにも、別の名がついた熱水噴出孔が四六個ある。二〇二〇年には新たな研究成果が発表された。解像度一・二五メートルのソナーを搭載して水中走行する自律型海中ロボット（AUV）――自動操縦で動くケーブルなしの深海用の潜水艇――を使って、エンデバー海域の海底地形図が作成された。(77) その地図を見ると、熱水噴出孔が無数にあることがわかる。どれも小塔は天を指し、延長一三キロメートルの狭い海底谷に沿って並んでいる。モントレー湾水族館研究所の研究者たちは、エンデバー熱水噴出域には全部で五七二個の噴出孔があることを明らかにした。高さは三～二七メートルで、これまで数十年にわたって調べられてきた熱水噴出孔のすぐ脇にありながら見落とされていたものが多い。

チムニーをつくる岩や、そこから噴き出る熱水流体の化学組成は、噴出孔ごとに異なる。もっとも熱くて深い海底にあるのがケイマン諸島の近くにあるビービ熱水噴出域で、深海探索のパイオニアであるウィリアム・ビービにちなんで名づけられた。金属硫化物の岩がつくる細いチムニーは水深五〇〇〇メートル近い海底にあり、四〇三℃の熱水流体を吐き出す。*30 太平洋でいちばん深い熱水噴出孔は、メキシ

＊30――この噴出液は超臨界状態にあり、気体としてふるまうと同時に液体としてもふるまう。これは熱水噴出孔が有する希有な特徴のひとつである。

コのバハ・カリフォルニア半島沖のペスカデロ海盆にあり、深さは三八〇〇メートルを超える。いずれも、よくあるブラックスモーカーではなくホワイトスモーカー（白い煙を吐き出す煙突）で、もう少し温度が低い透明な噴出液が出ている。噴出液は熱いアスファルトの表面付近の空気のように揺らめき、シリカ、バリウム、硫黄など、さまざまな白っぽい鉱物でチムニーが形成される。二九〇℃の液体を吐き出すペスカデロ海盆の熱水噴出孔は白と茶色の炭酸塩鉱物を排出し、とげとげしいチムニーや、岩が覆いかぶさる洞窟のような地形をつくる。[78] ここの熱水流体は、地殻中で液だまりをつくったあと銀色のカーテンのように上向きに噴出し、上下が逆なら滝のように見える。

これほど壮観な熱水噴出孔なら、動物がおのずと避けようとする場所のように思える。地殻のなかを流れるあいだに噴出液はとてつもなく熱くなるだけでなく、溶けていた酸素がすべて失われて強酸性になり、通常はｐＨが二～三の値を示す（レモン汁や胃酸くらいの酸っぱさ。海水はふつう弱アルカリ性で、ｐＨは八くらい）。噴出液には、メタンや硫化水素など毒性のある物質も溶けこんでいる。さらに、とてつもない水圧がかかる永遠の闇であることから、息が詰まるような灼熱地獄のイメージがつきまとうが、ジャック・コーリスやほかの多くの科学者が目にしたように、熱水噴出孔は生き物でにぎわう。

熱水噴出孔にエビが三〇〇〇匹

潜水艇の窓やカメラのレンズ越しに熱水噴出孔を見ると、白い米粒に覆われたようなチムニーもある。しかしよく見ると、米粒は移動したり体をよじったりしていることがわかる。米粒に見えたのは親指大のエビで、小さなロブスターのような扇形の尾がある。こうした熱水噴出孔付近の海水を一リットル採取すると、エビが三〇〇〇匹くらい入るだろう[79]。

鉄でできた艶（つや）のある黒い殻を持つ巻貝——鉄で体を覆う唯一の動物——が厚く積もるように生息している熱水噴出孔もある。殻から突き出ている足は巻貝のものとは思えないもので、重なるように並ぶ鱗（うろこ）に覆われる〔口絵㉙〕。ほかにも、貝同士が長い鎖のように連なって生きた鍾乳石のように帯状に垂れ下がる巻貝もいて、おそらくは、連なった隣の巻貝と交尾していると考えられている。

また別のチムニーは、大きな海の怪物がふさふさとした毛足の長い毛皮コートを着て体を丸めて昼寝しているように見えるかもしれない。この衣は、じつはゴカイのような虫の茂みで、どれも白い筒のなかで生活し、そこからピンク色の体の先端を絵筆のように突き出している。

目をこらすと、キラキラ輝く虫が互いに攻撃し合っているのが見えるかもしれない[80]。この虫は体の大きさが若いハツカネズミくらいで、どちらも背中に青っぽい虹色に輝く大きなスパンコールのように見えるものが並んだ筋があり、その下からは金色の毛がもじゃもじゃと顔をのぞかせる。*31 キラキラ輝く鱗のウロコムシ〔口絵⑮〕がなぜ戦っているのかまだわかっていないが、どちらもその場で腹立たしそうに体を上下に動かしたあと長い吻（ふん）をパンチのように繰り出し、相手の体を食いちぎる。

陸上の山のなかでは場所によって異なる生物種——ヤマネコやマウンテンゴリラ、あるいはユキヒョウやアルパカ——に出会うのと同じように、中央海嶺や熱水噴出域も海域によって生息する生物種が異

*31——*Peinaleopolynoe* 属のウロコムシ。peinaleos はギリシャ語で「腹をすかせた」とか「飢えた」を意味する。ペイナレオポリノエ・エルビシ *P. elvisi* と名づけられたものもあり、「飢えたエルビスワーム」の意味になるが、これにはピンクがかった金色の鱗があって、ロックンロール界の王が晩年に好んだきらびやかな衣装に似ている。

なる。太平洋の北東部にある熱水噴出孔には細長いハオリムシのリジイヤ *Ridgeia* がいる。太平洋西部の熱水噴出孔には、フジツボ類、カサガイ類、アルビンガイがみられる。大西洋中央海嶺には、イガイ類とエビが多い。

熱水噴出孔のまわりでは、魚、タコ、カニ、ゴカイやハオリムシ、ヒトデ、イソギンチャクなど、全部で七〇〇種以上の生物が記録されている(81)。一〇種のうち八種はその海域の固有種で、ほかの海域には生息していない。それまで知られていなかった種類が見つかることも頻繁にあり、生活様式が不明のものも見つかる。カリフォルニア湾にあるペスカデロ海盆では、紫色の靴下のように見える謎の生き物が二〇一五年に発見された。「靴下を脱いで床に投げておいた様子を想像してもらうとわかりやすい。本当にそのとおりの姿をしている」と、ゴカイやハオリムシが専門のグレッグ・ラウズがＢＢＣニュースで語っている。最初に発見されたのは六〇年前だが、これまで生きたものが見つかったことはなく、いったいどのような動物なのかと専門家たちは途方に暮れていた。遺伝子解析では軟体動物の可能性があるとされたが、得られた微量のＤＮＡは、じつはこの靴下動物が食べた二枚貝のものだった。しかし、もうひとつの謎とどう辻褄を合わせればよいのだろうか。紫色の靴下には、消化管も歯もない——空っぽのただの袋なのだ。二〇一五年に得られた標本からは、この動物が進化の系統樹のごく初期に枝分かれした独自の枝を形成することが判明した。ラウズらは、この動物をゼノテューベラ *Xenoturbella* と命名した*32。

熱水噴出孔に取りついて生活する雑多な生き物の集団の生体量は、熱帯サンゴ礁の同じ面積に生息する生き物の生体量に匹敵するが、種数はサンゴ礁より少なく、途方もない数に増殖している種類もある。数がとても多いので、噴出孔のまわりがサンゴ礁と同じように隙間なくそうした動物で埋めつくされていることもあり、場合によっては動物が層になって積み重なっている。しかし、熱水噴出孔が動物であふれかえる映像や写真は、必ずしも本当の姿を伝えているわけではない。深い海の探索では、見えていない場所がどうなっているかを常に念頭におくことが重要になる。撮影する視野をわずか数メートルずらすだけで、噴出孔の生態系はあっという間に消え失せるのだ。熱水噴出孔のなかには、チムニーのまわりの海底に土砂や礫（れき）が山のように積み重なり、そこから低温の液体が湧き出ているところもある。こうした場所では水温が数百℃ではなく数十℃しかないので、凍るように冷たく深い海にすむ動物たちはここで暖をとることを覚えた。ガラパゴス諸島の近くでは、熱水噴出孔の近くで卵の殻の山が見つかっている[82]。これは深い海に生息するエイ（サメの仲間で体が平らなもの）の卵の殻で、まだ孵化していない体内の卵の発育を促す孵卵器としてここの温水を利用していると考えられている。

化学合成しながら生きる

熱水噴出孔が見つかり、そこに生息する生き物の研究が一九七〇年代後半から一九八〇年代にかけて進むまで、熱水噴出孔は深い海の最大の秘密を隠し続けてきた。熱水噴出孔では、光合成のかわりに暗闇で化学合成が行なわれている。

地球の生命は全面的に太陽に依存すると広く考えられてきた。つまり、生物の営みで利用できる唯一のエネルギー源は、地球にいちばん近い恒星からの日射しか想定されていなかった――植物や藻類、あ

＊32――この名はギリシャ語で「未知の混乱」を意味する語に由来する（和名はチンウズムシ（珍渦虫））。

るいはバクテリアの一部が持つ光合成装置を駆動するエネルギーで、ほかのすべての生物が生活していくための食物を生産している。ところが、暗闇で営まれる生態系を科学者たちが突然発見したのだ。こちらは太陽光ではなく化学物質からエネルギーを得ていた。

化学合成は、熱水噴出孔から湧き出るメタンや硫化水素を生活の糧にするさまざまなタイプの微生物が行なっている。酸素を使ってメタンや硫化水素からエネルギーを取りだし、成長や細胞分裂に利用することもあれば、二酸化炭素から糖類をつくるのにも利用する。植物は同じことを太陽光のもとで行なうが、化学合成する微生物はそれを暗闇で行なう。光のある世界からもらう必要があるのは酸素だけになる。酸素は、藻類や植物が生産し、海水に溶けこみ、深海を流れる冷たい海流で運ばれてくる。

熱水噴出孔で見られる生態系のにぎわいは、化学合成によって提供される食物がもとになっている。エビやカニは、噴出孔チムニーに絡まり合いながらマット状に生育する微生物をついばむ。食物になるバクテリアを探すという面倒なことをせずに、体内に微生物を棲まわせる動物も多い。

コーリスがアルビン号の窓から見た大きなガラパゴスハオリムシ *Riftia pachyptila*[*33]は、化学合成が実際はどのようなものかを最初に教えてくれた。太陽光以外にもエネルギー源があるという考え方は、根拠となる実例がまだ見つかっていない一九世紀後半に、ロシアの科学者セルゲイ・ヴィノグラドスキーとドイツの科学者ヴィルヘルム・ペッファーによって提唱されていたが、当時はまだ化学合成をする生物を目にした人はいなかった。

一九七七年に熱水噴出孔が発見されてから間もない時期に、ハーバード大学の大学院一年目に在籍していたコリーン・キャヴァナーは、口も消化管もないハオリムシについての講義を聴いた。そのハオリムシにはトロフォソームというスポンジ状の栄養器官があり、それが三メートルの体の半分を占め、内部には硫黄の結晶が詰まっていると聞いて、キャヴァナーはハオリムシを顕微鏡で調べてみた。そして、トロフォソームには硫黄を酸化するバクテリアがいて、硫黄の結晶が詰まっていることを発見した[83]。小さじ一杯分ほどの組織に一〇〇〇億匹のバクテリアがいたのだ。ハオリムシの筒から突き出ているのは鰓(えら)で、赤く透けて見える赤血球が、二酸化炭素、酸素、硫化水素といったバクテリアが必要とするものすべてを海水から取りこんでいる。これを血流に乗せてトロフォソームへ運び、そこでバクテリアが化学合成を行なうことによって、体内のバクテリアがハオリムシを養っている。この仕組みは明らかにウイン・ウィンの関係で、双方が利益を手にする共生と言える。

その後、熱水噴出孔の動物を調べていくうちに、微生物コロニーを養うためのさまざまな手法をそれぞれに進化させてきたことが明らかになった。鉄でできた艶のある殻を持ち、足が無数の鱗に覆われる巻貝のウロコフネタマガイは、喉に微生物を収納する袋を進化させた。体のそのほかの部分は、袋のなかにいる微生物に不自由させないようなつくりに適応している。ほかの巻貝に比べると巨大な心臓は体の四パーセントを占める[84]（もし人間の心臓が体の四パーセントを占めるなら頭と同じくらいの大きさになる）[*34]。心臓は大きな鰓へ多量の血液を送り、熱水流体から酸素や硫化物を取りこむ。巻貝は、バクテリアが必要とするものを調達するようになったかわりにバクテリアに頼って生きるようになった。

特殊な鉄製の殻と鱗に覆われた足からは、化学合成する微生物由来の食物にどのように頼って生活す

＊33――小種名の *pachyptila* は、ギリシャ語で「分厚い羽」を意味する語に由来する。

＊34――現在は日本の海洋研究開発機構に所属するチョン・チェンは、この特殊な巻貝の体内構造を扱った二〇一五年の論文で「龍の心臓」と呼んでいる。

るかについてのさらなる手がかりが得られる。二〇〇〇年にはじめてこの巻貝を目にした人たちは、外界の危険から身を守る手段として金属製の外骨格を進化させたのだろうと当たり前の推測をした。足の鱗は、熱水噴出孔に生息する捕食者が鱗の下の柔らかい足をかじり取るのを防いでいると考えた。しかし、実際はまったくその逆だった。巻貝は、体内で生み出される攻撃から自分の体を守っていたのだ。巻貝は食物を化学合成バクテリアから手に入れるわけだが、その食物を生産する過程でバクテリアは硫黄も放出し、硫黄は巻貝に毒性を示す。巻貝の鱗を詳細に観察すると、鱗は無数の微小な管からできていることがわかり、ここから毒性のある硫黄を巻貝の体外へ排出している。(85) 体内から硫黄が鱗に到達すると、水中の鉄分と反応して硫化鉄になり、一部は黄鉄鉱となって黒い艶のある鱗をつくる。*35 だから、この巻貝が艶のある鎧を身につけているのは、体内で生じる毒から身を守る解毒機能を進化させた結果ということになる。

ウロコフネタマガイとは対照的に、熱水噴出孔に生息するフクレツノナシオハラエビ *Rimicaris exoculate* にはバクテリアが生育する特別な器官はない。そのかわり、鰓と口のいたるところにさまざまな微生物が繁殖する。これらの微生物が必要とするものを調達するために、このエビは背中に視覚色素ロドプシンが詰まった大きな目を進化させた。この単純な構造の目〔眼点〕は焦点がうまく合わないが、熱水噴出孔が放つ熱放射を感知できる。熱放射はかすかな光を発するが人間の目には見えない。このためエビは噴出孔のチムニーや熱水流体の近くにとどまることができ、これはパートナーの微生物に化学物質を常に与えるのにもっとも適した位置となり、エビはその微生物そのもの、あるいは微生物が排出する生成物を食べる。

熱水噴出孔のなかや周辺で生活する動物は、微生物を飼育するだけでなく、熱くて毒性の強い環境にも対処しなければならない。もっともたくましく生きる多毛類の一種は、チムニーの側面に粘つく筒巣をつくる。火山噴火で破壊された古代ローマの町の名を冠して「ポンペイワーム」と呼ばれ、ネバネバした糸状のバクテリアからできる灰色の毛皮のコートを身にまとう[86]――このバクテリアが熱水流体中の毒性の強い重金属や硫化水素を解毒すると言われている。長さ一二センチのこの虫は、抗生物質を生産することによって不要な微生物を殺し、体を覆うコートをつくるのに適したバクテリアを残すらしい[87]。焼けつくような熱さを好む点については、ポンペイワームの筒のなかがどれくらい熱くなるのかわかっていない。筒の末端に温度センサーを突っこむと水温は六〇℃あり、時にはそれが八〇℃以上に跳ね上がる[88]。圧力容器に密閉して注意深くポンペイワームを引き上げ、容器内部を五〇℃か五五℃に加熱したら、ほとんどのものが死んだ。それでもこの虫は地球上でもっとも耐熱性が高い動物のひとつに数えられる。唯一対抗できるのはサハラギンアリで、七〇℃にもなる砂漠の砂の上で息絶えた動物の死骸をあさるときに、巣穴から猛ダッシュする。

燃えるような世界にポンペイワームが耐えられる手がかりは、遺伝子の変化に隠されている。細胞が機能し続けるように熱ショックタンパク質をつくり、生存に必要な分子が熱で変性するのを防ぐ。圧倒的な水圧でも潰されない超強固なコラーゲンもつくる。そして、酸素濃度がきわめて低くても酸素を超効率よく吸着するヘモグロビンをつくる。

＊35――ウロコフネタマガイはどれもが黒いわけではない。鉄分が少ない熱水を吐き出すチムニーのある噴出域に生息しているものは白い。そうした白いウロコフネタマガイを研究者が数匹採集して、黒いものが生息する鉄分が豊富な熱水噴出域に置いてやると、二週間暮らせば白い鱗は黒くなる。

熱水噴出孔のチムニー表面にいる微生物は、動物の体内で生活する微生物よりさらにたくましい。そうしたものには超高温が大好きな超好熱菌がいて、成長に最適な温度は八〇℃以上になる。二〇〇三年に米国アマーストのマサチューセッツ大学にいるデレク・ラブリーとカゼム・カシェフィは、「一二一株」として知られる噴出孔チムニー微生物を見つけた[89]。それは一二一℃に加熱したオーブンに入れると分裂して増殖した。

不安定な環境で生き延びる術（すべ）

熱水噴出孔には、熱や毒性、そして化学合成で得られる独特の食物に対して数多くの複雑な適応を遂げたおかげで生活できる生き物がいるが、そうした生活にも不具合はある。熱水噴出孔に生息する動物は、特殊化のせいで命の源泉である化学物質や熱源から数メートル以上離れるわけにはいかない。また、火山性の不安定な場所なので、短命な生態系にならざるを得ない。遅かれ早かれ大爆発が起き、海底の地殻をマグマが突き破り、熱水噴出孔の生き物のにぎわいは一掃される。あるいは、大陸プレートが移動してプレート表面にある穴が詰まり、熱水噴出孔は咳きこんだあげくに冷えてしまうこともあるだろう。

世界でもっとも老齢の海である太平洋の熱水噴出孔は特に不安定で寿命が短い。川は、数千万年という歳月をかけて泥や砂を大陸プレートの縁へと運び続けてきた。その膨大な重みで、沈み込み帯ではプレートが押し下げられて海底を地球内部へ引きずりこむので、中央海嶺では地殻が容赦なく引き裂かれて開く。東太平洋海膨では、毎年一〇～一五センチ分の海底が新たに生まれている。せいぜい片方の手のひらを広げたくらいの幅なので、たいしたことはないと思うかもしれないが、ほかのどこの海よりも新しい海底がたくさんできている。大西洋は比較的若く穏やかな海洋で、一年に五センチくらいずつ広がっている。インド洋は広がり具合がいちばんゆっくりで、一年に指の爪の幅くらいしか広がらない。このためもっとも寿命の長い熱水噴出孔が存在する。

噴出孔に生息する動物は、その場で動かずに熱と毒性に耐えているだけでは、長期にわたって生き延びることはできない。うまく生きながらえるには危険を分散させ、別の熱水噴出孔に分布を広げる必要がある。成虫になると熱水噴出域のあいだを移動できなくなる。移動中に飢えてしまうだろうし、何より多くのものは動きが速いとは言いがたく、ハオリムシや二枚貝などはまったく動けない。そうした動物たちは、かわりに幼生を水中へと送り出す。卵から孵化したばかりの透明で微小な幼生は、幼生期を生き延びるために余分に棘を持っていたり、目が大きかったり、遊泳するための長い毛のような付属器を持っていたりするので、多くは親とはまったくちがう姿をしている。

幼生は海嶺に沿って危険を冒しながら水中をさまよい、海底の山並みにしては珍しく線でつながる世界を探索する。ほとんどの中央海嶺は世界地図の上に途切れることのない長い一本の線で描くことができる。くねくねと続く線上には点々と熱水噴出孔があり、多くの幼生は山並みに沿うように流れる海流に乗って噴出孔から噴出孔へと漂流する。地殻の開裂が遅い海嶺では幅の広い地溝帯が形成され、これが巨大な溝の役目を果たして幼生は熱水噴出孔のない冷たい深海域へ漂流せずにすむ。

長い年月のあいだに、それぞれの動物種は、紐に通したビーズのように海嶺に沿って移動し、新たにできた熱水噴出孔に繁殖地をつくったり、すでに生育している集団に合流したりする。幼生が移動できる距離は食物に影響される場合もある。成体とはちがって幼生のなかには自分で餌を採ることができるものがいて、そうしたものは寄り道の多い長旅に出る。大西洋中央海嶺の熱水噴出孔に生息するフクレツノナシオハラエビは、幼生のままで数週間、数カ月という期間をすごし、浅い海域に浮上してプランクトンを食べる。十分にエネルギーを蓄えると、また深みに沈んで足場にする熱水噴出孔を探す。このエビは、延長六五〇〇キロメートルにおよぶ分布域内の遠く離れた熱水噴出域の小集団同士の類縁性が高く、ひとつの熱水噴出孔から別の熱水噴出孔へと幼生が常に移動している[90]。

たとえばウロコフネタマガイのようなほかの動物の幼生は、ずっとおとなしい。幼生は自分で餌を採るかわりに、卵黄という形で食べ物を携えて放浪する。別の熱水噴出孔を見つけるまで当てにできる食物はその卵黄だけだ。南西インド洋海嶺の三カ所に散在するウロコフネタマガイの集団間には遺伝子交流がほとんどないことがわかった[91]。マダガスカル島の南にあるロンチ熱水噴出域の集団から一世代ごとに放出される無数の幼生のうち、二〇〇〇キロメートル以上北東に離れたいちばん近い生息地のケイリ熱水噴出域に到達する幼生は数百匹にすぎない。これまでのところ、二カ所の噴出域のあいだにほかにウロコフネタマガイの生息地は見つかっていない。

深い海の熱水噴出孔に生息する生物種の分布には、局所的な環境条件も影響をおよぼす。二〇一五年にはカリフォルニア湾の熱水噴出孔が調べられ、近隣にあるものでも様相が大きく異なることが明らかになった。ペスカデロ海盆にあるホワイトスモーカーはハオリムシのオアシシア *Oasisia* に覆われていた[92]。曲がった鉛筆のような白い筒を身にまとい、その先から赤い鰓をふさふさと出す。かなり過密な集団をつくり、本書の一ページ分くらいの面積に八〇匹ほどが生活していた。そのハオリムシの集団のなかには虹色の鱗を持つウロコムシや黄色い多毛類がいて、赤や白のイソギンチャクが咲き乱れるように生活していた。このような噴出孔では、長い筒に口紅のような鰓のあるハオリムシの一種のリフティア

Riftia はほとんど見かけない。カニやエビもあまりいない。そこから七〇キロメートルしか離れていない別の熱水噴出域にはブラックスモーカーが集まっていて、生息する動物は大きく異なる。いたるところに熱に強いポンペイワームが見られ、ハオリムシのリフティアも多い。ハオリムシの茂みに生息する小さな白っぽいカサガイは、ゲンゲと呼ばれる細身のピンクの魚に食べられる。

その時の調査では、その海域に特有の動物が、数十種の新種を含めて合計で六一種見つかったが、ブラックスモーカーとホワイトスモーカーの両方に生息するのは七種にすぎなかった。熱水噴出孔のまわりの海域でＤＮＡの断片を探す調査を行ない、どの動物の微小幼生が噴出孔から噴出孔へと漂うのかを特定しようとしたところ、動物は大きく入りまじりながら生活していることが明らかになった。ブラックスモーカーやホワイトスモーカーに生息する動物種の漂流幼生はどこにでもいた。自分が生まれた熱水噴出孔や、同じような生活をする生き物がいる熱水噴出孔近辺だけでなく、ブラックスモーカーにいる生物種がホワイトスモーカーの近くで見つかることもあれば、逆の場合もあった。幼生は熱水噴出孔にたどりついても、そこの地質や化学成分が気に入らないことがあり、そこに定着しない理由が何かあるのは明らかだった。

深海の冷水湧出帯

化学合成をしながら熱水噴出孔で生活する生き物がいることが発見されたおかげで、地球上の生命についての考え方に大変革がもたらされただけでなく、地球外の生命についての考え方にも大きな変化がみられた。生き物は穏やかな日が当たる地球の表面だけで暮らすのではないことがわかり、ほかの惑星でも生き物が進化する可能性があるとの期待が膨らんだのだ。毒性のある暗闇の熱水噴出孔で動物が繁殖できるなら、私たちの銀河系やほかの銀河系のどこかには、別の生命体がいることだろう。

熱水噴出孔で化学合成が行なわれていることがわかると、科学者たちは海洋のいたるところで、化学物質を利用する微生物を見つけ始めた[93]。サンゴ礁にも、マングローブにも、海藻群落のまわりの砂のなかにも、水中に沈んだ丸太やクジラの死骸にも、下水の排出口のまわりにもいた。有機物の分解が進んで水溶性の気体が発生する場所ならどこにでも化学合成をする微生物がいる。一九七九年にスペイン沖合の深さ一〇〇〇メートルの海底に沈んだ船の貨物室では、腐った豆の袋にハオリムシが育っているのが見つかった[94]。地中海の二八〇〇メートルの海底では、一九一五年にドイツの潜水艦によって撃沈された蒸気船ペルシア号という郵便船が二〇〇三年に発見され、腐敗する紙の郵便物の上には分厚くハオリムシが生育していた[95]。

一九八〇年代の初めには、化学合成だけでエネルギーを得ている生態系がもうひとつ見つかった[96]。深海潜水艇アルビン号でメキシコ湾に潜っていた深海生物学者たちは、水深三二〇〇メートルにある海底の大きな崖の下をイガイ類や巨大なハオリムシが藪をつくるように覆っているのを発見したのだが、そのなかで巻貝、カサガイ、タコ、魚、ヒトデ、エビが生活していた。そこは灼熱の熱水流体の噴出孔ではなく、はるかに穏やかな環境で化学合成をする生態系が形成されていた。動物たちは、人間が掘削して手に入れようとする炭化水素と同じ堆積物から発生するメタンや硫化水素が海底から冷たい泡となって湧出するのに頼って生活していた。

いわゆる冷水湧出帯は、メキシコ湾ではじめて見つかって以来、深海で数千カ所が見つかっていて、北は北極海から南は南極海、西は紅海から東はオーストラリアまで、地下に眠る石油や天然ガス層を覆う海底の割れ目ならどこからでも湧き出ている。[97] 冷水湧出帯には、熱水噴出孔とよく似た動物種も数多く群がり——毛むくじゃらの腕を持つ白っぽいカニも——、この二つの生態系の関係が深いことを物語る。

雪男ガニは、最初のものが見つかった一年後に、コスタリカ沖合で行なわれた太平洋の地質学的調査でもう一種見つかった。海山の上からメタンが漏れ出ている冷水湧出帯で見慣れないカニが数十匹群れているのが見つかり、奇妙なことにそのカニたちは、まるで音のないビートに合わせて踊っているかのように規則正しいリズムをとりながら、ひょろりとした腕を左右に振っていた。

深海潜水艇アルビン号に乗っていた地質学者たちは踊っているカニを二匹すくい上げて船上の研究室に持ち帰り、次のようなメモを添えて乗船していた生物学者のアンドリュー・サーバーに標本をわたした。

これは新種です。新種記載してください。

サーバーはそのカニをキワ・プラヴィダ *Kiwa puravida* と名づけた。[98] 小種名 *puravida* は、コスタリカで使われているスペイン語で「まじりけのない命」を意味する。そのカニの標本を調べたことで、雪男ガニの異色の食物についてこれまで提唱されていた説を確認する手助けができた。筋肉の化学組成を調べたところ、化学合成バクテリアがつくる特殊な脂肪酸が含まれていたのだ。そのあとさらに、生きたカニが船上に引き上げられ、腕の爪にある微細な剛毛を使って毛むくじゃらの腕の手入れをするところが観察された。[99] カニは、糸状のバクテリアを爪で梳(と)かして集めたあと、口へ持っていって飲みこんだ。

この雪男ガニのダンスは食事で重要な役割を果たしているのかもしれない。冷水湧出帯では、宿主のカニを取り巻く水の化学物質を化学合成細菌が使い果たしてしまう可能性がある。[*36] 雪男ガニは、働き者の酪農家と同じように、飼っているバクテリアに十分餌を与えて満足させる術を心得ている。爪のある腕を振ることで水をかきまぜれば、化学物質の豊富な新鮮な水をバクテリアに与えることができる。熱水噴出孔では、水の動きが穏やかな冷水湧出帯とはちがって液体が逆巻きながら勢いよく流れ出ているので、栄養分の少なくなった水塊がカニの腕にまとわりついたままになるとは考えにくい。化学物質という餌を含んだ新鮮な水が絶え間なく補給されている熱水噴出孔では、カニはダンスを踊る必要がない。

冷水で生きるホフガニの生き様

二〇一〇年に南極大陸のまわりの凍えるような海の探索が行なわれたときには、数千匹のカニで覆われる熱水噴出孔が見つかった〔口絵⑱〕。このように冷たい海で甲殻類が見つかるのは珍しい。甲殻類は、かくも冷たい水中では血液中のマグネシウムを取り除くことができず体が麻痺してしまう種類がほとんどなので、多くは冷たい水を避ける。それなのにそこには、ほかの海域にいる雪男ガニと姿形がよく似たカニが群れをなしていた。もう少しずんぐりして恰幅がよく、体全体にショウガ色の毛が生えていた。体全体といっても腹部表面にいちばん密に生えていた――要するに胸毛が多い。その調査チームの一員だったクリストファー・ニコライ・ロータ一マンは当時オックスフォード大学の博士課程の大学院生だったが、このカニにつけるよい名前を思いついた。毛深い胸を見せることで有名だった俳優を念頭に、ショーン・コネリーやリー・メジャースにちなんだ名を考えていた。[*37] しかし結局はテレビドラマ「ベイウォッチ」に出演しているデビッド・ハッセルホフに軍配が上がり、「ホフガニ」という英名のカニが生まれた。[*38]

潜水艇から水面に送られてくる映像を見ていた調査チームの生物学者たちは、カニが互いを踏み台にしながら単にチムニーのてっぺんにたどりつこうとしているのではなく、カニの集団にははっきりと序列があることにすぐ気づいた。[(100)] 熱水流体にもっとも近いチムニーの頂上部には体が最大のオスがいて、人間の拳大(こぶしだい)のものもいた。危険を冒してチムニーの噴出孔に近づくカニは熱水噴出孔の化学物質のなかで密に繁殖するバクテリアにまみれ、その結果、食物を十分に採ることができるため体が大きくなる。しかしそうしたカニは、身に迫る危険も引き受ける。

雪男ガニには目がない——水温や化学物質の濃度を感覚器で触れたり感じ取ったりするだけでまわりの状況を把握する。潜水艇で撮影される映像を研究者たちが見ていたら、チムニーから湧き出る熱水流体に一匹のカニが片方のハサミを突っこんだと思ったら驚いてすぐに後ずさった。潜水艇の操縦士は即座に艇の腕を伸ばして、そのカニを捕獲した。そのあと船上の研究室で調べたところ(ホフガニが身につけている硫黄細菌の発する腐った卵の臭いを追い出すために窓を大きく開けて)、そのカニのハサミ

＊36——かき氷にストローを刺して吸うと、色のついた甘い蜜だけが先になくなったり、フローズン・マルガリータならテキーラが先になくなったりするのと同じ。

＊37——一九七〇年代に放映された「六百万ドルの男」というテレビドラマのある回でメジャースが扮した主人公も、雪男と類縁関係が近い未確認動物であるサスクワッチを探しに行く。

＊38——学名はイギリスの深海生物学者ポール・タイラーにちなんでキワ・ティレリ *Kiwa tyleri* になった。このカニを新種として報告した論文では、タイラーが胸毛を自慢している様子は記されていない。

内部の筋肉は、通常の透明で水分に富んだ状態ではなく、不透明なピンク色をしていた。噴出孔に近づきすぎてハサミに火傷（やけど）を負ったことがわかった。

灼熱の流体から離れた位置のチムニー側面には、さまざまな大きさのホフガニが集まっていた。水温が一〇℃くらいの部分には比較的体が小さいオスとメスがいて、おそらく交尾していると思われた。しかし不思議なことに、観察したかぎりでは交尾中のペアはいなかった。さらに噴出孔から離れるともっと安全になり、メスが体の下面につけた卵を育てていた。噴出孔から離れるほど水中の酸素濃度は高まり、これは卵の発育には欠かせない。噴出孔から離れていれば蟹スープになる心配もなかった。しかし同時に、子育て中のメスは熱水流体に触れられないため化学合成バクテリアを毛のなかで育てることができず、食べ物がほとんど手に入らないことを意味する。メスは妥協を迫られ、卵が生存できる居住可能区域の辺縁部の冷えた海水まで退くのだが、そこの水は冷たすぎて動けなくなる。そして、子育て中のメスは徐々に飢える。

これは、さまざまな動物の母親が子どものために払う犠牲の一形態と言える。メスのタコの多くは海底に一腹だけ卵を産んでそれを守る。数週間、あるいは深海のタコの場合は数年のあいだ、メスは何も食べずにその場を動かない。ホフガニも同じようなことをするのかもしれない。まだ孵化していない卵をホフガニのメスがどれくらいの期間見守っているのか、卵が孵化したらメスは死ぬのか、正確なところはわかっていないが、そうなのだろうと考えられている。最初にホフガニを観察した研究チームが同じ南極海の熱水噴出孔を再訪すると、一年たっても同じ場所で動かずにいるメスが何匹かいた。重金属硫化物の酸化した層ができて殻は黄色や茶色になっていた。これは、メスが長いあいだ脱皮しておらず、食事も成長もしていないことを示していた。飢えて動かないメスのカニたちは、錆びつき始めているように見えた。

　南極海の凍えるような水は、卵から孵ったホフガニの幼生が分散するのを通常とは異なる方法で手助けするのかもしれない。暖かい噴出孔から遠ざかるように幼生がさまようと、成長が突然止まるらしい。本当にそうなのかホフガニで検証されたわけではないが、ポンペイワームでは観察されている。(101)ある実験ではポンペイワームの卵を二℃より少し低い温度に冷やすと卵割（らんかつ）が止まった——死にはしなかった。数日後に水温をまた上げると、卵は発育を再開した。深い冷たい海でホフガニの卵は発育が止まった状態で漂い、やがて別の熱水噴出孔にたどりついて暖められると目覚め、成長を再開するのかもしれない。冷やされた卵は冷凍保存のような状態になり、最終的に幼生はもとの集団に加わるか、離れた熱水噴出孔で新たな集団を形成することができるのだろう。

　まれに起きるそのような遠距離の分散は、世界各地に生息するホフガニやほかの雪男ガニたちの不可思議な分布を説明するのに役立つ。ホフガニは南極海の大西洋区域だけに見られ、数千キロメートル離れたインド洋で発見されたごく近縁な四番目の雪男ガニ[*39]も含めて、これまでに知られているほかのすべての雪男ガニとは分布が重ならないという地理学上の大きな謎を抱えている。

　ホフガニが現在生息している場所へどのようにたどりついたかを知るために、クリストファー・ニコライ・ローターマンらはホフガニの進化の経路や生息地の移り変わりをたどった。(102)今のところ、ホフガニの生息域と太平洋とを直接結びつける中央海嶺は存在しない。しかし、過去の大陸プレートの配置の

＊39——インド洋の雪男ガニは、ホフガニより体格がずんぐりしているだけでよく似ている。本書を執筆している時点では、ホフガニとは別種との学術的な報告待ちの段階であり、おそらく別種だろう。

研究からは、二〇〇〇万年前にノコギリの歯のような山並みがドレーク海峡とホーン岬のまわりにあったことがわかっていて、これがホフガニの祖先が移動したルートとも考えられる。太古の時代に太平洋にいた集団の冷凍保存された幼生が熱水噴出孔から別の噴出孔へと漂流して分散し――紐に通したビーズのごとく海嶺を滑るように移動して――、はるばる大西洋へとたどりついたのかもしれない。そのあと一二〇〇万年くらい前に、つながっていた海嶺がなくなって退路が断たれ、ホフガニは祖先と切り離されて別種への道を歩むことになった。これは、ホフガニが親戚筋から枝分かれしたのはいつなのかをローターマンがＤＮＡのちがいから推定した時期とも一致する。

雪男ガニの遺伝子を調べたローターマンは、これまでに発見された種類の遺伝的なつながりがわかる進化系統樹も描いている。四種類の雪男ガニだけで考えると、雪男ガニ一族は最初に冷水湧出帯で進化したことになり、それが正しいとすると、雪男ガニは冷水湧出帯からのちに熱水噴出孔へと引っ越し、その時バクテリアを食べる習慣をともなって移動したことになる。

冷水湧出帯と熱水噴出孔には、雪男ガニだけでなく、類縁関係が近い動物がほかにもいる。ホネクイハナムシと同じシボグリヌム科に属するガラパゴスハオリムシもそうだ。学術的にまだ確定したわけではないが、冷水湧出帯も熱水噴出孔もクジラの死骸も、深海の海底に点在する化学物質のオアシスになっていると考えられ、そこに生きる動物やその先祖たちは、そうしたオアシスを飛び石のように伝い歩いてきた。

雪男ガニの物語からは、熱水噴出孔についての古い考え方とはちがう事実が見えてくる。一九七〇年代後半に熱水噴出孔が発見されたすぐあとに、深海生物学者たちのあいだで唱えられるようになった理論がある。熱水噴出孔の生態系は、地球史上何度も起きた大量絶滅を逃れられる環境だったのかもしれないという説で、それ以外の生態系は、小惑星の衝突、大規模な火山噴火、気候の暴走的変動によって定期的に解体されたのに対して、噴出孔の動物たちは頭上の混乱とは距離をおくことができ、海底から湧き出る地質化学的エネルギーによって温存されたというものだ。

しかしその後の研究によって、現在は熱水噴出孔で生活する動物のほとんどは、(地質学的な時間の)比較的最近になって、それもたかだかここ数千万年くらいのあいだに進化したことが明らかになった。雪男ガニもそうだ。古い時代に雪男ガニがどのような姿をしていたかは、プリスチナスピナ・ゲラシナ *Pristinaspina gelasina* という化石種のカニからうかがい知ることができる。アラスカの白亜紀中期(一億年くらい前)の地層から出土したこの化石は、えくぼのある殻と前方へ突き出す棘があり、雪男ガニの試作品か何かのように見える。現生するカニをもとに得られた分子時計から推定すると、雪男ガニは三〇〇〇万~四〇〇〇〇万年くらい前に熱水噴出孔で最初に進化したと推定されるが、この時期だったのは偶然ではないとローターマンは考えている[103]——ちょうど、暁新世(ぎょうしんせい)-始新世の温暖化極大として知られる極端な地球温暖化によって地球全体が灼熱の温室になった時期が終わったあとにあたる。

およそ五五〇〇万年前のこの温暖化の時期は、熱水噴出孔はカニたちにとっては好ましい生息場所ではなかった。噴出孔が熱かっただけでなく、もっと重要なことに、酸素が足りなかった(雪男ガニの鰓は比較的小さく、生きていくためには酸素が豊富な海水を必要とする)。浅海の水温が急上昇したことで酸素の豊富な水が海底に沈まなくなり、水の動きがない池のように深海では息ができなくなった。太平洋では、この温室状態の時期を通して深海にはほとんど酸素がなかった。このような特殊な気候危機が一〇万年ほど続き、そのあと数百万年が経過してやっと酸素が深海にも届くようになり、太平洋は再び換気されるようになった。こうして雪男ガニの先祖が深海の熱水噴出孔に進出するチャンスが生まれた。

雪男ガニの物語のほかの部分は、それほど説明が簡単ではないことがわかっている。特に、同じ科にもう二種が加わったことで難しくなった。二〇一三年にニュージーランドから数千キロメートル南の南極大陸近くの洋上を砕氷船で航行していた韓国の研究者たちは、海底から数匹の白っぽいカニの残骸を引き上げた[104]。破片をつなぎ合わせると、新種の雪男ガニ、キワ・アラオナエ *Kiwa araonae*（砕氷船アラオン号にちなむ）として記載するのに十分な量の残骸だった。もっとはるか北の太平洋――チャールズ・ダーウィンが自然選択の理論を思いついた海域の近く――でも、六番目となる雪男ガニが見つかったが、これはまだ名前がつけられていない。ダーウィンは、一八三五年にガラパゴス諸島からオーストラリアを目指してビーグル号で航海したときに、もくもくと噴煙を吐く海嶺の上を通ったことに気づかず、その海嶺の頂上部には、体毛のなかで微生物を飼育しながら生活する白いカニがしがみついていたことにも気づかなかった。

それから二世紀近くがたち、これら太平洋の雪男ガニは水面へ引き上げられて詳細が明らかにされ、雪男ガニの進化に新しい光が投げかけられている[105]。ローターマンは、このカニの収まりがよくなるよう進化系統樹に枝を新設し、雪男ガニの起源を示す部分を少しずらして系統関係をうまく整理した。雪男ガニが属する科は、最初は熱水噴出孔で進化したようで、そのあと少なくともコスタリカの一カ所に生息するものを含めた一部が冷水湧出帯に移動したらしい。雪男ガニが生息する冷水湧出帯はまだコスタリカにあるものしか知られていない。

いちばん最近発見された雪男ガニ二種によって、さらなる謎が持ち上がっている。これら二種は生息域が数千キロメートルも離れているのに――片方は南極大陸沖で、もう片方はガラパゴス諸島の近く――、DNA配列の解析からは、きわめて近縁であることが明らかになった。さらに問題なのは、最初に人間が目にした雪男ガニであるキワ・ヒルスタは、上記二種のあいだの海域に生息することだ。この分布の謎は未解明だが、これからまだたくさんの雪男ガニが見つかって、分布や進化の解明が進むとロータ―マンは考えている。新たに二種のカニが見つかった南太平洋の海域のあいだには、雪男ガニを見つけるのにうってつけの太平洋南極海嶺が帯状に連なるが、水が凍えるほど冷たく、海が荒れることの多いこの辺境の海域には船がおいそれと近づけず、まったくと言ってよいほど調査は進んでいない。もしロータ―マンが正しければ、未発見の雪男ガニが全域に生息していることだろう。

太平洋の海嶺にある火山の気まぐれな噴火で、かつては生息していた雪男ガニが一掃されてしまった熱水噴出孔もあるかもしれない。ややこしい系統関係とつぎはぎ状の世界分布は、雪男ガニの波乱に満ちた過去と現在を如実に示している。「人間は、瞬間的にとらえた一場面を見ているにすぎない。熱水噴出孔にいる集団はモグラ叩きのモグラのような生活をしていて、姿を現わしては消えるということを繰り返している」とロータ―マンは言う。世代を重ねる集団もあれば、絶滅して姿を消すものもあり、海嶺に沿って移動しながら手ごろな距離にある熱水噴出孔へ分布を広げるものもいる。これからも雪男ガニ探しは続き、次に見つかった種類が物語の展開をまた変える可能性は大いにある。

波のうねり

少し離れたところから見ると、丸まった巨大な蜘蛛（くも）が水面下三キロメートルにある山の斜面のいたるところに散らばっているように見えた。潜水艇から海面に浮かぶ船にリアルタイムの映像がケーブルで送られ、それが人工衛星を介してユーチューブに配信されていた[106]。身を乗り出すように見ていた世界中の視聴者には、それが一〇〇〇匹かそれ以上の集団をなすタコであるとはっきりわかった。これほど大きな集団はそれまで観察されたことがなかった――ふつうタコは単独行動をし、社会性が見られない動物と言ってよい。まわりにいるほかのタコたちを気にしていないのは明らかで、じつに平和な光景だった。吸盤を外側へ向けた腕で薄い紫色の体を覆っている。息をすると噴水孔が突き出るのが見え、巻きこんだ腕が延びたかと思うとまた巻きこまれ、その時に腕の下にある楕円形の卵の塊がちらっと見える。そこにいたタコはすべてメスで、まだ孵化していない卵の世話をしていた。

潜水艇を見下ろす位置に取りつけられた補助カメラに映像が切り替わり、暗闇へと続く海底の山の斜面にも投光器の光が当たった。ここは米国カリフォルニア州中央部の沖にあるデビッドソン海山（かいざん）で、米国でも指折りの大きな海山として知られる。長さ四二キロメートル、幅一三キロメートルの楕円形に近い海山は高さが一六〇〇メートル以上あるものの、頂上部は海面のはるか下にある。

二〇一八年一〇月の潜水調査でデビッドソン海山の麓の斜面ではじめて頭足類のタコが見つかったとき、卵を抱いているメスがなぜそこに集まるのか科学者たちには心あたりがあった。その場所で卵の発育を早めているのかもしれない。以前、近くでメスが一匹だけ見つかったことがあり、そのメスはモントレー海底谷の急峻な岩の壁で卵を抱いていた。モントレー湾水族館研究所の科学者たちは、のちにそこを潜水艇で一八回訪れ、引っかき傷などから同じメスだとわかるタコが、何度行ってもそこに鎮座しているのを目にしていた。食べ物を少し与えてみたが見向きもしなかった。ただそこに座り、その場から動こうとしないのは明白で、卵を捕食者から守りながら、酸素が豊富な水を噴水孔で卵に吹きかけていた。結局、一匹だけで抱卵していたそのタコは、モントレー湾水族館研究所の科学者たちが最初に見つけてから五年近くたって潜水艇でそこを訪れたときにいなくなっていた。[107] おそらく卵が孵って幼ダコは泳ぎ去り、餌を採っていなかった母ダコは死んだのだろう。メスのタコは一生に一回だけ卵を産んだあと死んでしまう場合が多い。

デビッドソン海山に集まっていたタコたちは、海山の内部の浅いマグマ溜まりから湧出する温水で卵を温めることによって、それほど長く抱卵せずにすむのかもしれない。研究チームが次の年にまたその場所へ行ってみると――今度は潜水艇に温度計を取りつけて――、抱卵中のタコたちはまだそこで居心地よく暮らしていた。[108] 水温は一〇℃で、かろうじて凍らないくらいの水温にしかならないまわりの海水よりずっと暖かかった。一〇℃といえば、まだ孵化していない幼ダコの成長を早めるのに十分な温度で、卵の発育期間を五年より短縮することができる。山の中腹に走る割れ目からは温かい水が漏れ出ていて、タコたちがそこで列をなして子育てする理由が十分説明できた。

このような温水の湧出は、抱卵するメスのタコだけでなく、ほかにも何か恩恵を受けられる動物にとって貴重な生息場所になる。その場所へまた観察に行った科学者たちは、卵が孵化して小さなタコが生まれると、それをすぐに捕まえるエビが待ちかまえているのを実際に目撃した。エビと赤ちゃんダコはカメラのレンズの前で数分にわたって格闘した。送られてくる映像をその時ライブで見ていた科学者の一人は、「タコがエビに勝つような気がする」と言った。孵化したてのタコは、結局はエビから逃れて泳ぎ去り、エビはまた卵塊に向きなおって、ミニチュアのタコが現われるのを待つ態勢にもどった。

デビッドソン海山はカリフォルニアの海岸から一日で行ける距離にあり、陸から遠くてたどりつくのが難しいほかの海底山脈と比べると調査が進んでいる。科学者たちはデビッドソン海山に何度も通い、自律型水中ロボットで詳細な海底地形図を描いてきたが、このタコの保育園のような大きな発見が今もなお続く。実際に現場へ赴いて多少なりとも調べられた海山は三〇〇カ所もなく、デビッドソン海山はそのひとつにすぎない(109)。深海のいたるところに散らばる海山という地形の大半は、まだ調べられていない。

次々と発見された海山

水面下の山がひとつ、またひとつと、ほとんど手探りのように見つかり、一九世紀半ばに海山というものがあることが科学界で知られるようになった。一八六九年に最初に名前がつけられたのは、ヨーロッパ本土とアゾレス諸島のあいだに横たわる海山だった。スウェーデンの科学者たちが船べりから桁網(けたあみ)を下ろしたところ、海底まで下ろすのに一時間以上かかると思っていたら、数分後にロープがたるんだ(110)。

桁網は水中の巨大な海山の頂上部に着底し、そこは海面から一〇〇メートルの深さしかなかった。船の名にちなんでその海山はジョゼフィーネと名づけられた。ちょうどこのころ、ヨーロッパと北米をつなぐ電信用の海底ケーブルがはじめて敷かれ、海の深さが世界的にきわめて重要な関心事になっていた。ケーブルを敷設するのに最良の経路を決めるために、測深索を水中に下ろして水深を測る調査隊が次々と派遣された。その過程でときたま海山に遭遇することがあった。

「驚いたことに、また嬉しいことに、重りは六六ファントム（一一九メートル）までしか沈まなかった！」[111]と、ハーバート・ロウズ・ウェブは一八九〇年に記している。その数年前にケーブル敷設船ダチア号に乗り、カナリア諸島とスペインのあいだに敷設する電信ケーブルの経路を調べたときのことを記していた。「驚くほど大きな浅瀬、と言うより、山の上に重りを落としたのは明らかだった。たぶん、消えたアトランティス大陸だったのだろう」。

海山の探索にほかの方法が用いられるようになってはじめて、海山がたくさんあることが注目されるようになった。最新の技術には宇宙からの探索もある。海山はとてつもなく大きくて密度が高く、山塊の中心に向けて海水を引っ張る作用によって、まわりの海水に重力のひずみが生まれる。月が海の水を引き寄せ、地球規模の潮汐が生まれるのと同じだ。海水は圧縮されないので海山のまわりで押しつぶされるのではなく、海山の上に盛り上がる。人工衛星は海面の高さを正確に測ることができ、水面下の大きな玄武岩質の山の頂上によって生まれるわずかな海面の盛り上がりがどこにあるかを特定できる。人工衛星を使った研究で得られたさまざまな推定値を見ると、最大級の海山——高さが一五〇〇メートル以上——の数は世界全体で三万から一〇万以上のあいだになると考えられ、インド洋、大西洋、南極大陸周辺、地中海で見つかっていて、もっとも過密に分布するのは太平洋中央部である。[112]すべてが海底火山で、中央海嶺や大陸プレートの沈み込み帯を取りまくように分布し、四〇～五〇カ所ある海のホットスポット（地殻が薄くなってマントルからマグマが上昇している海底）に散在している[113]。

人工衛星のセンサーの解像度が上がれば、より小さな海山も見つけられるようになるだろう。だから地球上の海山の数がこれから増えるのは間違いない。それでも、あまり高くない海山の頂上を見つけるのに現在使われている唯一の技術は今でもソナー（超音波探査器）である。ソナーは、第二次世界大戦中に潜水艦や戦艦をとらえるのにはじめて開発され、その技術が海底を調べるという別の用途に使われるようになった。船上の装置から超音波を下向きに発射し、それが硬い海底に当たって跳ね返ってくるのを複数の探知器で聞き取る。その結果を解析して三次元地図を作成し、海底に盛り上がりがあるかないかを調べる。

こうした地形の多くが海丘なのか海山なのかについては、大いに議論の余地がある。陸上では、どれくらいの高さがあれば「山」になるのかについて世界的な取り決めはない。高さの下限は三〇〇～六〇〇メートルと幅があり、誰かにとって高い丘が別の人には低い山になり得る。それが海中では、少なくとも高さが一〇〇〇メートルある山が海山と考えられてきた。しかし海山がさらに調べられて研究が進むにつれて、海中の山の高さに境界を設けるのは、地質学的にも生態学的にも妥当性がほとんどないことが明らかになってきた。高さが一〇〇メートルかそれより少し高いくらいの比較的小さな海山でも、決められた高さを越える海山に見られるのとよく似た重要な深海の生態系が発達してもおかしくないからだ。

超音波探査による詳しい深海全体の海図はまだできあがっていないので、こうした小さな海山の正確な数はわからない。それでも、これまでに発見された数からおおまかに推定すると、海中の火山性の山の数は多ければ二五〇〇万にもなる。[114] さらに、こうした海山は大きなものも小さなものも、広い範囲の海底に島のように散らばる生き物の生息域になっていて、地球上の雨緑林をすべて合わせた面積より大きな生物圏になり、雨緑林と同じくらい魅力的なさまざまな生き物が生息している。

デンマークの童話作家だったハンス・クリスチャン・アンデルセンは、『人魚姫』というおとぎ話の舞台を海山にしてもよかったかもしれない。そうすれば主人公は、植物のあいだをさまようのではなく、色も形もさまざまな太古からの動物のあいだをさまようことになっただろう。人魚姫は巨大なカイメンの襞（ひだ）のあいだに隠れることができたし、海山から生えている背の高い木のようなものに腰かけることもできた。噛み終わったガムをピンクのごつごつした枝に押しつけてもわからない。パーティー用の金色のレースのドレスをつくり、肩には虹色の螺旋（らせん）のストールをはおり、ナマコをつかんで赤く輝くまで振ってから口紅を塗るかもしれない。上から降ってくるマリンスノーをよけるのに傘形のウミユリを頭上でくるくる回してもよい。日記をつけるときには、英語で「海のペン」と呼ばれるウミエラが使える。渦巻き状や枝分かれした腕を持つテヅルモヅルは帽子にできる。読んだ人が、アンデルセンはこうしたものをすべて空想でつくりあげたと思うかもしれないことが問題になるが、このような生き物は実在する。

科学者たちが訪れたそれぞれの海山には、きわめて多様な生息域が形成され、多様な動物が目撃されている。どの海山も同じというわけではない。泥の海底が広がっているだけで、まわりの海底とそれほど区別がつかないものもある。しかし多くは、足場となる硬い海底を必要とする動物――特にサンゴ――に人気がある〔口絵㉔〕。

深い海のサンゴ

浅い熱帯の海では、礁をつくるサンゴが太陽光を独り占めするだけでなく、ほかの動物や人間の注目も独り占めしている。こうした熱帯のサンゴは人によく知られた種類で、環礁やグレート・バリア・リーフのような大きな構造物をつくりあげる。しかし、暖かい海より深くて冷たい海には、もっといろいろなタイプのサンゴが生息する。[115] これまで知られているおよそ五〇〇〇種のサンゴのうち、半分をはるかに超える数――三三〇〇種以上――が深海に生息する。

ひとくちにサンゴと言ってもさまざまなものがいて、どれもイソギンチャクやクラゲや、そのほか触手や刺胞（しほう）を持つ柔らかい体の動物と近縁である。サンゴかどうかは体を見ればわかる。微小なポリープからできていて、それぞれのポリープの柄の先に触手が環状に並ぶ。触手は花びらのように見えるが、ピクピク、モゾモゾと動くところがちがう。一匹だけで孤独に生活するものもいるが、多くのサンゴは群体をつくって生活し、分裂してポリープの数を増やしたり、数百、数千という個体が寄り集まったりする。卵や精子を水中に放出することもあれば、受精した卵を手放さずにポリープのなかで育てるものもいる。卵は孵化して幼生になり、水中を漂流したあと、生育するのにふさわしい海底に舞い降りる。

そこで自分のコロニーをつくり、分裂しながら成長する。

浅海で生活するサンゴと深海で生活するサンゴの大きなちがいのひとつは餌の採り方にある。ほとんどの熱帯サンゴのポリープのなかには褐虫藻（かっちゅうそう）がいて、太陽光を餌にするこの単細胞の微生物は、二酸化炭素を糖分に変えて宿主のサンゴを養う（サンゴが高温やストレスにさらされると褐虫藻がいなくなって白化現象が起きる）。サンゴは少なくとも水深八〇〇メートルの海で成長することができるが、海の深みには太陽光が届かない。深海のサンゴは陽の光を満喫するかわりに、その場を動かないハンターの技（わざ）をみがいている。小さな触手や刺胞で浮遊物をひっかけ、マリンスノーの粒子を食べているのだ。

サンゴが海山の上や海底谷の急峻な斜面で生育するのを好む理由のひとつが、この餌の採り方にある。深みをゆっくりと流れる海流が海山や断層の切り立った崖に出合うと、風が崖に当たったところで鳥の喜ぶ上昇気流が生まれるのと同じように、海流は上向きに逆巻くように流れることが多い。加速する水の流れは海山のシルト（沈泥）を持ち去り、溶岩でできた山の斜面を掃き清めたようにきれいにするので、硬い海底を必要とするサンゴの幼生が落ち着く準備が整えられている。サンゴがいったん定着すれば、餌となるプランクトンやそのほかの粒子が海山を洗う海流で運ばれてきて、山の中腹に取りついたサンゴを養う。サンゴは、深い海では水が絶え間なく微風のように流れるのを好む。

海山には八放サンゴがよく見られる。(116) ポリープに八本の触手があることから、このように呼ばれる（サンゴの多くは触手が六本しかない）。八放サンゴという大きなグループには、羽のようなウミエラもいる。イリドゴルジア *Iridogorgia* [*40] は背丈が二メートル以上になり、瓶を洗うボトルブラシのようにキラキラ輝く羽を螺旋状にのばす〔口絵㉗〕。竹サンゴは木の枝のような姿をしているが枝には竹のような節があり、名前の由来になっている。ウミウチワは肺を平らに押しつぶしたような姿をしていて、空気胞が枝分かれして金線細工のように見える。このような八放サンゴのなかには浅い海で見られるものもあるが、全体の七五パーセントは深い海に生息する。黒珊瑚とも呼ばれるツノサンゴ類も、同じくらいの割合が深い海に生息する。白っぽい縮れ毛の灌木のような姿をしていることもあれば、オレンジ色のダチョウの羽、あるいは長い黄色のコルク抜きのような形も見られ、体の内部はどれも黒く、骨格はキチン質（エビの殻や甲虫の羽と同じ硬い物質）でできている。

海の深みには八放サンゴやツノサンゴのほかにもさまざまなイシサンゴが生息し、こちらは石灰質の骨格を持つ。そのなかにはロフェリア・ペルツーサ *Lophelia pertusa* という世界中に分布する種類がいて、深い海のいたるところに白いサンゴの茂みをつくる〔口絵㉓〕。そのミトコンドリアは、別のサンゴのデスモフィラム属 *Desmophyllum* が持つミトコンドリアと遺伝的にほとんど同じであることが二〇一二年の研究でわかった。同属なのに異なる属名がつけられていると判明した場合には、あとでつけられた属名（一八四九年）ではなく、先につけられた属名（一八三四年）に合わせる決まりになっているので、学名をデスモフィラム・ペルツーサ *Desmophyllum pertusa* に改めるよう呼びかけられた[117]。しかし、すべての学術関係者がこの決まりを認めているわけではなく、さらなる遺伝子解析の結果次第で、また学名が変わるかもしれない。「論文に書くときはデスモフィラムとするが、話をするときにはロフェリアで通す[118]」と、深海生物学者のニルス・ピチャウドは言う。

学名がどちらになるにせよ、このサンゴは海山や海底谷ではよく目立ち、深い海ではこんもりとした大きな集団をつくる。二〇一八年には米国サウスカロライナ州沖で、高さが少なくとも一〇〇メートルあるこのサンゴの丘が一三〇キロメートルにわたって続いているのが発見された[119]。地中海やアフリカの北西部の海岸沿い、そして大西洋中央海嶺でも、このイシサンゴが五万年のあいだ、ずっと同じ場所で生育してきた[120]。

　サンゴモドキは、特に深い海と結びつきがある[*41]。石灰質の骨格を持つサンゴとは別のグループの動物で、一般に体は小さくて脆く、赤、ピンク、青、茶色、紫といった色素を持っているが、暗く深い海では体の色がわからなくなるので、色素には何か別の役割があるのかもしれない。おそらく、サンゴを食べる捕食者を遠ざけるための味の悪い物質をつくるときの副産物なのだろう。これまで知られている数百種のサンゴモドキのうち九〇パーセントくらいは深い海に生息している。

　さらに興味深いことに、サンゴモドキは深い海で生まれた。化石からは、およそ六五〇〇万年前の暁新世（ぎょうしんせい）に、最初に深い海で進化したことがわかっている。サンゴモドキは幼生を過去四〇〇〇万年のあいだに四回水面方向へ派遣し、熱帯や温帯の海面近くに生息する現生種を生み出した。現在見られる海洋の生き物は、浅海の種類を深海が受け入れて歴史が刻まれてきたと長いあいだ考えられてきたが、サンゴモドキの物語はそれとは相容れない。住み心地のよい浅い海から深みへと移動した動物群も確かにいるのだが、サンゴモドキなどの動物は、逆方向にも移動できることを示している[121]。

　サンゴのまわりには、やはり植物によく似た動物がいろいろいて、深い海のごつごつした山肌に取りつき、水の流れで次々と運ばれてくる食物を利用している。柄のあるウミユリ類は深海にしか生息しな

＊40――Irido はギリシャ語で「虹」を意味し、gorgia はギリシャ神話のゴルゴンに由来する。八放サンゴを含むこのサンゴのグループは体が複雑に枝分かれすることから〔口絵㉖〕、蛇の髪を持つギリシャ神話に出てくるゴルゴンにちなんで名づけられた。
＊41――正式名をハナクラゲ目というサンゴモドキは、刺胞動物門のヒドロ虫綱に属し、ツヅミクラゲ類、ヒドロクラゲ類、クダクラゲ類の仲間になる。

い。このナマコやウニの親戚は背が高く、五枚の羽のような腕を広げて水中の餌を濾し取る。

海山はカイメンに覆われていることも多い。カイメンには臓器も口もなく、最初に進化で出現した動物だったかもしれない。[*42] 出現したのは少なくとも六億年前になる。このような大昔から、カイメンは日々ほとんどの時間を体の側面にある穴から水を吸いこみ、水中の粒子を食物として濾し取りながら過ごしてきた（小さな魚や甲殻類を捕らえる肉食性のカイメンもいる）。一般にカイメンは移動できないと最近まで考えられていたが、米国カリフォルニア沖にある深海平原の長期観測ステーションMに設置したカメラで三〇年のあいだ低速度撮影した映像には、思わぬ行動をとるカイメンが写っていた。[122] ゆっくりとした深層流に身を任せて回転草のように深海層の海底を転がるものもいれば、スローモーションのくしゃみのように見える動きをするものもいた。「ハークション」の「ハー」の部分を数週間かけて行ない、そのあと、おそらく不要な粒子を体から排出するために「クション」と吐き出して終わる。

深海のカイメンの生活は単純で、くしゃみは間延びしているが、よく観察してみると興味をそそられる。耳のような形をしたものもいれば、柄の先にぼんぼりをつけたようなものや、牛乳をこぼしかけた状態で冷凍したように見えるものもいる。スプートニクと名づけられた肉食性のカイメンにはプランクトンを捕まえるための長い棘があって、旧ソビエト時代の人工衛星のミニチュアのように見える。六放海綿（ガラスカイメン類）は、砂やガラスの素材である二酸化珪素の細い糸で骨格をつくる。体を長い柄で持ち上げる六放海綿もいて〔口絵㉕〕、口をあんぐり開けて驚いた表情をしている指人形のように見える。六放海綿の一種のカイロウドウケツ *Euplectella aspergillum* は英名を「ビーナスの花かごカイメン」といい、両端が閉じた中空の筒形に体が成長し、この筒はガラスの糸で編んだように見える。ひとつの筒のなかにはオスとメスのエビの夫婦が閉じこめられていて、カイメンの穴だらけの体を通り抜けてくる餌を食べながら子を産む。エビの幼生はガラス質の籠からさまよい出て、自分用のカイメンを探すための放浪の旅に出る。

海山の斜面や頂上部、そして海底谷の急峻な崖には、サンゴ、カイメン、ウミユリといった「木」が繁茂して動物の森が形成される。二〇一七年に、ハワイの南西一三〇キロメートルにある北太平洋のジョンストン環礁の近くにある海山に潜った科学者たちは、ドクター・スースの絵本から抜け出したような眺めに出くわし、そこを「奇妙な者たちの森」と名づけた[123]。カイメンが密な群落をつくり、そのなかに背の高いサンゴが生える。黄色や白やピンクの体はどれも同じ方向を向き、縦筋模様のある太い筒状の体や、うつろな「目」がある異星人の頭のような体は、まるで遠方に何か気がかりなことがあるような姿勢をとる。潮流に乗ってくる粒子を捕らえるのに、いちばん多い方向の流れに合わせて体を成長させたので、そのような姿勢になった（口絵㉘）。

この深い海の森をつくる動物たちの多くは、一カ所に固着して水を濾過して餌を採るという生活様式が似ているほかにも、寿命が非常に長いという特徴が共通している。

竹サンゴは短いものでも三五年、長いものなら二〇〇年近く生きる[124]。海山で現在見られる群落は、チャールズ・ダーウィンが新発見をすることになるビーグル号世界一周の旅に出発した一八三一年には、そこで生育し始めてからすでに一〇年くらいが経過していた。ウミユリは三四〇年生きる[125]。海山で生育しているウミユリは、そこに幼生がたどりついたのが一七世紀の後半で、成長し始めたのがセイラムの

＊42――海綿動物門に属するのはカイメン類だけで、学名の *Prifera* はラテン語で「穴のある」という意味になる。体は確かに穴だらけだ。

魔女裁判のころだったということもあり得る。もしウィリアム・シェイクスピアが、世界の海山の森のひとつを探検する手段と情熱を当時持ち合わせていたら、四〇〇年後の現在まで生きながらえる六放海綿を目にしたことだろう[126]。

英名が「金珊瑚」のスナギンチャク（これも刺胞動物）はさらに寿命が長く、数千年は生きる[127]。海山に今日みられるスナギンチャクが生育しはじめた時期は、二七〇〇年前の古代ローマ帝国初期にあたる。また、海山の居住者でいちばん長生きなのはツノサンゴ（英名は「黒珊瑚」）で、今生きている群落は、そこに居着いて成長し始めたのが青銅器時代であり、およそ四二〇〇年前の当時は、古代エジプト王朝のファラオが大きなピラミッドを建造中だった。

深い海に生息する生き物の多くは寿命がきわめて長いが、なぜ深い海と長寿が関係あるのかは、はっきりしていない。海が深くなるほど水温が下がり、光や食物が少なくなることと関係している可能性が高い。たくさん食べて太く短い一生を送るより、深い海の動物たちは何事にも時間をかけ、ゆっくりと成長し、わずかばかりの餌が通りかかるのを待ち、次の交尾の機会がめぐってくるのを辛抱強く待つ。

太古のサンゴがどのような生活をしていたかは、放射性同位体による年代測定や、群体をつくるこうした動物が一年にどれくらい成長するかを調べる研究が進んだおかげで明らかになってきた。サンゴを薄切りにして紫外線を当てながら顕微鏡で観察すると、同心円の年輪がある木の切り株のように見える。深い海は一年を通して暗闇だが、それでも季節の気配がおよぶ。上層の浅い水域が暖かくて生物の生産量が多ければ、深みに降ってくる餌の量が増える。そうするとサンゴの成長は季節によって早まったり遅くなったりする。顕微鏡で見える年輪によってサンゴの年齢がわかるだけでなく、過去の様子を知ることもできるので、サンゴはタイムカプセルとしても利用できる。

深海のサンゴの骨格には、海洋のかつての様相という地球の記録が刻まれている。[128] 微量の化学物質の痕跡を測定する技術も確立されていて、調べた部分のサンゴが成長してきた数十年間、数百年間、数千年間のまわりの海水の水温、栄養塩量、pHがわかる。たとえば、カナダのノバスコシア州沖で採集されたサンゴからは、一九七〇年代に成長していたときに窒素の安定同位体比が明らかに変化したことがわかる。[129] これは人類の活動に由来する気候変動が加速した時期と一致し、大西洋の大きな海流の経路が変化したことを示す。寿命の長いサンゴからは、かなり過去に遡る記録が得られる。また、人間の影響があろうとなかろうと、海がどのように変化してきたかを思い描くのを助ける。そして今後はどうなるのかを、より正確に予測する手助けもする。

さまざまな動物を支える海山の原生の森

これまで数百年も数千年ものあいだ、サンゴ、カイメン、ウミユリは海山に原生の森をつくり、そこにやってくるほかの動物たちにすみか、避難場所、食料を提供してきた。サンゴの枝には水中の餌を捕まえるコシオリエビ〔口絵㉖㉗〕や、食虫植物のように体を二つに折って餌を捕まえるハエジゴクイソギンチャクが生活する。ウニの仲間のクモヒトデやキヌガサモヅルもいて、サンゴの扇に結び目をつくるように絡みついている。トラザメは八放サンゴの茂みに卵鞘（らんしょう）を産み、それがクリスマスツリーの飾りのようにサンゴの枝から垂れ下がる。[130] タコも卵を育てに来るだけでなく、カイメンの茂みを徘徊して餌を探す。

海山には回遊動物もたくさんやってくる。[131] マグロやメカジキ、ウミガメやゾウアザラシ、シュモクザメ、ヨシキリザメ、ジンベエザメ、イルカ、海鳥。このような動物たちが海山の上を泳ぎまわって餌を獲ったり伴侶を探したりする。通り過ぎるだけのものもいる。

海山の形状によっては、海水の動きで動物プランクトンが寄せ集められることがあり、腹をすかせた動物たちがそれを目当てにやってくる。日が落ちれば、視覚を頼りに餌を探す捕食者たちに襲われる心配が減るので、こうした微小な動物プランクトンは夜な夜な中深層から表層へと餌を求めて大群で浮上する。プランクトンたちは日が昇る前にまた深みへ潜るのだが、もし夜のあいだに海山の上をたまたま漂流すると、深みへ潜るための退路が断たれて海山の頂上付近で大渋滞が起きる。これは地形障害物による進路遮断と呼ばれ、海山の上で生き物が多い理由を説明できるかもしれない。渋滞している動物プランクトンを食べに小さな魚がやってきて、それを食べに、少し大きな魚、クジラの仲間、海鳥が集まる。

回遊する動物が海山を見つける方法はいろいろある。密集して餌を食べる動物プランクトンの集団は硫化ジメチルという化学物質を出し、それが大気へと漂い出るので、アホウドリやミズナギドリは、かすかな硫化ジメチルの臭いを頼りに海山から海山へと移動するのかもしれない。サメやウミガメは、海山が存在することによる地磁気のゆがみを感じ取り、それを頭のなかの地図に刻んで目印にしているのかもしれない。ニホンウナギもこの手法で日本から南へ二四〇〇キロメートルのスルガ海山までの道のりを知ると考えてもおかしくない[132]。成熟したウナギは新月になると太平洋のこの地点へと泳いでいくが、この海山は産卵場所のよい目印になる。卵から孵化した木の葉のような幼魚は、北赤道海流で西向きに移動したあと、合流する黒潮に乗って北方のアジア各地の川へと運ばれ、淡水の川で成長して成魚になる。もし産卵がスルガ海山より南の海域で行なわれると、西向きに進む海流に乗れないおそれがあり、その場合には南へ流され、適当な距離にある淡水のすみかを見つけられない。

ザトウクジラも磁場の地図を頼りに海山を探し当てるのかもしれないが[133]、なぜ海山へ行ってしばらく休むのかは、いまだ謎である。南太平洋のニューカレドニア島の近くで回遊するザトウクジラに衛星受信できる発信器と観測機器を取りつけてみたら、多くのクジラが海山からなかなか離れないことがわかり、時にはそれが一週間かそれ以上の期間におよんだ。ザトウクジラは高い海山が好みらしく、頂上部はせいぜい水深八〇メートルとそれほど深くない。そこで休んでいるか、餌を獲っているか、おそらく繁殖していると考えられる。海山なら、クジラたちが待ち合わせをして伴侶を見つけるのに明らかに都合がよい。オスのザトウクジラは海山へ来て、長々と複雑な歌を歌うのかもしれない。山の斜面は歌の旋律を広い海へ響かせる効果があり、音楽会の会場としてふさわしいだろう。

海山の誕生と消滅

海山は深い海中にあるので目に見えないが、その存在は海面や陸上でも感じ取ることができる。二〇一八年一一月一一日に、地球全体に奇妙な轟(とどろ)きが三〇分ほど鳴り響いた。地震計からは、低周波の震動の発生源が、マダガスカル島とモザンビークのあいだにあるインド洋のマイヨット島付近であることがわかった。しかし、地球がまるで巨大な鐘になったかのように、なぜそれほど長い時間にわたって震動が続いたのか地質学者たちにはわからなかった。

その六カ月後のことだった。科学者たちがフランスの調査船マリオン・デュフレーヌ号で震源地を調べに行くと、一部の人たちが想像したような前時代的なウミヘビが深海層でのたうったのではなく、そこに真新しい海山ができているのを発見した[134]。それより三年前につくられた海底地図には、そのような巨大な海山は記されていなかった。その海山は、おそらくこれまで見つかっているなかでももっとも大きい部類に入る海底噴火でできたものだった。ゴロゴロとうなるような音は、海底の奥数キロメートルにある大きなマグマ溜まりが潰れるときに出た音かもしれない。そこに海山ができた理由はまだわからない。太平洋のハワイでできつつある海山のように、火山活動が活発な場所と考える地質学者もいる。マダガスカルがアフリカ本土から一億三五〇〇万年前に分離したときにできた太古の断層と関係があるのかもしれないと考える地質学者もいる。あるいは、アフリカ大陸をゆっくりと引き裂いている活発な東アフリカ大地溝帯が広がったとも考えられる。

地震は海山が形成されるときに誘発されるだけでなく、海山があることで通常よりひどい地震が起きることもある。沈み込み帯では大陸プレートが別のプレートの下に潜りこんでいるが、海山があると海底表面の凹凸が大きくなり、大陸プレート同士の滑りが悪くなる。マジックテープのようなもので、プレート同士の緊張が高まり、最終的にプレートが移動できたときには爆発的な揺れが発生する。

逆に、海山が地震の激しさを緩和する場合もあることがわかっている[135]。二〇一四年四月にチリ北部沖で、マグニチュード八・二の大きな地震が起きたが、地質学者たちが考えるほど揺れは激しくなかった。チリでは、海岸線近くでナスカプレートが南アメリカプレートの下に潜りこんでいるので頻繁に地震が起きる。長く延びる沈み込み帯では一八七七年以来大きな地震が起きていなかったので、近いうちに必ず起きると言われていた。ついに二〇一四年にその日が来たと思われたが、一群の海山が地震破壊の広がりを食い止め、揺れは尻すぼみに小さくなった。

海山は最終的には大陸プレートの縁まで運ばれる運命にあり、年に数センチメートルというゆっくりとした速さの動く歩道の上にそびえ立っているようなものだ。終着点では、足を踏み出して動く歩道を下りるかわりに、沈み込み帯で深い海溝に引きずりこまれて地球のマントルにまた取りこまれる[136]。

まさに海溝へ落ちこもうとしている海山もあり、深海層のいちばん高い位置からいちばん低い位置へと高さを変えようとしている。インド洋にあるクリスマス海山はジャワ海溝に近づいていて、ニュージーランドの北端近くにあるオズボーン海山とブーゲンビル海山は、それぞれトンガ海溝とケルマデック海溝にずり落ちそうになって山が数度傾いている。かなり前に沈み込んだ海山の痕跡も見つかっている。太平洋の西部には、マリアナ海溝に落ちこむときに引っかかって動かなくなった巨大な海山の残骸が少なくとも四つある[137]。海溝に落ちこむころには、サンゴやカイメンの森の大部分はすでになくなっているが——海溝は深すぎて、もはや旺盛に繁殖できない——、それほど深くても生き延びられるほかの動物がいて、海のもっとも深い場所で心地よく暮らしている。

水圧にあらがう水深八〇〇〇メートルのクサウオ

米国アラスカ州の沖にあるコディアック島の海岸にある潮だまり、あるいは北米太平洋岸のサンタバーバラより北の海岸の潮だまりならどこにでも、オタマジャクシのような形をしたオレンジ色か紫色の小さな魚がいる。捕まえようとすると、吸盤のような形をした、巻貝の足のような動きをする腹鰭(はらびれ)で岩にしがみつくので、巻貝を連想させる名前がつけられた。英名を「潮だまりのマキガイウオ」といい、奇妙なクサウオ科に属する。北極と南極にいる親戚筋にあたる仲間は、凍結防止用の物質をつくって体が氷の塊になるのを防ぐ。クサウオは、太平洋の沖合でタラバガニの鰓室(さいしつ)内に卵を産む(押しつぶされずにどのように産卵するかは謎）。海溝に生息する種類もいて、生息域は、どのような脊椎動物もかなわない超深海層にまでおよぶ〔口絵⑳〕。

「手のひらに一匹載せると、その頭蓋骨を通して脳が見える」と、ジェネセオにあるニューヨーク州立大学助教で超深海層のクサウオ専門家であるマッケンジー・ジェーリンガーは言う。[138] 彼女はこのずんぐりしたピンク色の魚が六〇〇〇メートルを超える深みでどのように生き抜いてきたのかを知ろうとしている。クサウオは、アンコウやホウライエソのように皮膚が真っ黒でガラスのような牙が並ぶ大きな口を持つ典型的な深海魚とは似ても似つかぬ姿をしている。それなのに、海溝の険しい断崖のあいだの途方もない深みで生活するために見事な適応を遂げていることを、ジェーリンガーとその研究仲間たちは明らかにしつつある。

これまでのところ、少なくとも一五種のクサウオが一〇カ所の海溝で生活していることが確認され、ひとつの海溝あたり一種か二種がいることになる。このなかには海溝の名を冠した英名をもつ「マリアナクサウオ」〔和名はシンカイクサウオ〕も含まれる。[139] 公式にはこれがもっとも深い海で生きる脊椎動物とされていて、生息地の深さはゆうに八〇七八メートルを超える。[140]

マリアナクサウオは、海洋性の魚の限界と推定される深度まで生息する。しかし水深が八二〇〇メートルを超えると、生理学的な問題が生じて生きていけない。それは、圧倒的な水圧に対処するために魚が体に施してきた適応と関係がある。深さ八〇〇〇メートルにもなると水圧は水面の八〇〇倍になり、地上で暮らす人間なら、体表面一平方センチごとにゾウが一頭立っているのと同じ圧力を受ける。超深海層の水圧はこれほどまでに大きいので、生き物の分子をひしゃげさせるのにも十分で、ゆがんだ分子は生きるのに必要な機能を発揮できなくなる。深海の動物がこれに対処するためにとる方法のひとつが、組織にトリメチルアミンオキシド（ＴＭＡＯ）をためこむというものだ。この化学物質があれば、基質と結合して健康な生きた細胞や体をつくるのに必要な化学反応を促進する酵素の活性部位に、水圧で水が浸入するのを防いで酵素を守ることができる。ＴＭＡＯは、体中のほかのタンパク質が分子結合する機能も守る。魚の生息場所が深くなるほど受ける水圧が大きくなり、より多くのＴＭＡＯが必要になるので、生息地が深くなるにつれてＴＭＡＯの濃度は直線的に増える。また、ＴＭＡＯは魚の魚臭さのもとにもなるので、深海のクサウオは魚のなかでももっとも魚臭い。

しかし、魚の体が保持できるＴＭＡＯの量には限界があり、その限界の水深が八二〇〇メートルと試算されている(141)。それより深くなると水圧から身を守るために必要なＴＭＡＯが増えすぎ、根本的な生物学的機能が損なわれる。海に生息するからには、生きるために魚は海水に体を適応させなければならない。海水という溶液は魚の体よりかなり塩辛く、塩分濃度が高い。一般に海洋の塩分濃度は三〜四パーセントであるのに対して、海の魚の体液の濃度は塩分に換算すると〇・九パーセント前後しかない[*43]。だから、海で生活する魚は、何もしなければ鰓や皮膚の膜から大量の水を失う。これは浸透圧という仕組みによるもので、膜の内外で溶液の濃度に差があると、濃度が低い溶液から高い溶液へと水の分子が膜を通って拡散する（生体膜の両面で溶液濃度が同じになるように分子が移動する）。失われる水を補うために、海の魚は多量の海水を飲みながら余分な塩分を鰓から排泄している[*44]。

＊43——別の言い方をすれば、海水の塩分濃度は一〇〇〇分の三〇から四〇ということで、だいたい一リットルに三〇〜四〇グラムの塩類（おもに塩化ナトリウム）が溶けていることになる。海の魚の体内にある可溶性のイオンをすべて合計すると一〇〇〇分の九くらいの濃度になる。

深海の魚の組織にＴＭＡＯがたまってくると浸透圧の平衡状態が変化し、組織が具合よく働く塩分濃度は高くなる。八二〇〇メートルより深くなると組織内のＴＭＡＯが非常に多くなるので、体内の総塩分濃度が、海水より薄い状態から濃い状態へと変化する。すると浸透圧によって水分子が移動する方向が逆になり、皮膚や鰓から水分が体内に吸収される。サケやウナギなどの回遊魚は、海から淡水へ移動するときに同じような厄介な問題に直面する。それに対処するために魚たちは水を飲むのをやめ、腎臓を間断なく働かせて生きるのに必要な塩類を尿から血液中に回収し、薄い尿を大量につくって海にいたときよりも排尿量を大幅に増やし始める。海水と淡水の変化に順応するには時間がかかり、エネルギー消費量も大きいが、サケやウナギがそのようなことをするのは、内陸部の産卵場所にたどりついたり、豊富な餌にありついたりという生活史の肝要な部分を完結するのが目的なので、苦労をしても割が合う。クサウオは、八二〇〇メートルより深い場所へ進出するときに必要になる体の生理的機能の大幅な改造を堪え忍ぶ気はほとんどないと考えられる。今のところ、クサウオが産卵のために海溝の底へ行ったという話は聞かない。「マティーニのカクテルグラスの底のような狭い海域に行くのは、進化という視点から見ると意味がないかもしれない[142]」と、ジェーリンガーは言う。

中国の科学者たちがマリアナクサウオの全ゲノム配列を調べたところ、ほかにも水圧への適応に関係する情報が遺伝子に書きこまれていることが明らかになった[143]。クサウオには細胞膜の化学組成を調整する遺伝子が多数存在するのだ。細胞膜の不飽和脂肪酸が多くなると膜はしなやかになり、裂けにくくなるので――バターの層ではなくオリーブオイルの層になるようなもの――、水圧が大きくなっても細胞が破裂しない。また、通常なら成長するときに骨を硬くしたり石灰化を進めたりするが、そうした調整をする遺伝子に突然変異が起き、マリアナクサウオは軟骨（サメのような）からできる柔軟な骨格のままでいられるようになり、破断しやすい硬骨よりも高い水圧に耐えられるようになったらしい。

クサウオの食事

海溝で生活するクサウオは、途方もない水圧だけでなく、すべての深海の動物が直面するのと同じ問題に直面する。食べ物を探さなくてはならないのだ。海溝は巨大な漏斗のようなV字形をしていて、マリンスノーを海溝の底へと集める。地震で頻繁に揺さぶられると海中雪崩が起き、さらに多くのマリンスノーや有機物の堆積物が深海層へと沈んでいく。だから海溝はそれほど食料に乏しい場所ではないが、クサウオはマリンスノーを食べない。

海溝でいちばん見かける動物といえば、有機物の残骸を食べて暮らす端脚類と呼ばれる甲殻類だろう。[*45] 食べ物にはうるさいことをまったく言わず、海溝に落ちこむものなら何でも食べる。マリアナ海溝のいちばん底では端脚類が見つかっている（口絵⑲）。そこは水圧があまりにも高いので、理論的には外骨格の炭酸カルシウムが水に溶け出すはずだと考えられている。二〇一九年に日本の海洋研究開発機構は、端脚類がアルミニウムのゼリーで体を覆っていることを見出した（深海の泥のなかにある金属を含

＊44――人間はこのような機能を持ち合わせていないので、喉が渇いたときに海水を飲むのはよくない。海水の塩分を体外へ排出するのに、飲んだとき以上の量の体内の水を使うからだ。

＊45――端脚類には形状の異なる足がいくつもある。英名のamphipodは、ギリシャ語由来の「両方」を意味するamphiと、「脚」を意味するpodaを組み合わせてある。メキシコ湾にいるオオグソクムシのような等脚類は、見た目が同じ脚を持つことが多いので、「同じ」を意味するisoを使ってisopodとなる。

む化合物を食べてゼリーをつくる[144]。このゼリーで殻が溶けてしまうのを防いでいる。クサウオは、海溝に豊富にいるこの端脚類を利用していて、ほとんど端脚類だけの食事メニューに適応してきた〔口絵⑲⑳〕。

小さな黒い点のような目しかないクサウオはきわめて視力が弱いかわりに、鋭敏になった触覚を使って獲物を探す[145]。唇をすぼめているように見えるクサウオの上下の顎には液体を満たしたえくぼが並び、端脚類が体をくねらせたりピクピク動いたりしたときに波紋のように伝わる水の動きをここで察知する。この感覚器は、どちらの方向へ突進してパクッと食いつくかをクサウオが決めるのに役立つ。

クサウオのもうひとつの秘密は顎に隠されている。ジェーリンガーは、数少ないマリアナクサウオの標本をCTスキャナーで調べた[146]。クサウオの骨格の緻密な三次元画像からは、喉の奥に咽頭顎(いんとうがく)と呼ばれる二組目の顎があることがわかった。棘だらけの小さな歯ブラシが二本あるように見える。これは、口に吸いこんだ端脚類を逃さないで噛み砕くのに役立つとジェーリンガーは考えている。

海溝に生息するクサウオは餌に困らないといっても、食べ物が有り余っているわけではないという点はほかの深海の生き物と同じで、エネルギーを節約しながらできるだけ効率よく動きまわらなければならない。クサウオの生体力学を調べるために、ジェーリンガーは少しふつうとはちがう手法を用いた。餌を入れた罠で捕らえたクサウオは、水面に引き上げるときに、水温が上がって水圧が下がるという二重のストレスを受けて死んでしまう。クサウオを生きたまま捕まえるためには、圧力をかけたまま冷却でき、数キロメートル上の水面から何らかの形で操作できるカプセル形の高価な装置が必要になる。そこでジェーリンガーは偽物のクサウオをつくることにした[147]。「そのほうが手軽だとわかった。本物を捕まえに行くより安あがりで、すぐにつくれる」と言う。

本物のクサウオの皮膚の下にあるゼリー状の物質の役割について考えていたことを確かめるために、クサウオのロボットを設計したのだ。魚の多くは体の外側が粘液物質で覆われている。ところがクサウオは、粘液物質が体内にある。「よく見ると、そして捕まえた魚をすぐ手に取ればよくわかるが、クサウオの体は粘液でずっしりと重い」。

このような粘液があるのでうまく泳げるのかもしれない。大きな丸い頭の後ろから尾が出ていると――クサウオの体の基本構造――、泳いだときに水の抵抗で渦が発生してうまく泳げない。同じ形をしているオタマジャクシは、水力学的な抵抗を克服するために尾を激しく振る。元気な動きの源になる餌が豊富にある浅い池ならそれでもよいが、餌の少ない深海に生息する魚では具合が悪い。

ジェーリンガーは、3Dプリンターで作成した胴体と鰭、ペットボトルの蓋、絶縁テープ、小さなバッテリーとモーター、バネと二本のピアノ線で左右に振れるようにしたシリコンゴムの尾を使って、本物のクサウオより少し大きな四〇センチほどのロボットを組み立てた。このロボットで重要なのは、尾を覆うようにラテックスのコンドームの皮膚をかぶせた点で、皮膚が包みこむ内容量を調節できる工夫が凝らされている。コンドームが空の時に魚ロボットの尾はオタマジャクシの尾のような形になる。水を満たすとコンドームはゼリーの層になり、ロボットの尾の付け根はちょうどクサウオのように太くなる。

この魚ロボットがジェーリンガーの研究室の水槽に放たれると、尾が偽のゼリーで膨らんでいるときには、膨らんでいないときの三倍の速さで泳ぐことができた。クサウオの体のまわりにゼリー状の層があると、体形が飛行機のようになだらかな流線形に近くなり、水の抵抗が減る。また、ゼラチン質の組織は魚が泳ぐのを助けるだけでなく浮力を増すのにも役立ち、体が生理的に機能しなくなる禁断の海溝の深みに沈みにくくなる。

途方もない深淵に生息しているために人間には手が届かない超深海層のクサウオについては、ジェーリンガーらも知らないことがまだたくさんある。若魚は成魚より海溝の少し深い部分で見つかっているが[148]、これがなぜなのかわかっていない。クサウオが一生を海溝のなかで送るのか、産卵したり餌を探したりするために海溝から出て向かう特別な場所があるのかもわかっていない。米国アラスカ州沖という辺境のアリューシャン海溝のように、ジェーリンガーが喜んで出かけていきそうな海溝もある。ここなら、まだ発見されていないクサウオの新種が見つかるもしれない。しかし彼女の研究やほかの人たちの研究が示すように、深海生物学の真髄には、生きるとはどういうことか、生物はどのように生き延び、過酷な条件下で生態系がどのようににぎわうのかを知りたいという欲求がある。世にも奇妙な姿の新種を発見することは、こうした物語の小さな始まりにすぎない。

ペリカン号でメキシコ湾へ

「二月のメキシコ湾は最悪だ。一月でも三月でもないのが二月だ」と、ジェイソン・トリップは言った。以前、ルイジアナ州の海岸を出発して南へ向かったペリカン号に乗り合わせたときにこれを聞いた。二月一二日だった。トリップは経験豊富な潜水艇の操縦士で、メキシコ湾で何年も仕事をしてきた。この時、トリップは袖をまくり上げて、手首にお守りのように巻いた薄い水色の酔い止めバンドを見せてくれた。「船酔いにはならないけれど、これを巻いている」と言っていた。

このやるせない告白を思い出したのは、調査日程が半分くらい過ぎたころに、風が強くて波の高さが三メートルになったことで調査が中断したときだった。海が荒れて、ケーブルが空中で回転してねじれたり船に当たったりする危険があったので、後部甲板から潜水艇を海へうまく下ろせなくなった。

調査に不可欠な働き者の潜水艇が使えなくなり、海が穏やかになるのを待つあいだ、調査地点の二キロメートルあまり上を、調査地に触れることも見ることもできずに私たちは漂うことになった。夜になって水面下にある自分の個室にいると、波がうなり声をあげて船体に打ちつけるのが聞こえ、波が盛り上がるときに体が持ち上げられ、船がまた波間に沈む瞬間には一瞬だが体を宙に浮かせる芸当ができるようになった。昼間は調査チームのほかのメンバーと一緒に食堂に座り、ノートパソコンが机の上を滑っていかないように手でしっかりと押さえながら、ものを読んだり書いたりしようとした。船員たちは交替で海の状態と船の位置を確認し、少し船を漂流させては、またもとの調査地点まで航行するということを繰り返した。GPS（全地球測位システム）の地図上に記録される航跡は次々とループを描き、ねじれた花のように見えた。

やがて波が穏やかになり、潜水艇が使えるようになってみなホッとした。私は海中から送られてくる映像を食堂で見ていたのだが、映像が突然途絶えて画面が真っ黒になってしまった。それまでにも、そのようなことは何回かあり、いつもすぐに画面はもとにもどったので、最初は気にもとめなかった。しかし、その時の映像の中断は、それまでとはちがうもっと心配な事柄が原因だった。意地悪な波が具合の悪いタイミングで船の側面に打ちつけたのだ。ケーブルが滑車の溝からはずれて滑車と枠の隙間に堅く食いこんでしまい、水深三〇メートルあたりまで下ろした潜水艇を動かせなくなり、潜水艇を解き放つ手だてもなかった。まるで子どもが紐の先におもちゃの車をぶら下げているように潜水艇は船から海中にむなしく吊り下がったままになった。

ペリカン号の船員と潜水艇の技術者たちはパニックに陥ることもなく、大ごとだと慌てるふうもなく、救命胴衣を着用して、ケーブルを切らないように巻きもどすにはどうしたらよいのか探りながら、少しずつ慎重に難題を解決していった。数時間後に私たちは、黄色い潜水艇が何事もなかったかのように甲板に置かれているのを眺めていた。そして、潜水艇をもう一度海中へ潜らせる準備が整ったときに、別の前線がやってきて、とても調査を行なえないくらい波が高くなり、深海探査は中止になった。

ペリカン号は北上を続け、やがて空を飛ぶ本物のペリカンが船の横を小さな翼竜のように滑空するのを目にするようになり、私たちの帰還を歓迎してくれた。船が港に停泊したあと、私は自分の船室で航海の最後の夜を過ごしたが、波に持ち上げられたり波間に吸いこまれたりする感覚が治まらず、深海から海上へと浮き上がる途中だと錯覚しながら一時間ごとに目を覚ました。陸上へもどったときはいつものことながら、海から逃れるのに時間がかかる。今回の陸酔い(おかよい)は、これまで経験したなかで最悪のものだった。その時のメキシコ湾の航海は二週間近く続いて常に波が高かった。上陸して二週間たっても私の体はまだ海の上だと勘違いしていて、目をつぶれば波を思い出して頭のなかが揺れ動いた。

その七週間後、研究チームはペリカン号で再びメキシコ湾へ乗り出した。この時は天気もよく、調査に費やせる時間も長くとれたので、冷水湧出帯とその近くにある塩水溜まりを調べた。

メキシコ湾の海底には、表面が銀色の波紋に覆われた塩水溜まりが湾全域に点在する。こうした塩水溜まりのまわりには冷水湧出帯の生物相が見られることが多く、海底から泡になって漏れ出るメタンや硫化水素を化学合成微生物に餌として与えているイガイ類やそのほかの二枚貝が、分厚く積もるように生育している。魚やエビやカニは、銀色の塩水溜まりに触れさえしなければ、冷水湧出帯で餌を見つけるのはたやすい。銀色の塩水溜まりのまわりには、それに触れた不運な動物の死骸が散乱している。塩水溜まりはふつうの海水より五倍も塩分濃度が高く、そこにカニやオオグソクムシ（ワニを食べていたようなもの）が落ちこむと、死骸はそのままの姿で塩水中に埋葬されることになる。塩水溜まりには酸素がないので、それも命とりになる。

こうした塩水溜まりを形成する塩水は、海底に埋もれた岩塩の層から湧き上がる[149]。この層は、およそ一億六〇〇〇万年前のジュラ紀にメキシコ湾が大西洋と切り離された時期にできた。切り離された水域で水が蒸発して干上がり、海底が固い塩の層で覆われ、場所によっては層の厚さが八キロメートルにおよぶ。やがて、ロッキー山脈が形成されたころにメキシコ湾は再び海水で満たされた。新しくできた山脈を浸食した土砂がメキシコ湾に流れこみ、塩で固くなった地殻の表面を埋め、大量の土砂の重みで塩の層がたわんだ。このような過程でできた地層を岩塩構造地質と呼ぶ。そこにできたひび割れから海水が染みこみ、岩塩を溶かしこんで塩分濃度が上がった海水は、そのあと上向きに押し出される。まわりの海水より塩分濃度がはるかに高く、それゆえ密度が高いので、湧き出た塩水は海水とはまじらず塩水溜まりから失われない。塩水溜まりはメキシコ湾だけでなく、紅海、地中海、南極大陸の近くでも見つかっている。水たまり程度のものから、端から端まで数キロメートルもある巨大な塩湖のようなものまである。

ペリカン号の潜水艇は、直径が三〇メートルくらいの中くらいの大きさの塩水溜まりを調べるために出動した。しかし、目当ての塩水溜まりはすぐに縮小し始め、やがて完全に消えてしまった。たぶん超高濃度の塩水が海底の割れ目にまた染みこんでしまったのだろう――ほかに無数にある塩水溜まりでもよく起きる現象のはずだが、消失する現場に立ち会った記録はない。

さらに驚いたことに、有害な塩水溜まりの底には小さな泥の塚がいくつも見られ、塚には動物が生息していた――棘だらけの大きなウニとギボシムシの集まり。どれも明らかに生きていて健康そうだった。このギボシムシはけばけばしい緑色と紫色の体色をした新種で、ニキビに覆われたツイスト・バルーンをところどころ膨らませたような姿をしている。

この緑色のギボシムシとウニは、有害な塩水溜まりの底で生存できることがはじめて明らかになった動物になる。それほど苛酷な環境をどのように堪え忍ぶのかはまだ誰にもわからないが、深海にそのような動物が実在することを確認するという類い（たぐ）の発見は、適切な場所を探す好機を科学者が心得ていてこそ実現する。

第2部 人類は深海に生かされている

深海と地球温暖化

海洋は熱を吸収する

思いをめぐらせるのをやめたとたんに、海の深みは頭のなかからいともたやすく消え失せる——宇宙という、もうひとつの遠い世界より簡単に消え失せる。深い海には、そこにあることを思い出させてくれる夜空に瞬く星もなく、地球を照らす月もない。それなのに、この目に見えない世界は私たちの生活に入りこみ、知らないうちに命の営みを紡いでいる。簡単に言えば、深海があるから地球は生存可能な惑星なのだ。

海は、その大きさと絶え間ない動き——水の優れた熱吸収機能という特性も[*1]——によって、地球が太陽から受ける影響のバランスを保っている。もし水がこれほど多量になければ、降り注ぐ日射によって地球は耐えられないほど熱くなる。大気の温室効果ガス層が厚くなりつつある現在は、特に水による恩恵は大きい。人間が排出する余分な二酸化炭素は九〇パーセント以上を海が吸収している。もし海水がなかったら、地球の気温は工業化が進む以前より三〇℃以上高くなっていて、米国の夏の平均気温は七〇℃を超えていただろう。[150]

このように多くの熱をためこんだ結果、現在の海は記録が残る人類史上でもっとも暖かくなっている。ほかよりも早く暖まっている海域もあるが、海洋全体で見ると、海面と水深二〇〇〇メートルの層の世界の平均水温は絶え間なく上昇を続けていることが二〇二〇年の研究から明らかになった。海の上層部の二〇一九年の水温は、一九八一～二〇一〇年の平均水温より〇・〇七五℃高かった。[151] 数字だけ見るとたいした上昇ではないように思えるかもしれないが、海の上層二〇〇〇メートルをこれだけ温めるのに必要な熱は、広島に落とされた原子爆弾三六億個が出す熱に相当する。これほどの海水温の上昇は、人類が排出する温室効果ガスが気候変動を助長しているまぎれもない証拠になる。海の温暖化を合理的に説明できる原因はほかにない。

二〇〇〇年からは、アルゴフロート[152]と呼ばれる多数のロボット観測器を使って海洋の水温が正確に計測されている。長さ一メートルほどの筒状の観測器を世界中の研究施設が四〇〇〇本くらい共同で設置していて、バッテリーが消耗するまで四、五年のあいだ自力で漂流し続ける。それぞれの装置は水深一〇〇〇メートルまで潜って静止するようにあらかじめプログラムされており、定期的にその倍の深さに潜ったあと、塩分濃度、水流の速さ、水温を測定しながら、ゆっくりと上昇する。海面に出るとアルゴ

＊1――水は空気より熱容量がはるかに大きい。同じくらいの温度にするのに必要なエネルギーは水のほうが多いことを意味する。水中を泳ぐ人が同じ温度の空気中を歩く人より涼しいと感じるのは、水のほうが体から奪う熱量が多いためだ。吸収して蓄えられる熱量は、空気より水のほうが断然多い。

フロートは人工衛星を通じて観測したデータを基地局に送信する。今では地球全域をほぼ網羅するくらいこのロボット観測器の設置は進み、観測器のあいだの水平方向の空白地帯のデータは推測値として求められている。しかしほとんどの観測は海の上層二〇〇〇メートルに限定されているので、深海の観測はまだ始まったばかりと言ってよい。

観測船を使って計測した数値も、大気の熱がはるか深い海域まで伝わっていることを示す[153]。海の熱の五分の一は漸深層（ぜんしん）から深海層までの水深二〇〇〇メートルより深い水域に蓄えられている。そのような熱のためこみの多くが南極大陸を取り巻く南極海の深みで起きていて、大西洋中央海嶺の西斜面の深海にも、南米大陸の大西洋岸沖にあるブラジル海盆にも、熱が蓄えられている。そして気候変動の危機が迫るにつれて熱はさらに深くまで伝わり、深海層の海水の温度上昇はますます加速する。南太平洋の水深四〇〇〇メートルを超える深さの冷たい水は、二〇一〇年代には一九九〇年代の二倍の速さで暖まった[154]。

暖かい水は密度の高い沈降流に乗って深海へ移動する。沈降流は地球規模で起きる水循環の一部で、生命を維持するために気候を穏やかに保つ役割を担い、この循環があるおかげで地球上の生き物が生活できる。地球の腹まわりにあたる赤道は太陽にいちばん近い位置にあり、もっとも強い太陽光が降り注ぐ。もし海の水が動かなかったら赤道部はどんどん暑くなり、極地は冷え続けただろう。しかし実際は、赤道で受け取った熱は海の表層部に吸収され、その表層部は常に水平移動して熱を北へ南へと送り届ける。

海洋大循環として知られるこのような循環は、海面を波立たせて水を動かす風の力と、塩分濃度の高い冷たい水が深海に沈み込む動きによって引き起こされる。北極海で海面が結氷するときには、水が氷の結晶になるときに塩分のほとんどが結晶せずに海水中に取り残されるので、付近の海水は塩分濃度が高くなる。塩分濃度が高い海水は水温が低くなり、その時失われる熱は極地の大気へと放出される。そうしてできた密度の高い水は数千メートル沈み、地球表面にいくつもの輪を描きながらゆっくり流れる深層流の起点になる。[*2]

海面下の水の流れは深い海底を這うように移動しながらグリーンランドの脇を通ってラブラドル海に注ぎ、そこでさらに冷たくて密度の高い水と合流したあと大西洋の中央を南下して、はるばる南極大陸に到達する。南極まで来ると、表層から沈んでくる地球上でいちばん冷たくて密度が高い別の水塊――南極底層水[*3]と呼ばれる――と合流してさらに勢いを増し、そのあと、おもだった大洋の深海に流れこむ。

深海の大循環はさらに続く。一部は向きを変えて大西洋やインド洋西部に入り、別の一部は南極海を回りながらニュージーランドの南側を通って北へ方角を変えて太平洋に向かう。枝分かれした海流はやがて赤道に近づくと暖められて上昇し、東南アジアを抜けてインド洋を横切る周回経路に合流する。そのあと大西洋を北上し、カリブ海から北米大陸東岸を北上する大循環の一部であるメキシコ湾流に合流する。この大まかな経路をたどるあいだに暖まった水は熱を大気に放出するので、西ヨーロッパに比較的温暖な気候をもたらす。だからポルトガルの冬は米国ニューヨーク州より暖かく、フランスもカナダのノバスコシア州より暖かい。

＊2――この大循環を水分子一個が周回するのに、平均して一〇〇〇年かかる。

＊3――南極底層水は、東南極のロス海、ウェッデル海、アデリー海岸、ダーンリー岬で生まれることがわかっていて（潜水するゾウアザラシに取りつけたセンサーで集めた情報）、水温はマイナス一℃だが、塩分濃度が高いので凍結しない。

海洋大循環は、数多くの重要な要因によって作動するが——海氷の形成や地球の自転といった要因のことで、自転によって北半球と南半球では海流は逆方向に曲がる——、もし海がどこも浅ければ、密度のちがいによって海水が深く沈むことはなくなり、水が深みに引きずりこまれることで実現する表層水の交換もなくなり、地球の海の流れは徐々に止まってしまうだろう。今のところ海は、数十年、数百年かけて絶え間なく息を吸ってはゆっくりと吐き出すという深呼吸をしている。こうすることで海水をかきまぜ、まぜながら温度調節をしているだけでなく、栄養塩、酸素、炭素を海洋全体に行きわたらせている。

しかし過去数十年のあいだに、この循環の一部が地球温暖化のせいで動かなくなり始めていることを示す兆候が見られる。南極周辺では海氷と陸地から迫り出す氷棚(ひょうほう)などの状態の変化が複雑に絡まり合って、海底の水が一九九〇年度以降は目に見えて暖かくなり、塩分濃度や密度が下がってきた[155]。北大西洋ではグリーンランドで氷帽が融けるなどして海に流れこむ淡水が増え、これが深海へ沈んでいく海水の塩分濃度を下げ、海水の密度も下げ、地球規模の海洋大循環を駆動する底力を弱めている。その結果、通常は大西洋を横切って北へ向かう赤道域の流れが二〇世紀の半ばから一五パーセント遅くなった。これから一〇〇年のあいだに大循環のこの部分が六分の一の確率で一時的に止まる可能性があり、そうするとヨーロッパ全体が厳しく冷えこむ[156]。大西洋の循環は以前にもかなり弱まったことがある[157]。最終氷期の終わりごろに膨大な量の大陸氷河が融けた時期で、また同じことが起きる可能性は高い。さらに心配なことに、大西洋の循環の崩壊は地球の気候を不可逆的な破局に導く転換点のひとつになり得る。だから深海を流れる海水に起きる事態はきわめて重要であることに疑問の余地はない。

マリンスノーと炭素固定

多くの海岸では、特に大陸の東側の海岸では、水を沖方向へ動かすように風が吹き、それを補うように深海から海水が上昇する。このような湧昇水は、水に溶けている栄養分を深海から光の当たる浅海へと絶え間なく運び、生態系に食物を供給する植物プランクトンの大繁殖を促す[158]。光合成をする微小な植物プランクトンは、陸上の植物と同じように必須の栄養素や化合物が豊富にあるときにいちばん成長が早い。湧昇水がなければ、植物プランクトンが多い海の表層では栄養物質が不足する。地球上でもっとも豊かで漁獲量も多い沿岸生態系は、多量の湧昇水が見られる海域にある。世界の海産物の二〇パーセントは湧昇水をともなう四カ所の海域から得られる。北米大陸の西側のカリフォルニア海流、南米大陸の太平洋岸のフンボルト海流、アフリカ大陸西岸沖のカナリア海流、アフリカ大陸の西南部沖のベンゲラ海流が通る海域だ。四つの海域を合わせた面積は全海域の一パーセントにしかならないのに、北米やヨーロッパで好まれて食卓にのぼる魚介類の多くがこの海域で獲れる。アフリカ海岸沖の大西洋東部で捕獲されてツナ缶になるマグロや、擂(す)り身にして養殖サケや養殖エビの餌になるカタクチイワシは、どちらも深海由来の栄養分で育つ。

深海から上昇する栄養分とは逆方向の炭素の流れもあるのだが、それはそれで、地球のほかの生き物の世界に重要な影響をおよぼす。植物プランクトンは二酸化炭素を炭水化物に変換するのに太陽エネルギーを利用する。そうしてできた有機物に含まれる炭素の一部は、植物食の動物プランクトンに食べられると、呼吸によって二酸化炭素として排出されてすぐに大気中へもどる。しかし海洋にとどまる炭素もある。食べられずにすんだ植物プランクトンは、死ぬと沈んでマリンスノー粒子になる。死んだ動物プランクトン、その糞、廃棄されたオタマボヤの泡巣(あわす)、そのほかいろいろな生き物の残骸もマリンスノーになる。マリンスノーの猛吹雪は沈むにつれて、剛(こわ)クラゲからコウモリダコにいたる雪を捕らえるさまざまな動物の餌になる。深海層の深みに到達した粒子はそこから抜け出せなくなり、深海の食物網内で受けわたしされるか、海底に沈んで有機物に富んだ堆積物層を形成する。この深海層に落ちこんだ炭素は数千年ものあいだ深海に姿を隠し、大気とは遠く隔てられた世界にとめおかれる。

深海でのマリンスノーの降雪——正式には生物学的炭素固定——の程度は場所や時季によって変わる。北大西洋では海が暖かくなると植物プランクトンの春の大発生が起き、炭素降雪量は季節的に大きな増減を繰り返す。海山(かいざん)や深海海丘では積雪も見られる。[159] 降雪があると海底谷が漏斗(じょうご)のような役割をしてマリンスノーが集められる。[160] 生きていくのに必要な栄養分である鉄分が足りないために通常はプランクトン砂漠と見なされている南極海の片隅で、二〇一四年と二〇一五年に植物プランクトンが大発生しているのが二回見つかった（海洋の鉄分は、大陸棚や、陸地の塵を舞い上げた大気からおもに供給される）。[161] そこの水質を調べたところ、近くにある深海の熱水噴出孔から鉄分が湧き出していることが明らかになり、熱水噴出が海底の炭素固定の増大に一役買っていることがはじめて明らかになった。*4 灼熱の噴出液によって地球内部のマントルに含まれる鉄分が海底へ吐き出され、それが表層へ運ばれてプランクトンの大発生が起きると、大量のマリンスノーが深海に降り注ぎ、炭素貯蔵量が増える。

マッコウクジラも、深い海から鉄分を運び上げて表層水の栄養を高めるという、よく似た役割を果たす。どのクジラも中深層と漸深層に潜水しているあいだは必要のない体の機能を停止させ、食べたものは消化せず、排泄は海面でしか行なわない。しかし息継ぎに浮上したときには消化管を空にするために、滑らかで液状の鉄分に富んだ糞をし、この糞は水に浮く。植物プランクトンには、これがまたとない栄養分になる。このように南極海周辺のマッコウクジラは毎年およそ五〇トンの鉄分を深海から運び上げ、植物プランクトンの大発生を引き起こしている。[162]その結果、大気中から炭素が年におよそ四〇万トン取り除かれ、これはマッコウクジラが呼吸で排出する二酸化炭素量を上まわるので、一連の営み全体でみると炭素固定が進む。しかし、そのような営みの規模は、かつてよりかなり縮小した。商業捕鯨が始まる前に南極海にたくさんいたマッコウクジラが養っていた植物プランクトンは、大気から毎年二〇〇万トンの炭素を十分取り除けるほど多かった。二〇〇万トンといえば、米国ワシントンＤＣの街が一年に排出する二酸化炭素量に匹敵する。

雪のようなマリンスノー粒子が沈降することで地球全体の深海にどれくらいの炭素が集められるかを正確に計算しようとすると、面積、季節変動量、そのほかさまざまな複雑な要因が絡んでくるので大変な作業になる。[163]そのようにして得られた炭素の推定量は年におよそ五〇億〜一五〇億トンで、値には大きな幅がある。

重力で沈むマリンスノー粒子に含まれる炭素以外にも、海面と深海を行き来する大規模な回遊が毎日起きていることで炭素は活発に深海域に取りこまれている。毎日、太陽が地球を回りこんで日が暮れると、膨大な数の水中の生き物が海面方向に雪崩（なだれ）をうって移動する。数十億匹という動物プランクトン、魚、オキアミ、イカ、クラゲが、暗くなって安全度が増した浅い海域へと餌を食べに浮上するのだ。日

＊4——解明時に指標として使われた物質は、地球のマントル由来の特殊な同位体組成を有する原初のヘリウムで、熱水流体に混入して海底に吐き出された。

が昇るとまた深い海域にもどり、上層で食べた炭素源を消化・排泄して水中へ放出する。このいわば粒子注入型炭素固定[164]についてはまだ十分に解明されていないが、重力で沈降するマリンスノー粒子と同じくらいの炭素固定をしているかもしれない。

海洋生態系が地球規模の気候変動の基盤を築いていることがますます明らかになりつつある。人間が排出する二酸化炭素は、総量の三分の一が海に吸収され[165]、想像もできないような急速な気候変動による破局に地球が陥るのを防いでいる。将来どうなるかは、深海で何が起きるかにかかっているだろう。マリンスノーの沈降量に小さな変化が起きると、海の炭素固定の状態が大きく変化するかもしれず、それにともなって大気の二酸化炭素濃度も大きく変化する。生物学的炭素固定が最大でどれくらいの規模なのか、解明は今も進む[166]。ウッズホール海洋研究所の研究者たちは、生物学的固定の効率がたいへん低く見積もられていたことを二〇二〇年に見出した。これまでの気候モデルは、光合成を行なうのに十分な太陽光が届く水深（一五〇メートル）が変化しないと想定して構築されてきた。しかし、植物プランクトンが実際にどこで生育するかを示すクロロフィル量についての膨大な観測データを見ると、太陽光が透過する水深は、場所によって、そして季節によって、大きくちがうとわかった。太陽光を利用できる水深のばらつきが大きいことを勘案すると、これまでの推定の二倍量の炭素が毎年海に沈んで固定されているとの計算結果をウッズホールの研究チームは発表した。これは、生物学的炭素固定がこれまで考えられてきた以上に力強く働いていて、地球の気候にとってきわめて重要であることを示している。

深海について、そして深海がもたらすものすべてについての理解を深めるためには、生命が生まれた四〇億年前ごろまで遡る必要がある。最近支持を集めている説によれば、生き物の細胞は、深い海で、それも熱水噴出孔で、最初に出現した[167]。この説は、一九九〇年代の初めに米国航空宇宙局（ＮＡＳＡ）の化学者だったマイケル・ラッセルがはじめて提唱した。ラッセルは、熱水噴出孔の内壁にある微小な孔が生きた細胞の鋳型になり、生命の発端となる反応が起きるのに必要な条件を生み出したと考えた。もしそうなら、生命の兆候が最初に生まれるときに、加熱しすぎてすぐに太古のスープになってしまわないよう、噴出孔の温度は相応に低くなければならない。そして二〇〇〇年にラッセルの理論にぴったり当てはまる温度の低い噴出孔が見つかった。

大西洋中央海嶺から数キロメートル離れたアゾレス諸島の南にあるアトランティス山塊という大きな海山を調べに行った科学者たちは、海底の岩のなかで起きた化学反応によって、彫刻を施した白い炭酸塩の尖塔のような構造物が形成され、森のように林立しているのを発見した[168]。いちばん大きなものは直径が三〇メートル、高さが六〇メートルあった。そのホワイトスモーカーは「失われた街」と名づけられ、世界中で知られる熱水噴出域のなかでいちばん古く、少なくともここ一二万年ほどはずっと活動し続けていると考えられる[169]。このようなものは、はるか昔の若い地球が中心部から今より激しく放射能を出していたときには、もっとふつうに見られただろう。海があったからこそ熱水噴出孔ができ、最初の生きた細胞が組み立てられる舞台が整えられた[170]。

科学者たちは、熱水噴出孔の営みから遠く離れた研究室で、太古の深い海を再現して生命がどのように生まれたのか見出そうとしている。米国カリフォルニア州にあるＮＡＳＡのジェット推進研究所では、ローリー・バージとエリカ・フローレスがミニチュアの熱水噴出孔を高さ数センチメートルに成長させ、うまくアミノ酸を生成することができた。[171] 次の段階としては、これらの小さな分子をチムニーにためて、ペプチドやさらにはタンパク質へとつながるかどうかを調べることになるだろう。

二〇一九年にはユニバーシティ・カレッジ・ロンドン大学で大きな進展があった。熱水噴出孔に似せてつくった反応炉の内部で簡単な原始細胞が自然発生したのだ。[172] その時は脂肪酸と脂肪族アルコールの混合物から、膜に包まれた液滴の原始細胞ができた。それまでの研究では同じような原始細胞ができても、塩化ナトリウムが低濃度でも存在すれば原始細胞は崩壊してしまった。塩気のある海で生命の起源を追うのは時代遅れだと言い出す研究者さえ現われ始めていた。[173] しかしユニバーシティ・カレッジ・ロンドン大学の研究者たちは、適切な配合の混合液を使えば、熱して塩分を増やしたほうがこうした単純な細胞が形成されやすいことや、さらに安定することを示し、熱水噴出孔が生命を生み出したとする理論にしっかりと息吹を吹きこんだ。

二〇一七年には、カナダ北部の大陸プレートに保存された原始地球の海底地殻の貴重な化石の断片から、この理論を支持する別の一連の科学的根拠が見つかって注目を集めた。人間の毛髪の半分ほどの太さで鉄分を豊富に含むヘマタイト（赤鉄鉱）という鉱物からできた微小な管や繊維の化石が見つかったのだ。[174] 枝分かれの特徴が熱水噴出孔に現生する微生物と同じで、太古の熱水噴出孔で生育したことを物語る。これらの微小な構造物が刻まれていた岩は少なくとも一七億七〇〇〇万年前にできた。今のところ世界でいちばん古い化石であり、もっとも初期の生物細胞の死骸でもある。[*5] その分野の専門家のなかには、その化石が四二億八〇〇〇万年前のものであってもおかしくないと考える者たちもいる。

地球の生命は気が遠くなるほど遠い昔に生まれたので、どのように生まれたのか正確に知ることは決してできないだろう。過去の出来事を再構築して、生物が自ら複製をつくったという生命の証（あか）しを探すために、これからも手がかりが見つかり、研究が進む。そしてその探索や研究は、地球上だけでなく宇宙のほかの場所へと広がっている。土星の月のエンケラドスや、木星の月のエウロパの氷の地殻の下にも熱水噴出孔があることがわかっていて、火星の太古の海にもおそらくあったと考えられる。それらの惑星でも生きた細胞が誕生したという興味をそそる可能性を示している。

深海も、原始の細胞が最初に出現して地球のほかの生命のもとになったあと、何が起きたかを知るための手がかりをくれる。誕生のあと二〇億年のあいだは、バクテリアと古細菌という単純な構造の単細胞生物しかいなかった。生命の進化における次の独創的な飛躍――真核生物という細胞複合体の勢力拡大――も深海で起きた可能性がある。人間は真核生物で、ほかの動物、植物、藻類、菌類もみな真核生物で、細胞のなかにエネルギーを生み出すミトコンドリアや、ＤＮＡを格納する核といった細胞内小器官を持つ。真核生物は、ある微生物が別の微生物を細胞内に取りこんで生まれたと考えられている。細胞内小器官は、別の微生物を飲みこんだことによってできたのかもしれない。しかしそれがどのように起きたのか正確なところは、長いあいだ、生命についての大きな謎のひとつだった。

二〇一九年に日本の科学者たちは、初期の真核生物にいちばん近縁の奇妙な微生物を繁殖させる実験に成功したと発表した[175]。その一〇年以上前に、潜水艇「しんかい６５００」で海に潜った科学者たちは、海に漏れ出た重油を食べてきれいにするのを手助けする微生物を見つけようと、水深二キロメートルの海底の泥を採集した。それを研究室へ持ち帰って調べたところ、アスガルド古細菌として知られる珍しいタイプの細胞がわずかに含まれていた。細胞には微生物と真核生物の遺伝子がまじり合って存在する

＊５――これらが発見されるまでは、いちばん古い化石はそれより三億年新しいものだった。

ようだった。この古細菌の存在は、やはり深い海で見つかったＤＮＡ断片だけから知られていた。アスガルド古細菌の細胞そのものが採集されたのははじめてで、研究チームはその細胞がゆっくりと増えるのを一〇年以上待ち続けた。大腸菌 *Escherichia coli* のようなおなじみの微生物は二〇分に一回分裂するのに対して、アスガルド古細菌の細胞は二個に分裂するのに二五日かかる。また、冷たくて酸素が少ない深い海を模した条件下では、ほかの微生物がまわりにいるときにしか生育しないという意味でも特殊だった。ゆっくりと分裂するアスガルド古細菌の細胞には長い付属器があり——混乱したタコのように見える——、その腕のような付属器でバクテリアを抱えるのを日本の研究チームは観察している。おそらく数十億年の昔、アスガルド古細菌のような細胞が、今回観察されたよりはるかに密接にほかの細胞と絡まり合い、細菌を完全に包みこんで最初の真核細胞が生まれたのだろう。最近は、現在の深い海に隠された過去の秘密を解き明かすために、ほかにもアスガルド古細菌がいないか探索が行なわれている。

深海の治療薬

一九八六年に、半トンの不定形の黒いイソカイメン *Halichondria* が日本の浅海から引き上げられた。その後、その抽出物には新しい抗がん剤の出現を約束する強力な化学物質が含まれていることがわかった[176]。また一九九五年には、別の鮮やかなキイロカイメン *Lissodendoryx* がニュージーランドのカイコウラ半島沖の深い水域で採集された。このカイメンからも同じ化学物質が見つかったが、含まれている濃度がはるかに高かった。さまざまながん細胞に対する高い毒性を示す物質として、そのころにはハリコンドリンBという名で研究者に知られるようになっていたが、これを〇・五グラム入手するのに一トン以上のカイメンが必要だった。この物質の分子に少し手を加えると、もう少し構造が単純だが効果は変わらないエリブリンという物質が得られた。

エリブリンは、発見されてから二五年近くたった二〇一〇年に、末期の転移性乳がんの化学療法に使われる薬剤として発売された。がんが体のほかの部位に広がった患者や化学療法をすでにいくつか試した患者に投与すると寿命を延ばせることが臨床試験で示された薬剤のうち、今でも利用できる唯一の薬剤である。この物質は、細胞分裂で染色体を二つに引き分けるのに決定的な役割を果たす微小管に結合し、がんの成長を止める。微小管の働きが妨げられると細胞は分裂できなくなり、がんの進行はすぐに止まる。

新しい薬剤になる物質を海で探したところ、これまでに海洋天然化合物と呼ばれる生理活性物質が三万種類くらい見つかった。どれにも何らかの有用な化学的特性がある。このなかで数百種類が前臨床試験の段階までこぎつけ、数十種類が患者を対象にした臨床試験の段階にあり、六種類は認可されて医薬品として販売されている。エリブリンはこの六種類のなかで、もっとも深い海に生息する生き物から得られた物質がもとになった。キイロカイメンの生息地はそれほど深くなく、水深一〇〇メートルにすぎない。しかし、とても深い海に生息する生物がつくる物質だからという理由で薬剤として不足する状況は、近々変わろうとしている。

人間は新しい治療法や薬剤を求めてこれまで長いあいだ自然界に目を向けてきたが、今は深海に注目するようになり、苦労のかいあって成果も出始めている。治療薬を求めて海の深みへと探索がおよぶにつれて、手つかずの新しい化学物質の宝庫が姿を現わしつつある。そして、なぜ深海が私たちすべての人間にとって重要なのかということについて、納得のいく理由が明らかになりつつある。

期待される深海のカイメンとサンゴ由来の新薬

アイルランドのゴールウェイにある海洋研究所は、「真のアイルランド地図（The Real Map of Ireland）」と呼ばれるものを作成した。陸上の国土の一〇倍の広さがある領海のしわだらけの海底地形を、海水がない状態で示したものだ。アイルランド島は、水深が三〇〇メートルもない浅くて広い大陸棚に載っている。国土の広がりが自然環境にもとづくので、広大な海底にある天然資源を探索するための領有権を主張できる。

島の西側の海底には、急峻な谷や峡谷に縁どられた岩だらけの長い断崖があり、ロッコール海底谷やポーキュパイン深海平原へと落ちこんでいる。ルイーズ・オールコックはここへ出かけていって、新しい薬をつくるヒントを探している。[177] 彼女の研究チームは、遠隔操作できる潜水艇をアイルランドの大陸棚沖の一〇〇〇〜二五〇〇メートルの深みへと送り出し、潜水艇のロボットのような腕と把握器で庭の草花の手入れをするように注意深くカイメンやサンゴの小さなかけらをちぎり取って生物標本を集めてきた。新しい研究技術を使えば、トン単位で生きた素材を採集する必要はもうない――そして大陸棚の縁には、こうした植物のような動物がいくらでもいる。

「ここほど種類が多いところは、ほかに見たことがない」と、ほかにもあちこちの深海を調べたことのある生物学者であるオールコックは言う。動物の森が繁茂する海山と同じように、大陸の縁が落ちこむ渓谷や断崖にも、足場としてうってつけの岩場がある。強い海流が食物の粒子を運んでくるので深海のサンゴやカイメンが定着し、数百年、数千年と生きる種類もいる。

オールコックはサンゴやカイメンを探している。これらの動物はほとんど動かず、科学者が容易に採集できるからだ。もっと重視するのは、捕食者に襲われても這ったり泳いだりして逃げることができないので、その結果として複雑な化学物質という武器を護身用に進化させ、ほかの生き物に食べられるのを防いでいるという点だ。このような二次代謝産物は細胞でつくられるが、成長に必須ではない。そのかわり、その生き物にとって次に重要な役割を担うよう進化した。それは人間にとって目新しい作用である場合が多い。

植物は一カ所に根を張るのでサンゴやカイメンと同じ境遇にあり、生理活性のある同じような副産物をよくつくる。紅茶のタンニン、タバコのニコチン、コーヒーのカフェインはすべて二次代謝産物で、菌類に感染するのを防いだり、食べようとする昆虫を追い払ったりするために進化した。

人類は植物がつくる物質が有する医学的な作用を数千年にわたって利用してきた。伝統的な薬草療法もあれば、コデイン、モルヒネ、アスピリン、乗り物酔い止めのスコポラミンなど、近代になってから植物成分からつくられた薬剤も多い。そして人間だけが植物の二次代謝産物を使うわけではない。ほかにも自分で植物を処方する動物はいる。たとえば、ハナジロハナグマは樹皮に毛皮を強くこすりつけてノミやダニを駆除する。アヌビスヒヒは、特定の果実や葉を食べて住血吸虫症（ビルハルツ住血吸虫症とも呼ばれ、この寄生虫によって引き起こされる病気）に対処するらしい。サンゴやカイメンはまだ薬の成分として広く認知されていないが、近代の薬剤として役立つ成分という観点からは、植物に追いつく日も近い。

海洋生物がつくる二次代謝産物は、陸上植物がつくる物質と比べるとがん細胞や病原体に対する効き目や毒性の強いものが多い。また、海洋の天然化合物には、陸上で生活するどんな生物がつくり出すものより化学的にはるかに新規性に富んだものがある。こうした生き物の二次代謝産物は、分子構造の形で作用が決まる。新しい形なら作用も新しい。海洋から得られる二次代謝産物は、ほかでは見られない複雑な構造を核にしている。このため、思いもよらぬ新薬を開発できる大きな可能性を秘める。圧倒的な水圧、低温、光が届かない、餌が少ないという極限の条件が組み合わさった特殊な環境で生き残るよう進化した深海の生物では、特にその傾向が強い。体の仕組みはどれも、細胞や代謝物質をつくり出す方法でさえも、ほかの生物とは大きくちがう。その結果、深海の生き物は効き目が強い独自の化学物質を数多く保有するようになった[178]。

これまでに見つかっている海洋の天然化合物のほとんどはサンゴとカイメン由来で、深海のサンゴとカイメンから新しい物質が見つかる確率は驚くほど高い。太平洋のグアム島周辺の中深層の調査では、サンゴとカイメンの七五パーセントが生物活性を示す物質を持っているとわかった[179]。

生き物を深海から引き上げると、微生物学者たちはそれをすり潰して抽出し、神経の変性を起こす病気やがんの進行を止められるかどうか、マラリアや結核を引き起こすような特定の病原体を殺せるかどうかを調べる。その生き物は化学物質の専門家にも手わたされ、見慣れない物質を分離して構造を決定する作業が始まる。将来性がいちばん見込める化合物を見つけ、それがこれまで知られていない新しい化合物かどうかを調べることが、薬剤開発の工程に乗せるか否かを決める第一段階になる。ここで選ばれた化合物は、効能をさらに増強するために、分子構造に少し手を加える。製薬会社は、物質が大量に合成できることがわかってはじめて関心を示すので、新薬の原材料が海の野生動物から直接抽出されるわけではない。

新薬に限らず、深い海からは生物活性を示す有用な物質が見つかる。世界中の研究者はｔａｑポリメラーゼという酵素を使っているが、これはもともと熱水噴出孔の微生物から分離された酵素で、ＤＮＡ断片の正確な複製を無数につくることができる。犯罪現場で使われるＤＮＡフィンガープリント法にはじまり、コロナ禍を引き起こしたウイルスの存否の確認まで、あらゆる遺伝子検査の重要な手順のひとつに使われる。

深海で見つかる化合物の多くは、人の命を守る将来の薬剤の土台になる物質として、すでに大きな可能性を示している[180]。太平洋ニューカレドニア島沖にある深い海山から採集されたミズガメカイメン

Xestospongia には、もっとも危険度の高いマラリア原虫 *Plasmodium falciparum* などマラリア症を引き起こす寄生虫の駆除に有効な成分が含まれる。カリブ海に浮かぶキュラソー島沖の水深三五〇メートルの海底で採集された、灰色の拳（こぶし）を突き上げたような形をしている微小なウミユリの一種には、多剤耐性を示す卵巣がんの細胞増殖を抑える化合物と、それとは別に白血病細胞の増殖を抑える化合物が含まれる。南極のロス海で見つかったマンジュウボヤ *Aplidium* と呼ばれるホヤは、抗白血病作用、抗炎症作用、抗ウイルス作用を示す化合物をつくる。大西洋中央海嶺の熱水噴出孔で化学合成をしながら生活するイガイ類の体内からは、抗がん剤として有望な物質が見つかっている。南シナ海の海底の泥のなかに生息している菌類は、ヒト免疫不全ウイルス（ＨＩＶ）の要（かなめ）となる酵素の作用を抑える物質をつくる。生息する深度がいちばん深い生物の例としては、マリアナ海溝の一万九〇〇〇メートルの深みで見つかったデルマコッカス・アビシー *Dermacoccus abyssi* というバクテリアの新しい系統が挙げられ、がん細胞を殺すさまざまな化合物を含んでいる。

深い海には、特に開発が急がれている薬のグループについてのヒントもたくさんある。今、世界中の人が新しいタイプの抗生物質をすぐにでも必要としている。

薬剤耐性のあるイルカ

ある晴れた九月の朝のことだった。フランスに滞在するときには毎日海へ出かけるよう心がけているので、その日も海へ行った。そしてこの日は、砂浜で目慣れないものを見かけた。砂浜の満潮線の近くに金属製の柵が五つ置かれ、それぞれのあいだに黄色と赤の縞模様のテープが張られて、フランス語で

「衛生上の理由で立ち入り禁止（病原性細菌）」と書かれた看板が立っていた。

柵の向こうには、明らかに病原性だとわかるものが何か置いてあるわけではなく、砂地にいくつか小さな窪みがあるのみで、誰かが大きなスコップで穴を掘っただけのように見えた。テープには「手を触れるな」と繰り返し印刷されていたが、私が触ってはならないはずのものは、すでにそこになかった。

腐敗が進む大きなクジラが湾のなかへと漂流し、潮が引くと砂浜に打ち上げられたということだった。そのクジラはその日の午前中に油脂加工（脂の採取）のために当局が移動させた。

「病原性細菌」と書かれていたことが気になりながら私は砂浜をあとにした。生きたクジラは潮を吹くときにバクテリアも一緒に吹き出すので、あまり近づかないほうがよいし、クジラの死骸なら内部はすぐに微生物が繁殖して液状になることも想像できた。その時たまたま私は足に小さな切り傷があったので、もし死んだクジラが横たわっていた砂の上を歩いたら――死骸を踏んだりでもしたら――、たちの悪いバクテリアに感染しなかったともかぎらない。しかしそれにしても、動物の死骸が短時間漂着しただけで近隣の人の安全を考えて砂浜が立ち入り禁止になったと知り、心穏やかではなかった。

その次の週、私のぼんやりとした心配が現実のものになる研究がニュースで報道された。大西洋の向こう岸にある米国フロリダ州の暖かいインディアンリバー礁湖（ラグーン）で、野生のハンドウイルカが複数の薬剤耐性のある病原菌に感染していることがわかったという内容だった[181]――その耐性は長い年月の間に強まっていて、病院で起きていることとそっくりだった。二〇〇三年から二〇一五年の期間にイルカの潮吹き穴、胃、糞から採取・分離されたバクテリアは、人の現代医療でふつうに使われるさまざまな抗生物質に対する耐性が倍近く強くなっていた。人間の生活排水を薄めたなかで泳ぎながら生活するイルカやほかの海洋動物が、薬剤耐性のあるバクテリアにますます曝（さら）されるようになってきたことを示す数少ない研究のひとつだった。[*6] 抗生物質耐性がある微生物は大幅に増加している。微量の薬剤が消化されずに人間の体を通過して下水や水路に流れこんだり、家畜の成長を早めるためや劣悪な環境でも寿命を延ばすために絶え間なく大量に投与されたりして、多量の抗生物質が自然環境に流出するからだ。

通常の抗生物質は、感染症を引き起こすバクテリアを殺す作用があるが、必ずしも問題の微生物を一〇〇パーセント殺すわけではない。ほかより丈夫な系統は生き残って増え、特に、抗生物質が確実に効いて競合するバクテリアがいなくなった場合には大いに繁殖する。こうした耐性を持つようになった系統は、ゆくゆく多剤耐性菌を生むこともある。多剤耐性菌とは、一種類あるいは複数の主だった抗生物質に対する耐性を獲得したバクテリアで、治療するのが難しい感染症を引き起こす。

抗生物質耐性は決して目新しいものではない。第一次世界大戦に若い兵士として従軍していたアーネスト・ケーブルは、一九一五年に、すでにペニシリン耐性を持っていたフレキシネル赤痢菌の一系統 *Shigella flexneri* が引き起こした赤痢で死亡した[(182)]——これは、アレクサンダー・フレミングが世界で最初の抗生物質を発見する一〇年以上前のことだった。たとえエリスロマイシン（一九四九年に発見された抗生物質）を注射しても、その赤痢菌はエリスロマイシンにも耐性を持っていたので、ケーブルは助からなかっただろう。もっと遡ると、一〇〇〇年が経過しているインカ帝国のミイラには腸内細菌が体内に保存されて残っていて、このバクテリアは抗生物質に耐性を示す遺伝子を持っていた。[(183)] そして、かつて毛むくじゃらのマンモスが歩きまわっていた三万年前の凍りついたツンドラの土壌からも、薬剤耐性の遺伝子を持つバクテリアが採取されている。[(184)]

現在使われている抗生物質のほとんどは、自然界で見つかるバクテリア自身や目に見えないほど小さな菌類がつくる毒素に由来することを考えると、現代の薬が使われる前から抗生物質の耐性があったという事実はそれほど驚くことではないはずだ。ペニシリウム・クリソゲナム *Penicillium chrysogenum* は青カビを形成する菌類で、フレミングが洗い物のペトリ皿に生えているのを最初に見つけた。

微生物は、生き残るため、そして生活する足場や食料源を奪い合うために、常に化学戦争をしている。相手の死を招く二次代謝産物をつくって互いに殺し合っているのだ。抗生物質は、人間が利用し始める数十億年前にすでに自然界に存在した。だから微生物は、近隣にいる微生物の化学物質の攻撃に打ち勝つために、絶え間なく対抗策を進化させている。かくして抗生物質をつくるための微生物の遺伝子が進化し、続いてすぐに、その抗生物質に対抗するための遺伝子が進化する。片方が武器を進化させると相手がその効力を打ち消したり妨害したりする新しい方法で対抗するというせめぎ合いである。耐性の情報が書きこまれた遺伝子は、プラスミドと呼ばれる輪になった小さなＤＮＡ断片に乗って別のバクテリアの細胞に飛び移ることもでき、だから広まるのも早い。そして攻撃相手の耐性が強まると、新しい毒素を進化させて新たな攻撃をしかける。こうして、耐性と毒性を進化させる過程が延々と繰り返される。

多剤耐性菌は、このような自然界の営みの進化のスピードが現代医学と農業によって大幅に加速された結果生まれた。抗生物質は実験室でつくられ、自然界が処方してきた量よりはるかに多量に人間や家畜に投与される。バクテリアに微生物自身がつくる薬剤を多量に投与することで、かつてはまれな突然

＊6――このような薬剤耐性バクテリアの一部は海洋哺乳類にも感染症を引き起こすことが知られている。しかし、病気のイルカを獣医が治療しようとしても病気に効く薬を見つけられないような状況が生まれたときにしか問題にならないだろう。

変異でしか獲得できなかったバクテリアの耐性が急速に広まるような状況を人間がつくりだしている。最近の例としてはコリスチンが挙げられる。これは一九五〇年代から使われてきた抗生物質で、腎障害を引き起こすという理由で人にはそれほど頻繁には使われない。しかし家畜の成長促進剤として広く利用されてきた。二〇一五年には中国で豚がコリスチンに耐性を示すｍｃｒ－１と呼ばれる遺伝子を保有するバクテリアに感染していることがわかった。一年半もたたないうちに、このｍｃｒ－１遺伝子はバクテリアを飛び移りながら増え、五大陸すべてで見られるようになった。農場の家畜が一〇〇パーセント感染している地域もある。コリスチン耐性のバクテリアが人で見つかる例も増えている[185]。このような嫌な副次的な効果があるにもかかわらず、治りにくい感染症を治療する最後の手段として今でもコリスチンが抗生物質として使われる。しかしｍｃｒ－１遺伝子の広まりとともに、すぐに無用の長物になるだろう。

抗生物質に対する耐性の増加は世界的な傾向になっていて、健全な人類の将来にとってもっとも大きな脅威のひとつになると広く考えられている。人間が今手にしている薬剤――バンコマイシン、メチシリン、ペニシリン――は、かつてほどの効き目がなくなり、そのかわりとなる新しい抗生物質が求められている。新しいものが見つからなければ、ありふれた手術でも命にかかわるような事態になるかもしれない。二〇五〇年までには、薬剤耐性菌による感染症で少なくとも年に一〇〇〇万人の死者が出ると予測されている[186]。

今、多剤耐性菌が増えている理由のひとつは、新しい系列の抗生物質がここ三〇年のあいだ現われていないためでもある。同じ系列の抗生物質は作用の仕方が共通していて、よく似たやり方でバクテリアを殺す。たとえばペニシリンを含むベータラクタム系の薬剤は、バクテリアの細胞壁内に架橋となる構造物が正常に形成されるのを阻み、細胞壁の強度を弱めることで細胞の破裂を引き起こす。テトラサイクリンはバクテリアのタンパク質合成を阻害し、繁殖や成長をとめる。キノロンはバクテリアがＤＮＡを複製するのを妨げる。

現在利用できる抗生物質のほとんどは、すでに利用されている物質の構造を少し変えてつくられる。標的になるバクテリアの細胞部位は同じなので、バクテリアの側も、以前にも増してうまく対抗するようになる。そのような事態になるのを避け、バクテリアがまだ耐性を持たない抗生物質を生み出すには、菌を殺すためのまったく新しい仕組みを見つける必要がある。別の分子を標的にして細胞壁に穴を開けたり、要となる酵素の働きを何らかの方法で妨げたりして穴を開けるような毒素でもよいかもしれない。これまで誰も考えてもみなかった仕組みであれば申し分ない。そういった革新的な手法を探す過程で、科学者たちは深海のサンゴやカイメンのなかに生息するバクテリアに目を向け始めた。究極の目標は、バクテリアが生成する化学物質でバクテリア同士が通常とは異なるやり方で殺し合うようなものを見つけることである。

黄色ブドウ球菌を殺す微生物を発見

ケリー・ハウエルはイギリス南部の海岸沿いにあるプリマス大学の深海生物学者で、サンゴとカイメンの生態系や、それらのなかに生息する微生物の研究を専門にしている[187]。生産的な活動を何もしない微生物もいれば、サンゴやカイメンにいろいろ恩恵をもたらす共生微生物もいる。こうした微生物は熱水噴出孔にいる微生物のように化学合成をするとは考えられていないが、ホネクイハナムシのなかにいるバクテリアのように、宿主のサンゴやカイメンが必要とする食料や必須の栄養を手に入れるのを手助けしているものもいるかもしれない。

やはりプリマス大学に所属するマット・アプトンは、ハウエルが調べたカイメンやサンゴを分析している。[188] サンプルをドロドロになるまで細かく砕いてシャーレに撒き、培養して何が生えてくるか観察する。もし増殖する微生物のコロニーが出現すれば、アプトンの研究チームはその微生物を拾い上げて、単一の系統として培養する。このように単離できれば、ほかのどのような微生物を殺すのか調べることができる。

大事なのは、そうした微生物が毒性のある化合物をつくり始めるよう仕向けることだ――バクテリアは必要なときしか化学防御のスイッチを入れないので、人間が望む物質をいつも必ずつくっているとはかぎらない。抗生物質をつくる遺伝子のスイッチが入ることがわかっている物質に浸け、化学物質の刺激を与えるのも手法のひとつになる。実験室で微生物を培養する条件はきわめて人為的なので、せいぜい二、三種類の化合物しかつくらせることができない。「探しているのは、できてくるもののほんの一部だということを念頭におかなければいけない」とアプトンは言う。こうしたバクテリアにとって居心地のよい環境を用意しようとしても、プリマス大学の研究室の環境は深海とはかけ離れている。

そこでアプトンは別の戦略もとる。毒素そのものを探すのではなく、毒素を生成する遺伝子の情報を探す。バクテリアのＤＮＡ配列を明らかにすれば、抗生物質の生成にかかわる遺伝子群を二〇か三〇くらい見つけられてもおかしくない。この手法なら、毒素生産のスイッチが入るかどうかにかかわりなく、バクテリアがつくることのできる化合物を特定できる可能性がある。

この手法は、深い海に生息する高圧耐性のある各種バクテリアでのみうまくいく――そうしたバクテリアは深海の高い水圧に耐えられるだけでなく、実験室でも問題なく育つ。深海の圧倒的な水圧がある環境でなければうまく成長できないような、常に高圧嗜好のバクテリアは、高圧環境に非常によく適応しているため海面では生きていけず、扱いにはもっと工夫がいる。[189] そのような微生物を研究するために、圧力をかけられるサンプル採取容器と、実験室で使える装置が開発されている。日本の海洋研究開発機構の研究者たちは、特に好みのうるさい一部の微生物が必要とする生育条件を満たすために、人工の熱水噴出孔までつくった。これらの微生物は、そこが数キロメートルの深さの海中の、毒性が強くて熱い、高い水圧がかかる熱水噴出孔であるという確信が持てなければ増殖しようとしない。しかし実験室でいったん増殖しさえすれば、このような極限を好む生き物の体がどのように機能しているのか、生育する条件が満たされたときにどのような独自の化学物質が作用し始めるのかを調べ始めることができる。

プリマス大学の研究チームは、大発見と呼んでもよい成果をすでに出している。深海の六放海綿から得られた微生物のなかから、いちばんありふれた多剤耐性菌であるメチシリン耐性黄色ブドウ球菌（MRSA）を殺すことのできる菌株を見つけたのだ。[190] ここで決定的な意味を持ち、解明が難しいのは、その菌から分離した化合物が新しいタイプの抗生物質なのか、それとも、すでに知られている抗生物質と同じ働き方をするものなのかという点になる。

深い海で発見された化合物の開発が進められて、薬剤として供給されるという流れに乗るまでには時間がかかる——一〇年くらいか、もっとかかる。それらが新薬として登場する保証は何もない。そして、たとえ深海の抗生物質のなかにやっと脚光を浴びるものが実際に登場しても、すぐには販売されないかもしれない。製薬会社は、新しい抗生物質を大急ぎで大量生産して、効能がまたあっという間になくなる危険を冒すよりは、医薬品戦争を戦うための懐刀(ふところがたな)として大切にしまっておくということもし始めている。[191] できるだけたくさん薬剤として売り上げて利益を得るのではなく、本当に必要になるまで新薬を公開しないでおいて、一〇億ドル〔一一〇〇億円〕単位の発見手数料を手にしようとするかもしれない。

命を救える物質を見つけられる可能性があれば、深海に生息する生物や深海の生態系が傷つけられないように守ろうという気運は長続きするだろう。今後、深海の探索が盛んになるにつれて、どれほどたくさんの新しい生物や微生物が発見されるのか誰にもわからない。予測できない将来の問題を解決するために、新しい世代のこれからの科学者が海の深みで化学物質を探す新しい手法を開拓してこそ、強力な作用を持つ物質が無数に見つかる。これだけの理由があれば、深い海に生息する生き物が死に絶えないようにし、深海の生態系を傷つけずに健全な状態を維持するために、私たちは力のかぎりをつくせる。

第3部 深海底ビジネスの光と影

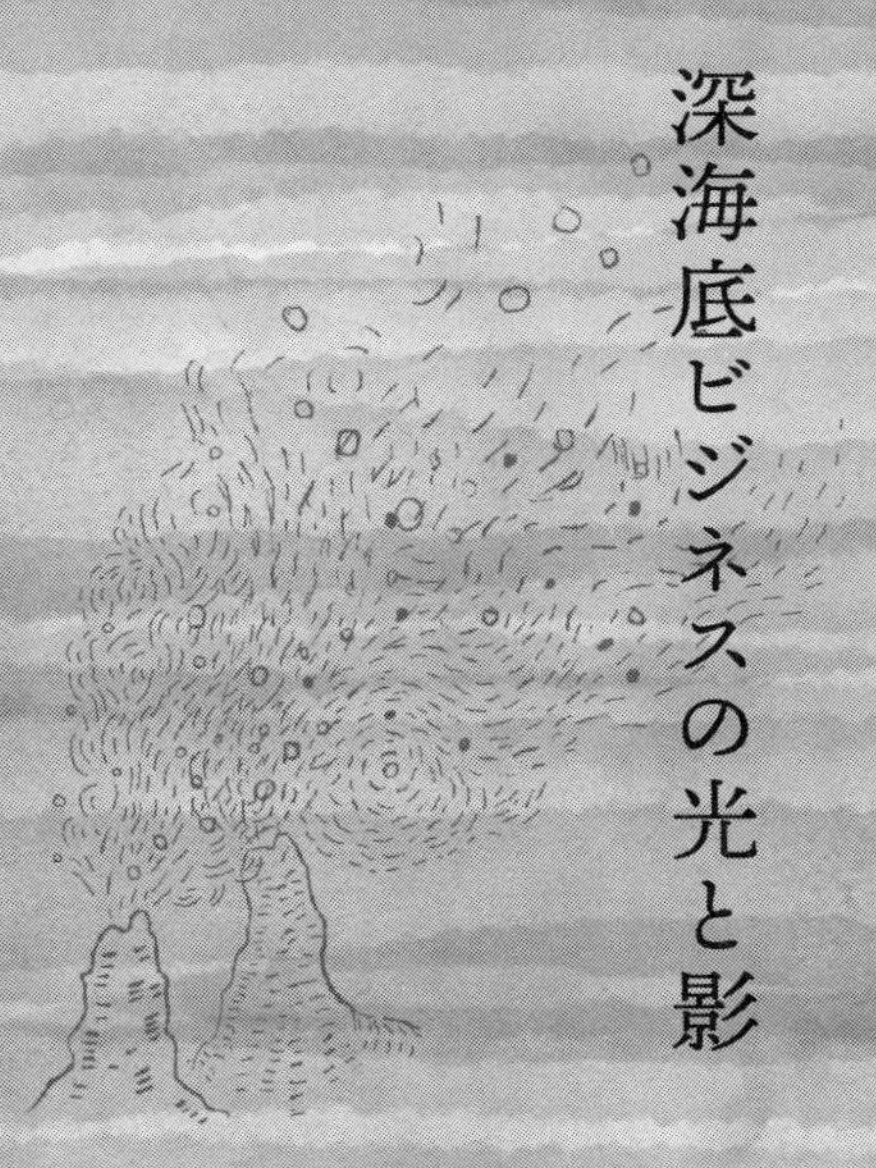

深海漁業

改名された深海魚、オレンジラフィー

海の底には、海底にしかいないレンガ色の魚が生息していて、人間が食用にする気になるようにと英名が改められた。「ねばねば頭」という名の魚をいったい誰が食べたいと思うだろう。海の深みの暗闇での生活には、そのねばねばの頭が周囲の様子を調べるのにすばらしい働きを発揮することは、この際どうでもよい。皮膚の管のなかを流れたり体表の孔から染み出したりする粘液は、出会いたくない捕食者や食べる餌動物がたてる水中の振動や波動を感じ取る媒体として申し分ない。「ねばねば頭」の大きな丸い頭には巨大な寂しげな表情をした目がついていて、口の両端は下がり――悲しそうなしかめっ面に見える――、体は大きな鱗（うろこ）に覆われている。人が目にするときには死んでいることが多く、体はオレンジ色に変色している。だから、「ねばねば頭」のかわりにオレンジラフィーと呼ばれるようになった。[*1]

オレンジラフィーの逸話は山ほどある。[192] 最初に産卵するまでにかかる年数は二〇～四〇年。寿命は二

五〇年で（運がよかったとき）、これは耳石（耳骨）に刻まれた層の数を樹木の年輪のように数えてわかった。生息する海の深度は一八〇～一八〇〇メートル。二〇世紀終わりの最盛期に底曳き網を数分のあいだ一回曳いただけで網に入った無数のオレンジラフィーは五〇トン以上になり、これは巨大な網ひとつに二五頭のサイ、あるいは一〇〇頭のシロクマを入れた量に匹敵する。あまりにも数が多すぎて、三〇センチほどの魚の輪郭がわからなくなるほど体が潰れてしまった。もうひとつ、長いあいだ不明の数値がある。底曳き網漁が始まる前に、深海にいるオレンジラフィーの総量がそもそも何トンだったのかわかっていない。

深海のゆくすえを心配する環境保護活動家たちは、深海の生き物が経済的資源と見なされたときに何が起きるかについての警告を発するために、そして無知であるがゆえに招く破局を人々にしっかり認識させるために、オレンジラフィーの例を持ち出すことが多い。オレンジラフィーは絶滅してしまったわけではない。しかし絶滅していなくても、大西洋、太平洋、インド洋全体にわたる広大な海域に分布していることを考えると、人間が地球全体の生息数を減らしてしまったのは驚き悲しむべき結果と言える。そしてそれは、人々が協力してオレンジラフィーという豊富な天然資源で利益を上げようとしたために起きた。

このような暴挙は、オレンジラフィーという名前がつけられた一〇〇年ほど後の一九七〇年代の終わりから一九八〇年代の初めにかけて始まり、ちょうどそのころ、問題となる重要な発見が相次いだ。決

＊1——オレンジラフィー *Hoplostethus atlanticus* はヒウチダイ科の一種で、科名の Trachichthyidae はラテン語で「粗い（ラフ）」を意味する trachy と、「魚」を意味する ichthys を組み合わせてつくられた。

定的だったのは、オレンジラフィーは多くの人の口に合う魚だとわかったことだった。味が悪く水っぽいほかの深海魚とはちがい、オレンジラフィーの肉は身が締まって冷凍に向き、魚ではないかのようだった。魚介類をそれほど好んで食べない人でも、オレンジラフィーの切り身料理なら嫌いではないかもしれない。

オレンジラフィーは捕まえるのもたやすかった。餌を採ったり繁殖したりするときに集まって巨大な群れをつくるという人間にとって都合のよい習性があり、何もない外洋ではなく海山（かいざん）のまわりに集団をつくることが多かったので、漁業者にとっては、網を入れる場所に大きな目印があるようなものだった。新式のソナーや人工衛星を使ったGPSを搭載した漁船なら、目当ての海山が海面から一キロメートル以上深い海底にあっても、それを見つけて正確な位置に網を下ろすことができる。捕獲量も二〇世紀になると飛躍的に増えた。新しい世代の底曳き網専用のトロール船の登場によって遠洋漁業ができるようになり、船に装備された巨大な網の入り口には五トンもある扉が取りつけられ、群れ全体を一網打尽にのみこむことができた。こうして、暗い水中で尾を振って過ごしながら数えきれないくらいの世代をつないできた長寿のオレンジラフィーの世界は、突然現われた人間がやみくもにトン単位で捕獲したことでかき乱されることになった。

これは、遠洋や深い海域へと新しい漁場が広がっていったときに起きたことの一部だった。[193] 取り決めや規制は何もなく、手つかずの海域なら必ず豊漁だったので、沿岸の漁場で漁船がますます過密になって魚が減り始めたのに見切りをつけた漁業者たちが外洋に押しかけた。オレンジラフィーの漁獲高は当初はきわめて多かった。一九八九年二月のニューサイエンティスト誌の記事には「バラ色の未来が待つ深海漁業」という見出しが躍り、年に四万トンのオレンジラフィーを水揚げしたニュージーランドの漁業の成功を楽しげに解説していた[194]。その記事では、魚の浮き袋や骨に豊富に含まれるロウ質の油脂の利点を褒めそやしている。オレンジラフィーの脂は化粧品や高品質の潤滑油にぴったりで、マッコウクジラの脂と化学特性は似ているが、マッコウクジラは一九八六年に商業捕鯨が禁止になり最近は入手困難になったと記されている。

オレンジラフィーの漁獲量が最初はあまりにも多かったので、廃棄処分になる量もまた多かった[195]。タスマニア東部沖にあるセント・ヘレンズ・ヒル海山では網がオレンジラフィーの表皮ですり減り、魚でいっぱいになったときに捕獲網が破断して、すでに死んでいた魚がまた深海へとなだれ落ちていったという報告がいくつもあった。魚が船の甲板に引き上げられても、その地域の加工場で処理するには量が多すぎることもしばしばで、腐って悪臭を放つ魚がトラックに満載されて埋め立て地へ運ばれた。

魚がいなくなっても採算はとれた。セント・ヘレンズ・ヒル海山でたった三週間のあいだに獲れたオレンジラフィーの売り上げは、一九九〇年には二四〇〇万オーストラリアドル〔一ドル八〇円として一九億二〇〇〇万円〕になった。そして関係者は収益のうまみにすぐに慣れた。この漁場の漁獲量が頭打ちになったと発表されると、ここで漁業が始まってまだ六カ月もたっていないのに、トロール船の漁師や水産加工場の労働者の職がたくさん失われるかもしれないと業界は大騒ぎになった。

手つかずだった魚種の恩恵にあずかる人が世界中で増えるにつれて、ゴールドラッシュの時のような意識が幅を利かせるようになり、さらにたくさんのオレンジラフィーが深海から引き上げられた。しかし、漁獲量を維持することはできず、そのような漁業が長続きするはずもなかった。

過大評価された生息数

オレンジラフィー漁の初期の狂乱ぶりを見て、科学者は慌てて状況を把握しようとした。規模も形態もまったく新しい漁業が出現し、捕獲する魚種については、ほとんど何もわかっていなかった。オレンジラフィーの生き様について必須の情報が集まったときには、漁業はすでにかなり軌道に乗っていた。

一九九〇年代になると、オレンジラフィーの推定寿命が一〇〇年を優に超えることや、産卵数がきわめて少ないことが研究で明らかにされた。数十年かかって性的に成熟したオレンジラフィーは、そのあと二年に一度くらいしか産卵しない。一生のあいだに一匹のメスが産む卵の数はわずか三万～五万個で、魚にしては多いとは言えない。タイセイヨウダラのメスは一回の産卵で五〇〇万個の卵を産む。産卵回数や産卵数が少なくても問題ないのは、集団の個体数がゆっくり補充されればよい生物種に限られる。オレンジラフィーは、猛烈な勢いで捕獲されても対処できる魚種とは正反対のタイプということになる。

科学者たちが直面したもうひとつの大きな問題は、海面から一キロメートルかそれ以上深いところにある海山の山腹付近にいるオレンジラフィーを数えることだった。群れをつくっているオレンジラフィーを数えるのに、底曳き網を使った通常のやり方ではあまりうまくいかなかった。ほかの魚では、群れの数が減れば網にかかる数が減るので、捕獲数を見れば全部でどれくらいの数がいるかを推定することができ、生息数を減らさずにすむ捕獲可能な量を知ることができる。しかしオレンジラフィーは密にかたまるので、集団全体の数が少なくなっても捕獲数が変わらない。つまり、網で捕まえた魚では正確に数えているとは言えず、生息数を過大評価することになった。オーストラリアの海域のオレンジラフィーの場合には、集団の大きさの推定値が数万トンになることもあれば数百万トンになることもあり、数桁ちがう範囲になることが多かった。一九八〇年代にオーストラリアの連邦科学産業研究機構（CSIRO）の専門家は、「私たちが作業をするいちばんの目的は、数値の桁を正しく見積もることだ」と言っている[196]。オレンジラフィーを数える段階で問題が持ち上がるということは、集団が崩壊する寸前になっても明確な兆候が見られないことを意味する。

このようにさまざまな不確かな情報が飛び交い、オレンジラフィーの一生がゆっくりと進行することも手伝って、成長が遅い太古の魚にしては高すぎる漁獲割り当ての設定につながった。多くの場所でオレンジラフィー漁は何も規制がないまま始まった。そして、規制があってもなくても、あっという間に破局を迎えた。

フランスのトロール船は、一九九二年に大西洋の北東部にあるロッコール海底谷へ出向いてオレンジラフィーを五〇〇〇トン捕獲した。その三年後にはたった一〇〇〇トンしか獲れなかった。アイルランドでは二〇〇一年に誰でも自由にオレンジラフィー漁ができるようになった。漁獲量は一年後にピークに達し、そのあと大きく落ちこみ、漁は二〇〇五年に終了した。海山ごとや捕獲する魚種ごと、あるいは、ある地域全体や地球全体でもよいが、漁獲量をたんねんに追うと、わびしい変動が繰り返し出現するのがわかる。毎年の漁獲トン数を折れ線グラフにすると、オレンジラフィーが集まる海山とよく似た形になる。つまり、山のように高いピークがあり、その両側は急峻な崖のように落ちこむ。そのような漁業は、にわかに景気づいたあと瞬く間に破綻する[197]。

底曳き網漁が始まってからどれくらいオレンジラフィーが捕獲されたかを正確に知ろうとしても、監視をすり抜けた量が多いので推定は難しい。報告されなかった捕獲や不法捕獲について断片的に判明している事実をつなぎ合わせた解析が最近行なわれ、[198]オレンジラフィーの捕獲量の世界合計は公式記録で示された値の倍になりそうな気配である。いなかったことにされた魚には、単にデータの取り扱いミスによるものもあるかもしれないが、トロール船漁師が売り上げにかかる所得税をごまかしたり、水揚げ割当量を超えたときに科される罰金をのがれたりするために偽りの報告がされた場合もある。古代魚が深海から抜け出して料理本に載るようになるのに合わせて、トロール船漁師は海山から海山へと移動しながら網いっぱいに魚を獲ってきた。ニュージーランドの漁船団は領海内の魚を獲りつくしたあと、太平洋の公海へ乗り出した。ニュージーランドの水産業界は、そのあとインド洋のナミビア沖や北大西洋など、さらに遠洋でオレンジラフィー漁が始まるのを促した。

マシュー・ジアンニは、かつて米国カリフォルニア沖で深海漁業の漁師をしていた。オレンジラフィー漁がいたるところで盛んに行なわれていた時期で、世界中にオレンジラフィー漁が広がっていくのを、「まるで池に石を落として池全体に波紋が広がっていくのを見ているようだった」と語っている。[199]今彼は、海の生態系を守るため、そして世界中の漁業、特に公海での漁業をうまく管理運営していくために精力的に活動する。そして、海山からオレンジラフィーを消滅させた深海トロール船のやり方は、漁業と言うより鉱山開発に近いと考える。一度の漁で漁業資源を根こそぎにしたら次の漁場へと移動する。

ジアンニは数年前に故郷の米国ペンシルベニア州ピッツバーグを訪れ、スーパーマーケットの棚にオレンジラフィーが山積みされているのを見て驚いた。「なんというむだだろう、なんて悲しい行為なのだろう、と考えこんだのを思い出す。私が何よりショックを受けたのは、人間がいかに自然を軽んじているかということだった。目の前には、一〇〇年かそれ以上生きてきた魚がいて、なかには、多様な生き物がいる海のはるか深みで捕獲されたものもいた。それが、養殖したティラピアとそれほど変わらない値段で量り売りされていた」。

ジアンニは、オレンジラフィーの乱獲についてだけでなく、いくつもの理由から深海のトロール船漁業に反対する活動をしている。「私が真剣に取り組むようになったきっかけは、生き物の多様性が巻き添えになって被害を受けたことだった。そして開けっぴろげに言えば、一九九〇年代後半に海山でオレンジラフィーを獲るために底曳き網漁をしたことに対する怒りだった」。その当時、底曳き網漁は魚の個体数を減らすだけでなく、生態系全体を破壊するというまぎれもない事実が調査で明らかになり始めていた。[200]「生態学的に見ると、底曳き網漁はじつに非常識な漁法だ」とジアンニは言う。

深海の動物の森を破壊する底曳き網

トロール船が海山を標的にし始めたころ、こうした海中の山頂は豊かだが脆い生態系に覆われていることがわかってきた。そしてそこには、オレンジラフィーよりもさらに古い時代から生息している動物もいた。

底曳き網を船に引き上げると、すし詰めになった魚のあいだには砕けた深海サンゴ礁の残骸がまじっていた。ひとつの海山で行なった最初の数回の底曳き網漁では、魚と同じくらいかそれを上まわる量の深海サンゴが副産物としてトン単位でたやすく網に入った。そうした深海サンゴには、数百年、時には数千年のあいだ成長してきたものも含まれていた。オレンジラフィー漁の最盛期には、貴重なサンゴ、特に宝石ほどの価値がある「金珊瑚（スナギンチャク）」や「黒珊瑚（ツノサンゴ）」は、売るために取りおくことも漁師たちは考えた。しかしほとんどの場合、枝分かれした大きなサンゴは絡んでいた網から取りはずされると船上に放置されたので、あとで海中に捨てられても、また海山に着底して成長できる見込みはほとんどなかった。漁師にとってサンゴはじゃま者でしかなかった。やがてサンゴの数は減っていき、底曳き網漁によって一〇〇〇年の寿命の動物が育てた森の伐採が進むにつれて、網にかかって引き上げられるサンゴは減り、ついにはまったく引き上げられなくなった。

底曳き網漁が明らかに深海サンゴに物理的損傷を与えているにもかかわらず、深い水面下でどのような損傷を受けているのかを示すのは容易なことではない。それなのに、何か対策を講じようとすると、多くの場合、受けた損傷の証拠を示すよう要求される。研究者たちは潜水艇を送ったり、カメラを水中に下ろしたりできるが、漁が始まる前の海山の様子は誰もほとんど見たことがなかった。トロール漁業者は、漁が始まる前から海底の生態系は貧弱だったと考えられると、これまで繰り返し主張してきた。

底曳き網漁がおよぼす影響をきちんと調べるには、漁をする前後の様子を詳しく記録することが最良だが、そのような調査が行なわれることはまずない。これまでにいちばん長く続いている調査のひとつでは、ニュージーランドの東にあってもっとも重要な漁場であるチャタム海膨の複数の海山が集中的に調べられている。[201] 研究者たちは、底曳き網漁の影響を調べる実験をするために、過去の漁の実績が異なる海山を六カ所選んだ。グレーブヤード（「墓場」の意）では、調査期間中ずっと底曳き網漁が頻繁に行なわれた。ゾンビ（「生き返った死体」の意）とディアボリカル（「極悪非道」の意）では時々底曳き網漁が行なわれた。ゴシック（「野蛮」の意）ではあまり底曳き網漁は行なわれず、グール（「墓場荒らし」の意）では行なわれたことがなかった。[*2] この研究でいちばん重要なのはモルグ（「遺体安置所」の意）という海山だった。ここでは二〇〇一年まで激しく底曳き網漁が行なわれたあと漁業は打ち切られた。底曳き網漁が中止されたあと時間がたって健全な生態系が回復するなら、モルグでは生態系の回復が見られるはずである。

研究チームはこうした海山を二〇〇一〜二〇一五年に四回訪れ、水中投下型カメラで頂上部や山腹を撮影した。調査をしたそれぞれの年に海山の様子を比べ、底曳き網漁をやめたモルグ海山でサンゴがもとのように成長している証拠を探した。しかし、それほど離れていない健全な海山からサンゴの幼生が次々と供給されると考えられたのに、モルグの生態系で生き物が再び成長する兆しや回復する様子は何も見られなかった。漁をやめて一五年たっても、今でも漁が行なわれているグレーブヤードと見た目は変わらないままだった。

いつまでたってもニュージーランドのモルグ海山に動物がもどってこない状況[202]は、生息する動物種が消滅して回復の兆しが見られなくなるという経緯をたどったほかの海山の調査とも符合する。こうした調査結果は、目指す方向が鋭く対立する人たちによって、まったく別の使われ方をする。環境保全にか

＊2——ニュージーランドの海山のこのようなゾッとする名前は、水中の海山が岩だらけになってしまったことに業を煮やした漁業者がつけ始めた。その海域にあるほかの海山には、マウント・ドゥーム（憂鬱な山）、ソール・デストロイヤー（破壊魂）、クリープト（納骨室）と呼ばれるものもある。

かわる人たちは、深海の底曳き網漁をやめさせて海山をこれまで以上に保護することの正当性を主張するために使う。漁業関係者は、これまでと同じように漁業を続けるための口実として同じ調査結果を利用する。サンゴ礁が二度と回復しないなら、同じ海山で繰り返し底曳き網漁を行なってもかまわないという理屈だ。

しかしながら、太平洋のもっと北の海域での研究[203]からはちがう話が見えてくる。一九六〇年代の終わりに、ソビエトの底曳き網漁船が太平洋のハワイ―天皇海山群にやってきた。ソビエトの漁師は数隻の日本のトロール船と一緒になって、オレンジラフィーではなく、おもに別のあまり知られていないクサカリツボダイという、やはり海山で産卵する魚をねらった。クサカリツボダイの体は銀色で、頭部は三角形にとがり、背中には角が並んだモヒカンのような背鰭がある。このツボダイ漁はすさまじい規模で行なわれ、年に二〇万トンの水揚げがあったのに、一〇年あまりのあいだにほとんど完璧になくなってしまった。[*3]

そして四〇年後に、その後の様子を知るために一連の調査が行なわれた。調査チームはハワイ―天皇海山群の海山のうち、一九七〇年代以降は保護されてきた四つと、今も底曳き網漁が行なわれている三つを調べた。この時は、自律型海中ロボットが海山の五メートルほど上を時速一・五キロメートルの速さで移動しながら五〇万枚以上の写真を撮影した。

写真の多くには、何もない海底にまっすぐに刻まれた底曳き網漁の跡や、サンゴの折れた枝や残骸が積み重なるサンゴ礁、入り口の大きな扉がはずれた底曳き網の残骸、ばらばらに壊れたサンゴが詰まったまま船から海中にずり落ちて捨てられた網が写っていた。

しかし、殺風景な海底には別のものも写っていた。漁師が来なくなって四〇年がたった海山には、八放サンゴの健全な群落やイシサンゴが生い茂るサンゴ礁が育っていた。底曳き網の通った跡をサンゴが覆い隠すように育っていたのだ。切れた網からこぼれ落ちたサンゴの破片はすべてが死んだわけではなく、芽を出して成長し始めたものがあったということだ。保護された海山では、少しずつではあるが、生態系が回復への道をたくましく歩み始めている。

この調査では、もっと驚くような発見もあった。現在も底曳き網漁が行なわれている三つの海山——桓武海山、雄略海山、光孝海山——の写真には、誰も予期しなかった場面が写っていた。サンゴの残骸が一面に広がるなかに、サンゴがかろうじて命をつないでまた成長を始めているかすかな兆候が見られたのだ。サンゴの幼生が漂流してきて着底し、新しい若いポリープに成長していた。ピンク、黄色、白のウチワのような八放サンゴの少し大きな群落や黒いツノサンゴの茂みが、そこかしこに点在した。回復途上なのかもしれないし、底曳き網が取り残したのかもしれなかった。そうしたサンゴのなかには、ウミシダや忙しく歩きまわるカニなど、ほかの動物ももどってきていた。

残念なことに、ここで見られたような状況は、底曳き網漁が行なわれたほかの海山でも見られるわけではない。ニュージーランドの海山ではまったく様子が異なる。山の頂上部はハワイの海山より数百メートル深い位置にあり、特有のサンゴの仲間は成長がきわめて遅いため、数十年くらいでは回復できない。ニュージーランドのイシサンゴは、高さ三メートルにもなる硬い骨格が絡まり合った編み目状の構造物をつくり、生きたサンゴは上部の一〇〜二〇センチの範囲にしかいない。イシサンゴは、勢いよく成長できる条件を備えた足場を見つけると産卵しなくなる傾向があり、底曳き網漁で生きた薄い表面を

＊3——対照的に、北海のタラの二〇一七年の捕獲量は、北海全体で一五万トン前後に回復しつつある。

化粧板のように剝がすと、近隣の海山からサンゴの幼生が漂流してくる可能性はきわめて低くなる。先行きが見えない海に幼生をばらまくのではなく、出芽して切り落としたサンゴの断片が同じ海山で新しい群落に成長して増えるので、長い距離を移動してきた幼生によって回復する見込みは薄い[204]。

ハワイ海山群で多く見られるサンゴは八放サンゴ類のウミウチワで、これは成長が早く、硬い骨格を持つサンゴより幼生を放出しやすい。しかし、古くから生育していたスナギンチャクはいなくなってしまった。また成長するといっても、サンゴの生態系が以前とまったく同じになることは決してない。しかしそうは言っても、太平洋の北部にあるこれらの海山を見れば、すべてが失われるわけではないということがわかる。海山の生態系のなかには、底曳き網が通り過ぎていっても何らかの形で回復し始めるものがある。

このような事実を見ると、何度も繰り返し同じ海山で底曳き網漁を続けることが現実的な選択であるという幻想は払拭される。サンゴの森は永久に失われたままにはならず、底曳き網漁をやめれば回復のチャンスが訪れるかもしれない。ハワイ—天皇海山群のなぎ倒されたサンゴの上で成長する新しいサンゴの群落は、どこからかやってきたにちがいない。いちばん可能性が高い供給源は、底曳き網漁が行なわれたことのない近隣の海山だろう。底曳き網漁が行なわれなかった海域が手つかずのまま残されれば、損傷を受けていないサンゴがそれだけたくさん残る。そうすれば、水中の山々が傷ついても生き物が再び繁茂できる可能性が高まる。

海に潜って動物の森で生活する野生動物を見る人がほとんどいないという意味では、深い海の生態系は浅い熱帯サンゴ礁とはちがう。それなのに深い海の生態系は、存在するだけで人間にも地球全体にも大切な恩恵をいろいろともたらす。海山のサンゴやカイメンが保持する毒性化学物質のなかには有望な薬剤になるものもある。密生する深海のカイメンは二酸化炭素を吸収し、栄養分で水を豊かにし、この栄養が水面方向へ湧き上がるように移動して浅海の漁業を支える。古株のサンゴの骨格内部には、気候がどのように変化してきたかがわかる過去の物語が刻まれているので、これを読み解けば、これからどのようなことが起きるのかをもっと正確に予測できるようになる。

数千、数万とある海山の生態系は、栄養を循環させ、二酸化炭素を固定し、サンゴだけでなく無数の生き物に、棲む場所や、餌を採ったり産卵したりする空間を提供し、幼い動物が泳ぎ去る前に成長するためのゆりかごとなり、そこに存在するだけで地球全体の海が健全に機能するための役割を果たす。深い海のサンゴ礁を破壊することによって、成熟するのに数世紀もかかる陸上の老齢の森林を伐採したときと同じように地球はむき出しの状態になり、人間より長生きするすばらしい生き物を失ったあげく、私たち人間とはまったく異なる生き物が出現するのを心配することになる。

何を搾取でき、何を売り物にできるかという狭量な視野で生態系を眺めると、そうした行為の過程で失われるほかのものに目がいかなくなる。

じつは儲かっていない深海トロール漁

商業トロール船は、オレンジラフィーやクサカリツボダイだけでなく、風変わりな見慣れない魚も深い海から引き揚げる。カラスガレイは一メートルにもなる大きなカレイで、片方の目が頭の中央部の額（ひたい）にあり、カレイにしては珍しく体を立てて泳ぐという習性のために、正面から見ると片目しかないように見える。キタアオビレダラはほっそりしたタラの仲間で、英名を「フンナガベルベットザメ」という。このフンナガユメザメの一種は確かにくちさきが長くて皮膚は黒いベルベットのようだが、目が楕円形であまり信用できない容貌をしている。ほかにもキンメダイやユメカサゴの一種、イトヒキダラやマジェランアイナメ、鞭のような尾があるフウセンウナギやネズミのような尾をしたトウジン、セキトリイワシやオオメマトウダイなどがいる。

すべての魚がオレンジラフィーほど長寿なわけでも乱獲に弱いわけでもない。特にタラ科の魚は健全に生活しているものが多い。浅海で進化してから深い海域へ進出したので成長速度が速く、漁業による捕獲から立ちなおる力も強い。しかし、健全に生活しているとはとても言えない種類もいる。シロダラは身が締まったおいしい魚で、フランスではレストランの食材として好まれるが、絶滅の危機に瀕している。魅惑的なエメラルドグリーンの目を持つウロコアイザメもそうだ。この深海ザメは食料として標的になるのではなく、脂肪分に富んだ肝臓のスクアレン目当てに捕獲される。スクアレンという化学物質は、化粧品、ワクチン、痔のためのクリームをつくるのに使われる。

ここ数十年のあいだに、トロール船が深海に残す痕跡は、南極大陸以外の大陸棚の縁から深い海へと広がり、世界中へと拡大した。[205] どこの海でも、海山で底曳き網漁が行なわれている。

トロール船が巨大な網で広い深海をそれほど引っかき歩いているということは、世界中の人々にさぞ十分な食料を供給しているのだろう。しかし、不法なものや未報告のものも含めたいちばん最近の数字を見ると、そのような事実はないとわかる。過去六五年間の世界中の深海漁獲量は合計で二五〇〇万トン足らずにすぎないのだ。同じ期間に海洋全体で捕獲された魚の量——五二億トン近く——と比較すると、深海で獲れる量は一パーセントの半分にも満たない。[206]

多くの国で深海の底曳き網漁に政府が補助金を出して奨励していることを考えると、[207] 深海魚の経済的価値もあまりパッとしない。漁業は多くの国が手放したくないと思っている一次産業のひとつだ。雇用が失われると困るし、ある程度は食料確保にも有効だが、陳情団体の力が強いこと、そして、形を変えながらも人間が数千年にわたって行なってきた営みなので強い執着があることが漁業をやめたくない大きな理由になっている。これゆえ行政は漁業を衰退させないための方策を考える。

トロール船団が深海で操業を続けるために行政からもらう補助金は、漁船の建造費や買取費の支給にはじまり、港の建造費や改装費、徴税特例にまでおよぶが、いちばん見落としてはならないのが燃料費の補助である。航海距離が長く、馬力の大きなエンジンを搭載するトロール船は燃料費もかさむ。深海で底曳き網漁を行なっている国は、ニュージーランドという例外を除き、どこもディーゼル油を安く調達できるという形で操業経費の一部を支給している。いちばん気前がよいのが日本で、一リットルあたり二五セント〔一セント一円とすると二五円くらい〕を支給していて、それに次ぐのがオーストラリア（二〇セント）で、さらにロシア、韓国、アイスランド（いずれも一九セント）と続く。

世界の深海トロール漁の年間漁獲高は推定で六億一〇〇万ドル〔六六一億円〕である。トロール船が手にする利益はせいぜい一〇パーセントと報告されているので六〇〇〇万ドル〔六六億円〕になる。そしてこれらの漁船団は一億五二〇〇万ドル〔一六七億円〕——利益全体の二・五倍——もの補助金を受け取っている。この数値が暗に示しているように、遠洋で操業する深海トロール船の多くは、行政の支えがなければ路頭に迷う[208]。

多大な費用がかかり、食料供給量はわずかで、生態系にそれほどまでに大きな傷跡を残すなら、そもそもなぜ深海で底曳き網漁をするのかという、誰の目にも明らかな疑問が湧いてくる。マシュー・ジアンニは、「船団のなかには大きな利益を上げるものがあるからだ。すべてがそこに行き着く。法整備や規制が緩く、取り締まりはほとんどできず、やめさせるのが難しい」と考える。[209] 二〇〇四年にジアンニは深海保全連合を共同設立して、深海漁業による乱獲の規制に乗り出した。欧州共同体では水深八〇〇メートルより深い海域での底曳き網漁を禁止する法律が二〇一七年に成立し、深海保全連合の活動は成果を上げてきた。深海漁業を禁止するこの法律をうまく運用して、ほかの海域でも同じような規制をつくる道筋をつけることができれば、深海トロール漁を衰退させるための重要な前進になるだろう。深海トロール漁は経済効果があまり大きくないのに、生き物にあふれる地球を破壊する度合いがとてつもなく大きい。

オレンジラフィーにエコ認証

ニュージーランド沖では、狩りの衝動と紙一重の熱心さでトロール船がオレンジラフィーを探すことがまた増えたが、今度は以前とはちがうという明るい見通しがある。

トロール漁では、魚を数えるための新技術を採用するなど、オレンジラフィーの調査に多額の投資をしてきた。ソナーとビデオの両方で調べれば、深みにいる魚の数を以前より正確に知ることができる。数が回復したと宣言して捕獲を再開してもよいくらいオレンジラフィーがたくさんいる海域もある。漁業に関するエコ認証の金字塔を自称する海洋管理協議会（ＭＳＣ）から漁業認定をもらえるほど多い。海洋管理協議会のエコ認証ロゴは、意識の高い海産物消費者にどの魚を選ぶのが道義的で環境保全に役立つかを知らせるのを目的として作成された。そしてニュージーランドのオレンジラフィーは、二〇一六年に協議会の好ましい魚種のリストに加えられた。

オレンジラフィーにエコ認証を与えたのは、歴史に残るあれほどの環境破壊に苦しんだ生物種の名誉回復の手段としては思いきった扱いだった。パリを本拠地とする民間非営利団体「ブルーム」の科学部門の責任者フレドリック・レ・マナックは、オレンジラフィーが認定されたと聞いて、「そんなことだろうと思う。海洋管理協議会は持続可能な漁業を認定しているわけではなく、管理漁業に認定を与えている」と語っている[210]。レ・マナックが指摘しているように、この二つは必ずしも同じではない。

ニュージーランドの海山でオレンジラフィーを求めて漁をするトロール船団は、初期の野放図な操業に比べると今は管理の行き届いた操業をしている。魚を数える技術が改善されたことに加え、昔と比べて漁獲割当量が極端に少なくなった。年に数万トン単位ではなく数百トン単位になっている。

しかし、たとえトロール漁業者がとてつもなく規模の大きな会社で、損失が出ても簡単に穴埋めができるとしても、新たな漁獲量の規制にしたがってオレンジラフィーの底曳き網漁を行なったときに、多少なりとも利益を上げられるかどうかはわからない[211]。また、海洋管理協議会が持続可能だと主張する事柄が、十分な根拠にもとづいているかどうかを見きわめるのはさらに難しい。二〇一二年の研究では、海洋管理協議会の認定を受けた漁業の三分の一以上で、獲りすぎや資源枯渇が起きたと推定されている[212]。

レ・マナックは、漁業団体が強引に漁場を拡大することに腐心するようになったと非難し、その認定過程は利害の対立にまみれていると主張する。海洋管理協議会はロンドンに拠点をおく非営利の独立組織で、エコ認定された魚の販売で得られるロゴ使用料をおもな財政基盤にしている。これゆえ収益を増やすためには漁業認定を続ける必要がある。ロゴ認定されているのは世界で捕獲される天然魚の一五パーセントと推定されるので、監視しているのはそれほど大きな割合ではないが、海洋管理協議会はこの割合をさらに増やそうとしている[*4]。増え続ける海産物を海洋管理協議会が急いで認定しようとするのは、巨大なスーパーマーケットやファストフード・チェーンが生み出す貪欲なまでの需要に応えるためだとレ・マナックは考えているので、資源の保全を勘案した環境基準は機能していないことを意味する。

海洋管理協議会は認定のための査定を自らしているわけではない。エコ認定がほしい漁業者は第三者団体を選んで査定してもらってよいことになっていて、そうした団体は、海洋管理協議会が取り決めた基準――五〇〇ページもある書類――をうまく解釈するわけで、解釈によって大きく融通を利かせることができる。漁業者たちは、好ましい認定結果を数多く出した査定業者を自由に選ぶことができ、この仕組みが、海洋管理協議会の基準を寛大に解釈する査定業者を生み出す温床になっている。査定業者には作業報酬が支払われ、漁業団体はエコ認定を手に入れる。

関係している専門家や市民グループは、海洋管理協議会のどのような決定に対しても異を唱えることができるが、そのためには査定業者と同じように、わかりにくい書類をやりとりしなければならない。漁業の研究に携わる科学者と環境保全活動家の団体が二〇一三年に査読を経た研究論文を発表し、海洋管理協議会の認定案に対して行政機関から寄せられた一九件の異論のうち、審理が進んで認定を出さずに終わったのは一件にすぎなかったと指摘している[213]。この論文の著者たちは、持続可能な漁業について海洋管理協議会が定めている基準は「融通や自由裁量が利きすぎて、全体として甘い解釈がはびこる余地を大きく残している」と記している。

そのあと二〇一九年には、イギリス議会の委員会が海洋管理協議会の設けている基準についての調査を行ない、浮かび上がった問題点に対処するよう海洋管理協議会に求めた。太平洋のマグロ漁ではサメやウミガメの錯誤捕獲があるにもかかわらず、海洋管理協議会が漁のお墨つきを与えたことに対して、複数の民間非営利団体や科学者らから容赦のない批判が上がっていた。ほかにも海洋管理協議会が認定した漁業で論争を呼んだものに、クジラのおもな食べ物であるナンキョクオキアミをねらった漁や、ニュージーランドの底曳き網によるホキ漁などがあり、この底曳き網漁では絶滅の危機に瀕するサルビンアホウドリが海中に潜ったときに巻き添えになって死ぬ。また、二〇二〇年に海洋管理協議会ははじめてタイセイヨウクロマグロ漁を認定した。[214] このマグロは世界各地で絶滅の危険があり、寿司業界では法外な値がつく。クロマグロは数十年にわたる乱獲からやっと回復し始めたばかりだと世界自然保護基金（WWF）とピュー慈善信託が異議を表明したにもかかわらず、認定されることになった。

このような悪評が吹き荒れるさなかに、海洋管理協議会はオレンジラフィーが回復したと宣言したわけだが、宣言の経緯を詳細に見ると手放しで喜ぶ理由は何も見当たらない。海洋管理協議会は認定手続きを進める過程で多数の科学論文を意図的に省き、そうした論文のなかには、オレンジラフィーが大量に廃棄されていることをニュージーランド政府に告発して論争を呼んだ論文や、以前と同じように捕獲量を過小報告したものもあった。[215]

二〇一六年一二月に海洋管理協議会のウェブサイトに投稿された記事には、オレンジラフィーの現存量が「自然個体群の四〇パーセントくらいにまで増えた」とある。[216] 見方を変えればオレンジラフィーは六〇パーセント減ったことになる。陸上の野生動物なら、それくらい数が減ると自然界から消え失せる悲しい兆候だと見なされることが多い。ライオンは同じくらいの割合がたった二〇年のあいだにいなくなった。ボルネオの熱帯雨林では、森の木が伐採されてパーム油を生産する植林地が取って代わったの

＊4——世界の漁獲量の残りの八五パーセントは、海洋管理協議会の基準を満たさないか、時間と費用のかかる認定の手続きをまだしていないかのどちらかになる。

に合わせるように、一九九九年以降にオランウータンの数が少なくとも半分に減った。しかし漁業の世界では獲物が六〇パーセント減っても、まだ毎年続けて採算がとれる程度に天然魚が減っただけなので管理がうまくできていると見なされる。オレンジラフィーが回復したのは、保全が叫ばれるようになって一時的に数が多く見積もられただけだろう。

魚を見つける新しい技術や、漁の影響をもっと正確に予測できるシミュレーションモデルをもってしても、オレンジラフィーについては誰も知らない大事な事柄がまだある。海には一〇代に相当する若いオレンジラフィーが無数にいるはずなのに、それほどたくさんの若魚はまだ見つかっていないということだ。[217]

まだ見つかっていない若魚たちはそのうち産卵集団に合流してくるが、削減された漁獲量を短期的・中期的に維持できるかどうかは、実際に合流するまでは知るのが難しいだろう。若いオレンジラフィーは生まれてからゆっくり成長する。一歳魚は長さが三センチメートル、二歳になると親指くらいの長さになるが、五歳になっても手を広げたくらいにはまだならない。そうした幼魚がどこに生息するのか、また、海山で産卵する群れにいつごろ合流してくるのかは、まだ明らかになっていない。産卵期間が一〇〇〜二〇〇〇年の魚なら、急ぐ必要は何もない。よくあることだが、深い海のゆっくりとしたペースは、せっかちな人間が求める時間配分とはかみ合わない。

⚓

ほとんどの国はオレンジラフィー漁をあきらめた。魚の持続可能な捕獲についての法的規制や、海山のような脆弱な生息地を守るための法的義務がどんどん増えているにもかかわらず、ニュージーランドでは領海内でも公海でも底曳き網漁が行なわれ、世界で捕獲されるオレンジラフィー五匹のうち四匹がニュージーランドで水揚げされる。環境保全の王者を名のる国であることを考えると衝撃的なことと言わざるを得ない。「ニュージーランドなら、はるかにましな対応ができてもよい」と、マシュー・ジアンニは断言する。

国連の複雑に入り組んだ解決策は、これまで誰でも自由に漁ができた公海での漁を規制することを目指す。こうした規制は数多くの地元の機関を通じて実施される。そうした機関には、どれもひとくちでは発音が難しいような名称がつけられ、それぞれが独自のやり方で規制を行なう。たとえば南太平洋地域漁業管理機関（ＳＰＲＦＭＯ）は、加盟しているほとんどの国がオレンジラフィー漁に関心を示さず、ニュージーランドには訴訟好きで有力な漁業者の陳情団体があることが問題になる。たとえば二〇一八年に南太平洋地域漁業管理機関は、底曳き網を使ったオレンジラフィーの漁法を変える提案をした。すると、ニュージーランドの漁業者の陳情団体はそれに公式に反対する意見書を提出し、公海で底曳き網漁を行なえると自認する権利が「これ以上侵害される」のは望まないとした[218]。その陳情団体は、希望どおり底曳き網漁を続けるためにニュージーランド政府を相手取って法的措置をとる用意があることを表明し、ニュージーランド政府は、それ以上はできないほどの譲歩をした。かくして南太平洋地域漁業管理機関の提案は取り下げられた。

しかし国連では二〇一八年から新しい海洋法条約に向けての交渉が行なわれていて、二〇二〇年代中ごろには発効されると期待されている[219]。新しい条約は、新薬の探索から海洋保護区の設立や法的整備にいたるまで、公海におけるあらゆる種類の人間活動を監督するものになりそうだ。

ジアンニは、公海全体で規制が必ずうまく効力を発揮できるよう、この条約によって法的な拘束力を持つ世界組織がひとつだけ立ち上がることを望んでいる。必ず起きると考えられる反発を抑えこむことができれば、深海の底曳き網漁だけでなく、近々始まってもおかしくない新しい型の深海漁業にも条約を適用できるかもしれない。漁業的関心は、今や新たな利益を生む可能性のある別の水産資源に向けられつつあり、それは今まで深海に手つかずのまま残されてきた。

中深層での漁業は新たなる破局を招く？

探検家のアレハンドロ・マラスピナとホセ・デ・ブスタマンテは、一七八九年に二隻の専用フリゲート艦デスクビエルタ号とアトレビダ号で、カディスからスペイン初の世界科学調査へと出航した。船の名は、その一〇年前にジェイムズ・クック船長が指揮を執ったディスカバリー号とレゾルーション号にちなんだ。マラスピナとブスタマンテは五年のあいだ、北米・中米・南米に広がるスペイン帝国の太平洋岸から西方のフィリピンにいたる海域で動植物を集めて調査を行なった。

二〇一〇年には、マラスピナの没後二〇〇年を記念して、別のスペインの探検隊が世界一周の旅へとカディスを出発し、最初の探検のルートとほぼ同じ経路をたどりながら、海洋が現在はどうなっているかを調べた。乗船した研究チームは、マラスピナとブスタマンテの時代にはなかったのに今では地球上のどこででも見られるようになったプラスチックや化学物質といった汚染物質の量を計測した。集められた海水やプランクトンのサンプルは、未来の海洋学者が研究に使ったり疑問を解決したりするのに使えるよう、今後三〇年のあいだ保存される。五万キロメートルの航海のあいだ船のソナーはつけっぱなしにし、海底へ向けて発信された音波が跳ね返ってくる反響音に耳をすませた。

この調査のいちばんの目的は、イワシに似た小さな銀色の魚を探すことだった。イワシに似ていると言っても、この魚の目はイワシより大きく、暗闇で光る斑点が体の側面に並んでいる。これはハダカイワシと呼ばれる魚で、二五〇種ほどが知られている。中深層でいちばんふつうに見られる魚種であるだけでなく、地球上の脊椎動物でもっとも数が多い。とてつもない数が生息していることが最初にわかったのは第二次世界大戦中だった。海軍のソナーを操作する船員が、固い海底のように見えるものから反響音が返ってくるのを発見した。この海底のように見えたものは夜になると海面まで浮上し、日が昇るとまた深みへと沈んだ。発信された音波は、幾重にも密に寄り集まって深海に隠れていた数十億匹のハダカイワシの体内にある気体の詰まった浮き袋に当たって反響していた。ハダカイワシは、日暮れとともに数千メートルの深さを泳ぎ上がって餌を採る。この魚を追いまわすイカなどのほかの動物とともにハダカイワシは、地球上の動物のなかでも最大級の大移動を毎晩繰り返す。

マラスピナの航海をたどる二〇一〇年の探索に先立って行なわれた底曳き網を使った調査からは、中深層に数ギガトン（数十億トン）の魚がいると推定されていた。しかし、ハダカイワシは捕まらないように活発に泳いで逃げまわり、閉じこめる形の網でなければ逃げ出してしまうと判明したので、この数値は過小評価である可能性が高かった。音波探査による二〇一〇年のマラスピナ調査では捕獲網を使わなかった。その調査結果から中深層にどれくらいの魚がいるかという新たな推定値が得られ、二〇一四年にそれが一〇ギガ～二〇ギガトンになると発表された。[220] とてつもない量の魚がいるかもしれないということになり、昔からの疑問がまた頭をもたげることになった。増えつつある人類の食料を中深層で獲れる魚でまかなえるのだろうか。

ハダカイワシがそのまま人間の食卓にのぼるとは考えにくい。食べるには脂肪分が多すぎ、鋭い骨も多すぎる。しかし油脂の含量が多いということは、おもに魚の養殖場などで動物性の餌として擂り身にすればよいことを意味する。マラスピナ調査の発見のあと、もし中深層に生息していると推定された範囲の下限にあたる量の半分もあれば——それでも五ギガトンぐらいになる——、理論的には一・二五ギガトンの養殖魚を生産するのに十分な量の餌を確保することができると指摘された。[221] 一・二五ギガトンといえば、天然魚の現在の漁獲量〇・一ギガトンを優に上まわる。薬剤投与や糞による環境汚染といった養殖による環境への悪影響はさておき、たとえハダカイワシ漁が始まったとしても、人類すべての食料をまかなうという高い志を達成できるかどうかは疑わしい。多くは食料が豊かな先進国向けの養殖サケや養殖エビの餌になり、人間の口には決して入らない量が増える。つまり、ペットフードに添加する補助栄養成分として販売される量がますます増えている。

以前ロシアとアイスランドでは、ハダカイワシ漁を軌道に乗せようとする動きがあったが、うまくいかなかった。深い海での漁は今のところ費用がかかりすぎ、養殖魚の餌としての売値は安すぎる。しかし最近は、ハダカイワシの推定量が膨らんだことも手伝い、中深層の漁業でどのように利益を上げられるかを調べる計画が進められている。欧州連合（EU）は、中深層で漁業ができるかどうかを調べるために五年間の研究プロジェクトに資金提供した。二〇一七年にはノルウェーが中深層での調査漁業に四六件の許認可を出した。このような漁獲は、低価格の養殖魚の餌にではなく、いわゆる栄養補助食品のようにもっと利益率の高い製品に回される可能性が高い。栄養補助食品としては、ヨーグルトやマーガリンに添加するオメガ3脂肪酸サプリメントや、心臓の不具合に効き目があるとは証明されていないにもかかわらず口に放りこむことが多い魚油ドロップなどがある。[*5]

中深層で漁業を推し進めようとする最近の動向は、天然魚を捕獲する必要性が圧倒的に高まっていることを反映している。持続可能性が取り沙汰され、世界中の人々を飢えさせないよう常に迫られるなかで、中深層の魚を捕らずにいるとなぜかむだなことをしているというような逆説がささやかれる。「魚の活用不足」という言いまわしは、対象となる動物が人間を利するためだけに存在するかのように使われる場合が多い。多くの人にとって、一〇〇〇兆匹の銀色に輝く魚が中深層で群れをなして泳ぎまわっている光景は、無視するには魅惑の度合いが強すぎる。

ハダカイワシをたくさん捕まえて採算を合わせるためには、捕獲するときに巨大な船曳き網を使う必要がある。そうすると、魚が深い層に寄り集まってソナーで見つけやすい日中に漁をする可能性がきわめて高くなる。網は海底に接触しないので、一〇〇〇年生きるサンゴを破壊する心配はない。しかし障害物のない水中で海水を濾し取れば、ほかの動物――サメ、イルカ、ウミガメ――も網に入り、それだけで問題が生じる。

オレンジラフィーのように深い海に生息する古代魚とは対照的に、ハダカイワシはかなりの漁業圧に耐える可能性がある。成長がオレンジラフィーよりはるかに早く、寿命も一〇〇年単位でなく一カ月単位で数えられるほど短く、二年生存しないものさえいる。そうであっても、中深層で漁を行なえば、地球を生存可能な場所にするのを手助けしている仕組みを壊して新たなる破局を招くかもしれない。

ハダカイワシや中深層に生息するほかの魚は、気候の制御に重要な役割を果たしている。海中を毎日

＊5――二〇一八年に一〇万人を対象に行なわれた調査では、オメガ3脂肪酸を摂取しても、どのような心疾患にもほとんどあるいはまったく効果がないことが明らかになった。

上下移動するお決まりの生活習慣によって表層と深海の命をつなぎ、生物学的炭素固定を促進している（地球の気候モデルをつくる人たちによればハダカイワシは粒子注入型炭素固定の重要な構成要員である）。小魚のうちは浅瀬で餌を採り、そのあと深い海へ移動し、深い海を生活の場にするもっと大きな魚に追われて食べられ、深海層の炭素貯蔵量に上乗せされることで、そのあと長いあいだ炭素は大気から切り離される[222]。アイルランドの西側にある大陸棚の一部で行なわれた研究では、深海に生息する魚は毎年一〇〇万トン以上の二酸化炭素を取りこんで蓄えると推定された[223]。

中深層で漁が始まって表層と深海のつながりが破壊されたときに、どれぐらい早く、あるいはどれくらいひどく生物学的炭素固定が弱まるか確実なことを知るためには、これまでに解明されたことが少なすぎる。しかしハダカイワシは、どんなことをしてでも手つかずのままにしておく必要がある、地球の気候変動の仕組みの一部という危ない可能性をはらむ。

驚いたことに、中深層にいる魚の量についての数値が増えたことを誰もが容認しているわけではない。最初の情報源であるマラスピナ調査でさえ、この数値は確定的なものではなく、推定に使った手法には限界があるとはっきり述べているが、この一大ニュース――中深層にはこれまで考えられていたより少なくとも一〇倍の魚がいる――は人々の関心を大いに引いた。

そのあとに続いたいくつもの研究では、もとにした数値や仮定に対してさらに批判的な見方が出た。もっとも深刻な問題点は、マラスピナ調査では海の深みから跳ね返ってくる音波はすべて魚に当たって返ってきたと想定したことだった。しかしハダカイワシは、中深層にいる動物で音を体内の気泡で反射させる唯一の動物ではない。エルンスト・ヘッケルが見つけて詳細を調べた複雑な構造のクダクラゲも体内に気泡を持っている。中深層には浮き袋を持たない魚もいて、そうした魚はソナーを使った調査では見つけられない。

二〇一九年のある研究では、こうした不確かな点を考慮しながら、マラスピナ調査で得られたもとの音響データを解析しなおした[224]。すると、そこから得られた中深層の魚の推定量は、一・八ギガ〜一六ギガトンの範囲に入った。本当の値がこの広い範囲のどこにあるのかを断定するにはあまりにも時期尚早であり、それはとりもなおさず、中深層には一〇ギガトンあるいは二〇ギガトンの魚がいるというあやふやな前提にもとづいてハダカイワシ漁を始めるのは間違いなく時期尚早であることを意味する。

最近の漁業の推移を見ると、漁業者は新しい魚種をねらって新たな海域へ大挙して押しかけるということを繰り返してきたことがわかる——いつも環境に破局的な影響をもたらしてきた。同じような間違いを中深層では回避できるのだろうか。規制や管理基準の整備が間に合うのだろうか。いずれも大きな未解決の問題である。

永久のゴミ捨て場

深海のマイクロプラスチック

海の深みへと失われていくものはたくさんある。英国郵便船タイタニック号は、ニューファンドランド島沖合のどのあたりで沈没したかわかっていたので捜索が何度も行なわれたにもかかわらず、七〇年以上も行方がわからなかった。数十年のあいだ、億万長者や夢を追う人たちが場所を特定して船を引き上げる計画を練った。巨大な磁石を使っての探索や、船体にワックスを詰めたり凍らせて氷の塊にしたりして浮かび上がらせる案もあった。最終的に一九八五年九月に残骸が水深三八〇〇メートルの海底で見つかった。発見したフランスと米国の合同チームは、尾を引く彗星のように海底に散らばる残骸をまず探せばよいと知った。最後の安住の地に横たわるタイタニック号の金属部分は、氷柱(つらら)のように垂れ下がる脆い錆をつくるバクテリア[*6]に食べられてぼろぼろになり、船はまるで茶色いロウソクの蠟を一面に垂らしたような姿をしていた。タイタニック号を引き上げようとする計画はすべて中止になり、遅かれ

早かれ――二〇三〇年ごろかもしれない――沈没した船は海の藻屑と化して水の流れにやさしく持ち去られるだろう。(225)

深海は途方もなく大きな空間で、人間社会のゴミをのみこむことができる。二〇一四年に発表された二つの研究報告では、世界の海の表層に浮かぶマイクロプラスチック[*7]の総量は三万五〇〇〇トンくらいになると推定している。(226) これまでに製造されたと考えられるプラスチックの量や、捨てられて海に流されて粉々になった量を考えると、この値は想像していたよりはるかに小さい。この二つの研究からは、数万トン、数十万トンというプラスチックが行方不明であることがわかる。

今は、プラスチックがいたるところにあるという悲しい時代になった。絶海の孤島の砂浜にプラスチックゴミが漂着し、北極圏の海氷にプラスチックが閉じこめられ、土壌、河川、湖沼でも見つかり、風に乗って大気中を漂う。そして海洋で行方知れずになっているプラスチックの少なからぬ量は深海にたどりつく――たどりつかないほうがおかしい。

大きなものはすぐ目につく。二〇一九年に米国の富豪で探検家でもあるビクター・ベスコボは、深さが一一キロメートル近くあるマリアナ海溝のチャレンジャー海淵に潜った。(227) 海の最深部でベスコボが自分の潜水艇の窓から周囲を眺めると、ビニール袋や菓子の包み紙がたくさん沈んでいるのが見えた。深海の堆積物にもマイクロプラスチックがあふれている。最近まで、深海でいちばん汚染がひどいの

＊6――二〇一〇年にはこの沈没船で新しいバクテリアの系統が見つかり、タイタニック号にちなんでハロモナス・ティタニカエ *Halomonas titanicae* と名づけられた。

＊7――五ミリメートルより小さいプラスチック片を指す。

は海底谷だと考えられていた。海底谷は、大陸棚の縁から深海層へとプラスチックを落としこむダストシュートのような働きをする。大量のマイクロプラスチックも最終的に海溝に落ちこむ。二〇二〇年のある研究報告によれば、これまで見つかったなかでもマイクロプラスチックがもっとも多い場所——これまでの推定量の倍——が深海で見つかった。[228] 研究者が調べたなかでもっとも汚染がひどかったのがイタリア沖合の地中海で、そこでは深い海底を海流が砂嵐のように逆巻きながら流れてマイクロプラスチックを寄せ集めていた。この本を広げて置いた面積が同じ程度に汚染されているとしたら、見開きのページは一〇万個以上のプラスチックの破片に覆われることになる。

深海層の海底はマイクロプラスチックの塵に覆われ、ナマコ、ウミエラ、ヤドカリなど、海底に生息するあらゆる動物は、プラスチックを食べたりその繊維に絡まったりする。[229] いちばん深い超深海層の海溝の底で生息している端脚類（たんきゃく）の消化管からもマイクロプラスチックが見つかり、その時新たに見つかった新種の端脚類は、それにちなんでユーリシネス・プラスチクス *Eurythenes plasticus* と命名された。[230]

深海の動物たちがプラスチックの破片を飲みこみ始めてからすでに数十年がたつ。アイルランドの北西の沖合にある水深二〇〇〇メートルのロッコール海底谷で一九七〇年代に採集されて保存されていたヒトデやクモヒトデを最近になって調べたところ、体内からマイクロプラスチックが見つかった。[231]

海底だけでなく深海の水中を漂うプラスチックも見つかる。アネラ・チョイらは、米国カリフォルニア州のモントレー湾で潜水艇を使って定期的に中深層の海水を集めたり、マリンスノーを採集したりして、マイクロプラスチックの行方を追ってきた。[232] そして水深二〇〇メートルと三〇〇メートルのあいだに、プラスチックを含んだマリンスノーの隠れたゴミ捨て場のような層が存在するのを見出した。プランクトン、「海の蝶（翼足類）」、コウモリダコなどのマリンスノーを食べる動物は、消化できないまじりものがある餌をここで口いっぱいに頬張る。大きなオタマボヤの一種（*Bathochordaeus charon*）は、粘液の泡巣で海水からマイクロプラスチックの粒子を濾し取ることがわかった。[233] 集めたプラスチック粒子はオタマボヤに食べられたあと糞に排出されるか、プラスチック粒子まみれになった巣ごと捨て去られる——いずれにしても、プラスチックに汚染されたマリンスノーが深海に沈む量が増える。

マイクロプラスチックの弊害は動物の体じゅうから見つかる。[234] プラスチックで腹を満たすと食欲が抑制されるので餌を採らなくなり、最終的に餓死する。内臓に傷をつけたり病変を引き起こしたりもする。血液中や、細胞のなかにさえも入りこみ、酵素の働きや遺伝子発現のじゃまをする。影響を受けた動物は成長が遅れ、繁殖できない。悪影響はプラスチックそのものからだけでなく、たとえば難燃剤やポリ塩化ビフェニル（ＰＣＢ）など、製造するときに添加される毒性のある化学物質やコーティング剤によっても引き起こされる。海洋を漂うマイクロプラスチックなら、病原性のある海水中のウイルスやバクテリアにも汚染される。どこにでもあるマイクロプラスチックが動物集団全体や生態系全体におよぼす影響を読み解くのがいちばん難しい。死には至らないが不可解な影響をおよぼすものもあり、そうしたものは追跡が難しいにもかかわらず、ひどい汚染が進む海の深みに間違いなくたどりつく。

プラスチックは地球に永遠に消えない刻印を残してきた。米国サンディエゴにあるスクリップス海洋研究所の科学者たちは、二〇一九年にサンタバーバラ沖の水深五八〇メートルの海底から採集された堆積物のコアサンプル〔中空の管を海底に打ちこんで取り出した地層のサンプル〕を解析した。[235] 長さ七五センチメートルの棒状のコアサンプルには堆積物の層がきれいに重なっていた。海底に沈んだ一年分の堆積物がひとつの層を形成し、一八三〇年代から二〇一〇年までの層が確認できた。採集した海底は強い潮流に洗われない場所で、堆積物中に酸素がほとんどないため、生き物が穴を掘ったり踏み荒らしたり堆積物を撹乱するようなことがほとんどなく、層はじつにきれいに積み重なっていた。研究チームはこの棒状の泥を薄く輪切りにスライスして、それぞれの薄片に含まれるプラスチックの破片が繊維状か、膜状か、塊状かといった特徴をすべて記録した。このタイムカプセルからは、プラスチックが現代社会にいつ登場したのかがわかり、プラスチック産業の成長を正確にたどることができた[236]。海底に沈むプラスチック粒子の数は、一九四五〜二〇〇九年に指数的に増加し、一五年ごとに倍々になった。これは、世界中で製造されたプラスチック製品の量ともぴったり一致する。深い海の底には、プラスチック時代のメッセージがしっかりと刻まれてきた。「人間がここにやってきた」というものだ。

原油流出事故と海底の生態系

クレイグ・マクレインとクリフトン・ナノリーと一緒にペリカン号に乗船してメキシコ湾を航海したときに、私たちはその九年前に深海で起きた史上最悪の重油漏れの事故現場を訪れたいと思っていた。しかしメキシコ湾の状況が悪くて海上で過ごせる日数が減ってしまい、マコンド油井の跡地と石油掘削施設「ディープウォーター・ホライズン」の残骸を見るために潜る計画は取りやめになった。海上には目を引くものは何もなく、どこを見まわしても、水平線まで同じような海が続いているだけだった。しかし、その下の海底には毒性の強い物質がまだ残り、かなりちがった状況を目にすることができただろう。

マクレインとナノリーは、その二年前の二〇一七年に水中の状態を目にしていた。遠隔操縦できる潜水艇を潜らせ、深さ一五〇〇メートルくらいの海底に着いたときに最初にカメラがとらえた映像には、つま先に鉄製の覆いがある作業ブーツが片方だけ海底に転がっていた。事故を起こした掘削機の作業員が履いていたものにちがいなかった。「みんな黙りこんだ。ひどい事故だった」とマクレインは言っていた。石油掘削施設の「ディープウォーター・ホライズン」が二〇一〇年四月二〇日に爆発したときには一一名の作業員が死亡した。

その時の潜水艇の映像は、人間の悲劇のほかにも、海底では生態系の惨事がいまだに続いていることを教えてくれた。八七日間におよんだ事故の際にはマコンド油井からメキシコ湾におよそ四〇〇万バレル（六四万立方メートル）の重油が漏れ出て、史上最悪の原油流出事故になった（湾岸戦争の最中の一九九一年にペルシャ湾で意図的に石油を漏出させたときの量のほうが多いかもしれない）。海面は分厚い重油の層に覆われ、米国ルイジアナ州からフロリダ州にかけての海岸線が重油で汚染された[237]。塩性湿地や砂浜は重油まみれになり、何千頭ものイルカやウミガメが死に、数世代にわたって稚魚が毒物にさらされて魚がいなくなり、クロマグロやブリに心疾患や心臓発作を引き起こし、重油汚染がひどかった一時期はメキシコ湾の三分の一で漁業が禁止になった。

海上の被害も十分にひどいものだったが、漏れ出た大量の原油は深海にたまったままになった。一〇〇〇メートルほどの深さでは、噴出した重油と散布された油の分散剤が数百平方キロメートの範囲に広がった。海面まで浮かび上がらなかった重油は、そのあとまた沈んだ。重油まみれのプランクトンやマリンスノーの粒子は、互いにくっつき合って通常の粒子より早く沈んだので、汚い猛吹雪と呼ばれた[238]。

ナノリーは二〇一七年のディープウォーター・ホライズンでの潜水調査を思い出しながら、「海底に見慣れない黒っぽい線がついていた」と語っている。深海平原はふつう薄いベージュ色の単調な海底なのだが、そこに、蛇行する線がついていた。潜水艇がこの線をたどっていくと、カニがまわりの様子をうかがいながら歩いていた。歩いたところだけ海底表面のすぐ下に広がる黒い油の層が露出したのだ。黒い海底は、海水から油が取り除かれたあとの七年間に、きれいなマリンスノーの薄い層で覆われた。それを引っかいて表面のすぐ下がどうなっているかを見るのに、カニが一匹歩けばすんだ。

ディープウォーター・ホライズンの大事故直後の数カ月のあいだに、周辺の海底は毒物の埋め立て処分地と多くの人が呼ぶ状態に変貌した。ナマコ、カイメン、ウミエラの死骸が散乱し、深海サンゴは重油と分散剤の混合物によって窒息し、毒性に冒された[239]。事故後の処理で油の分散剤として二九〇万リットルくらいの化学物質が油井に直接注入されたが、そのような処置が行なわれるのははじめてのことだった。分散剤はバクテリアが重油を分解するのを促進するため、水中の酸素が奪われて深海生態系を窒息させた。のちに、深海サンゴにとって分散剤は重油より毒性が強いことがわかった。

重油事故の七年後に生態系はやっと回復の兆しを見せ始めたが、予期しない事態は今でも起きる。重油に含まれる化学物質は多くの動物を寄せつけないほど有毒であることがわかってきた。油井のまわりでは、メキシコ湾のほかの健全な海域でよく見られる生物種はまったく見られない。ハエジゴクイソギンチャクも、ナマコも、オオグソクムシもいない。海に沈んだディープウォーター・ホライズンの石油掘削施設の残骸には何も生き物が取りついていなくて背筋が寒くなる。ふつうは、泥地の深海層に何か固い構造物が出現すると、さまざまな動物がしっかりした足場を利用しようとして群がってくる。ディープウォーター・ホライズンには動物を寄せつけない理由が何かあるのだ。分解しつつある重油と分散剤の組み合わせである可能性が高い。

二〇一七年の潜水調査でマクレインとナノリーがディープウォーター・ホライズンの残骸の傍で目にした数少ない動物たちは、見るからに健康を損ねているようだった。カニは、長いあいだうまく脱皮できていないかのような痛ましい甲羅を背負い、通常よりはるかに密に油井のまわりに群がってゾンビのように這いまわっていた。[240]分解途上の炭化水素は、甲殻類の天然の性ホルモンが果たす化学信号とよく似た作用を示し、甲殻類を引き寄せているのではないかと二人は考えている。カニたちはいったん油井に近寄ると、毒性の高い環境のために体が弱って立ち去ることができなくなる。この状況をマクレインは、ロサンゼルスにあるラ・ブレア・タールピットという天然アスファルトの池に喩えている。その池では数百万年前にマンモスや地上性ナマケモノや剣歯虎（けんしこ）がとらわれて抜け出せなくなった。

このような危険があるにもかかわらず石油産業や天然ガス産業は、これまでより深い海域に手を伸ばそうとしている。海面下一〇〇メートルかそれより深いところにある油井はすでに珍しいものではなくなり、水深一五〇〇メートルあるいはそれよりはるかに深い海底の油井が増えている。深いところへ進出するほど事故や重油漏れが起きる可能性は高くなる。特に米国沿岸域では、ディープウォーター・ホライズン建造後に規制が緩和されて危険度が高まった。大事故を受けて当時のバラク・オバマ大統領は、流出事故の検証を行なう委員会を設置するための大統領令に署名し、その委員会は、新しい安全性基準や報告義務基準を策定し、米国領海内で掘削事業を行なう際の環境規制を設けるよう勧告した。しかし、そのあとのドナルド・トランプ政権は、人の命や環境を守って破局的な石油流出が再び起きないようにすることよりも、海洋の石油採掘をもっと安価で手軽に行なえるようにすることを優先した。

戦後、海中へ廃棄された化学兵器

不測の汚染物質を深海が受け入れた一方で、人間は深い海に広がる広大な空間を不要物や使い道のない物質を手間暇かけて沈める場所として利用してきた。沈めてしまえば、そのようなものがあったことをすぐに忘れ去ることができる。深い海をゴミ処分場として使うのは安全とは言いがたいものの、安上がりで簡便な選択肢であると判明することが多かった。海の底には、人間世界の移ろいゆく時代を映し出すさまざまなものが沈んでいる。

かつては蒸気船が定期運航し、今でも船が忙しく行き交う航路の真下の深い海底には、ガラスのような溶滓（ようさい）の塊が沈んでいる。[241] 石炭を燃やしたあとに残る石のような燃えかすで、蒸気船の炉からかき出して船べりから捨てられた。場所によっては、深海層に転がっている石の半分以上が人間の出したこのような不要物で、いろいろな化学物質が溶けてまじり合っていても気にしないイソギンチャクや腕足（わんそく）類などいくつかの動物がしがみついている。

最近になって、家畜の死骸が深い海でたくさん見つかった。世界中で安価な食肉の需要が高まり、地域の文化によって屠殺方法が異なることも手伝って、現在は毎年二〇億頭以上の家畜が生きたまま船に乗せられて海をまたいで輸送されている。そして事故も起きる。二〇一九年には、ルーマニアからサウジアラビアへ向けて黒海を航海中の家畜輸送船が転覆し、積んでいた一万四六〇〇頭の羊のほとんどが溺死した（一八〇頭は救出された）[242]。しかしその数カ月後に、その船が実際にははるかにたくさんの羊を甲板に隠して詰めこみ、運んでいたかもしれないことが明るみに出た[243]。飼育環境が劣悪だったり熱中症になったりしやすい状況におかれると、積み荷の動物が大量に死ぬこともよくある。二〇〇二年七月にオーストラリアから中東へ向けて羊が輸送された際には、四回の搬送で合計一万五一五六頭分の死骸がアラビア海へ投げ捨てられ、これらは暑さで死んだと報告されている[244]。ホネクイハナムシたちはご馳走にありついたにちがいない。

人間世界の廃水を未処理の下水としてほかの深海域よりもたくさん受け入れてきた深い海もある。そのようなことはもう起こり得ないが、それほど遠くない昔に下水汚物を船に積んで沖に出て捨てるという廃棄物処理が恒常的に行なわれていた。ニューヨークの沖にある「深海処分場一〇六番」には二〇年にわたって投棄が行なわれ、三六〇〇万トンの汚物が捨てられた。一九九二年にその処分場が閉鎖されるまでは、捨てられた汚物が茶色い浮遊物になって何マイルも漂った。海のどこに人間の汚物が捨てられたかを知るためのよい方法のひとつは、海底の堆積物から未消化のトマトの種（たね）を探すことだと教えてもらったことがある。

それよりはるかに大きな害をおよぼす物質が人間の安全を考えて深海に捨てられている。カリブ海の島プエルトリコでは、かつて、製薬会社に税金の優遇措置がとられていて、一九七〇年代にはそうした会社が数百トン、数千トンという有毒廃棄物をプエルトリコ海溝の六〇〇〇メートルの深みに投棄することが許されていた。

一回かぎりの廃棄物処理場として深海を利用するという珍しい事例もある。一九七〇年四月にアポロ13号は、酸素ボンベが爆発して三度目となる月の有人着陸に失敗した。三人の宇宙飛行士は月着陸船を救命筏（いかだ）にして地球に帰還したのだが、その途中で宇宙管制センターのスタッフは、宇宙飛行士たちが月から地球へ持ち帰るあるものについて心配し始めた。放射性同位体熱電気転換器は、プルトニウム２３８が崩壊するときに出す熱を利用するさまざまな科学実験装置の動力源として、本来なら月面に置いてくるはずのものだった。プルトニウム２３８は保護容器のなかに格納されていて、プルトニウムの半減期の一〇倍の期間にあたる八〇〇年のあいだ取り出せない設計になっていた。それでも米国航空宇宙局は、月着陸船が南太平洋めがけて大気圏突入する段取りを整えているときに、確実にトンガ海溝の上に着水するようコースを微修正した。すべてが計画どおり進んだ。宇宙飛行士たちは無事に帰還を果たし、放射性物質の入った容器は、地球で二番目に深い超深海の海溝のどこかに沈んだ。一万メートルより深い海溝の底かもしれない。

同じ年のもう少しあとの穏やかな陽が降り注ぐ八月のある日のことだった。米国海軍の将校たちはフロリダ州カナベラル岬の少し沖合で、軍の遠洋艦船が船首を空へ向けて傾き、深さ四八〇〇メートルの海中へとゆっくり沈んでいくのを見守った。米国艦船ル・バロン・ラッセル・ブリッグス号は、抗議する群集を尻目に列車で海岸まで運ばれた問題の荷物——マスタード・ガスや、神経毒のVXやサリンなど、冷戦時の不要な化学兵器二万トン——を積んでいた。これは極秘裏に進められた軍事作戦で、その艦船は一九六四年以降に穴を開けて沈められた一三番目の最後の船になった。計画は、「穴を開けて沈めろ」という英語の文節の頭文字をとって、「チェイス作戦」という暗号名で呼ばれた。(245)

化学兵器をいつも海に捨てていたのは米国だけではない。二〇世紀の半ばには、古くなったり不要になったりした神経ガスを廃棄するのが世界中の軍隊の正規の仕事になっていた。金属製のドラム缶に入れて船から海中へ落とすか、積み荷として乗せた船ごと沈めてしまうか、どちらかの手法が採られた。第一次世界大戦後には、ドイツがびらん剤〔皮膚、気道、目などを火傷（やけど）させる化学兵器〕のルイサイトを容器に入れて北大西洋に沈め始めた。第二次世界大戦後には、ナチスが製造した三〇万トンの化学兵器を連合軍が海に捨てた。一九五〇年代にはイギリス軍が古い商船に神経ガスを満載して、北アイルランドやスコットランドの沖合に沈めた。推定では一〇〇万トンくらいの化学兵器が沈められたとみられ、すべてが目につかない海の深みに沈んだ。(246)

チェイス作戦の詳細が民主党の下院議員によって暴露されると、深海投棄の問題が衆目を集めることになり、国を挙げて非難がわき起こった。チェイス作戦による一三番目の沈没計画の最初の案が保留になって政府公聴会がいくつも開かれ、米国海軍の科学者たちは、それまでに沈めた一二隻の船の位置をどれも特定できず、廃棄の手法が人間や環境に害をおよぼさないことを示す証拠を何も提示できないと認めた。残っている兵器を地下の核爆発実験地に埋めるなどの代替案が示されたがどれも棄却され、命とりになる化学物質を入れた容器が腐食して先行きが見通せない状況で時間切れになり、最終的に軍の手持ち案がなくなってル・バロン・ラッセル・ブリッグス号を沈める計画が進められた。

それでも市民の抗議は続き、そのあと一九七二年に米国海洋投棄法[*8]が成立して、有毒廃棄物の海への投棄がはじめて違法になった。同じ年には国連でロンドン条約[*9]が採択され、国際的にも海洋投棄が禁止される動きになった。歯止めのない投棄が数十年続いたあと、海洋と深海を今日守り続けている規約がやっとできた。

それから五〇年がたち、二〇世紀半ばの武器弾薬は委託処分された放射性廃棄物とともに、いまだに海の深み一帯に散らばったままで、それらがおよぼす悪影響の全体像は誰にも見えない。人的な被害も出ている。第二次世界大戦後に米軍が日本周辺の海に投棄した化学兵器は少なくとも八二〇件の事故を起こし、これには、海に沈んでいた軍需品を漁網で引き上げて漁師一〇人が死亡した事件も含まれる。また、アドリア海では一九四六年から一九九六年にかけて、底曳き網にかかった錆ついた爆弾から漏れた神経ガスとの接触により二〇〇人以上のイタリア人漁師が入院治療を受けた[247]。しかし、生態系におよ

＊8――正式名称は「海洋保護調査保護区法（the Marine Protection, Research, and Sanctuaries Act）」。
＊9――正式名称は「廃棄物その他の物の投棄による海洋汚染の防止に関する条約」。

ぼす影響を調べた研究はほんのいくつかあるにすぎない。

水深一八〇～三〇〇メートルのイタリア沖の海中投棄場では、ユメカサゴとヨーロッパアナゴという二種の魚に、化学兵器ルイサイトの痕跡を示すヒ素が通常よりも多く含まれていた。[248] ハワイのパール・ハーバーの近くには、水深四五〇メートルの海底の堆積物にマスタード・ガスの痕跡が見つかっている。[249] ここには武器の弾筒や不発弾が沈められた。深い海に沈んでいる化学物質には、有毒物質を内部に封じこめるような殻ができているかもしれないが、そうした封印がいつまで持つのか、あとどれくらいの量が漏れ出て汚染が拡大するのか、漏れ出たものがどこへ拡散していくのか、誰にもわからない。

米国のレイチェル・カーソンは、一九六一年発行の有名な著書『われらをめぐる海』の序章で、海のいたるところで廃棄されている汚染物質の危険性を指摘している。「海洋投棄は、人間が妥当だと考えるよりはるかに早く増えたというのが本当のところだ。取りあえず投棄して調べるのを後まわしにすると惨事を招く」と記している。汚染物質が海洋生態系のなかをどのように移動していくのか、あるいは、数十年にわたって行なわれてきた投棄が最終的にどのような結果をもたらすのか、こうしたことはほとんどわかっていないことから、海洋投棄は今も進行中の惨事と言ってよい。

深海で炭素固定？

一九七五年に発効された最初のロンドン条約では、高レベル放射性廃棄物や化学兵器などの投棄禁止物質のブラックリストのほかに、海に捨てるときに特別な取り扱いが必要になる有害度が曖昧な物質のグレーリストも作成された。一九九六年にはこのブラックリストとグレーリストは廃止され、条約は内容が一新した。議定書の改定に取り組んだ団体は、予防原則と呼ばれているものをそのまま取りこむことにした。海洋に投棄するものは「どのようなものでも」好ましくない問題を引き起こす可能性がある——問題を起こさないと証明されないかぎり——という考え方が核心にある。海に捨ててよいものといけないものを決めておくのではなく、今はすべてのものが投棄禁止になっている。ほんの一握りの例外的な物質や物体は、厳格な許諾を得て厳密な管理下でのみ投棄できる。対象となるのは、魚や農産物、船舶、石油採掘施設などである。

二〇一三年には新手の海洋投棄が禁止されて大きな議論を呼んだ。これまで数十年にわたって、研究者といくつかの民間企業は多量の鉄を海に投げ入れてきた——鉄を処分したかったのではなく、人間社会に必要以上にあふれて困っている、鉄とは別の物質を取り除くのに役立つかどうかを調べたかったのだ。

海洋施肥実験[250]は、糞をするマッコウクジラや熱水噴出孔がもたらす効果を基本的には真似ている。海水に鉄分を加えると植物プランクトンが大発生するきっかけになり、生物学的炭素固定が促されて、深海に取りこまれる二酸化炭素量が増える。深海ならば、数百年、数千年にわたって二酸化炭素を大気から切り離しておける——という理屈になる。これまでのところ、この過程の最初の段階は確かに起きることが一三の研究で示された。海に鉄を投入するときには、農業で安価な肥料として利用される硫酸鉄をふつうは使うが、それが植物プランクトンの発生を引き起こす。しかし、想定した現象が最後の段階まで続いて、深い海に沈む炭素の量が計測可能なほど増えることを示せたのは、それらの研究のうちひとつだけだった。

この手法が本当にうまくいくかどうかはわからないものの、二〇〇〇年代初期の経済界は、このアイデアに飛びついた。あらゆる種類の栄養源を海にまいて二酸化炭素排出権を生み出し、その排出権を売ることで利益を上げる計画を立て始めた。排出権の購入者は、自分たちが排出する二酸化炭素を深海に沈むとされる二酸化炭素で相殺できる。こうした状況を見て科学者たちは、毒性を持った藻類の繁殖や、大発生したプランクトンが分解するときに出現する酸素欠乏状態など、鉄分投入にともなって未知の副作用が起きるのではないかと心配し始めている。

企業が見せかけの炭素クレジット（温室効果ガスの排出削減量証明）で儲け始めるのではないかという疑念や心配が渦巻き、ロンドン条約の関係者は、海に積極的に施肥しようとする企業に対して活動の一時停止の措置をとった。国連の生物多様性に関する条約も、世界はまだ産業規模の海洋施肥を行なう段階に達していないと判断した。合法的な科学調査はまだ認められているものの、物議を醸しているいくつかの実験から研究者の足は遠のいているように見える。

二酸化炭素削減のための別の戦略としては、二酸化炭素を深海へ直接注入する方法がある。それには、これまで試されてもいない、問題のある手法を使わなければならない。二酸化炭素を十分に深いところまで注入すると、水圧によって海水より密度が高いドロドロの液体に圧縮される。理論的には、三〇〇〇メートルより深くなれば深海の海底に液体二酸化炭素の湖ができることになる。また、二酸化炭素の捨て場として海溝を利用することを思いついた人もいる。簡単な計算からは、巨大なV字形の岩盤の裂け目が数十もあれば、とてつもなく大きな二酸化炭素の廃棄場になる可能性が示された[251]。インドネシアの近くにあるジャワ海溝なら、二〇兆トンの液体二酸化炭素を受け入れることができ、プエルトリコ海溝でも同じくらいの量を受け入れられる。このような規模で考えなければならないのは、化石燃料を燃やしたりセメントを製造したりすることによって人間が排出する二酸化炭素量は推定で年に四〇〇億トンに迫ろうとしているからだ[252]。

今のところ、深い海溝への液体二酸化炭素の注入はロンドン条約で許されていない。しかし状況が変わるかもしれず、そうすると、超深海層がそのうち人間の忌まわしいゴミを隠しおく場所として使われるという背筋が凍るような事態になる。大気中から二酸化炭素を取り除いたり、発電所の排気筒から二酸化炭素をより分けたりするのにかかる費用や実用性については、今後計算して見きわめていかなければならない。深い海に生息する生き物におよぼす影響も計り知れない[253]。海溝は空っぽの容れ物ではなく、そこにしかいない動物、端脚類の群れ、クサウオ、ナマコ、巻貝、エビなど多様な生き物が入りまじって生活する場なのだ。

二酸化炭素の湖ができれば海溝に生息する生き物は一掃され、微生物群集は崩壊し、無数の新しい医学療法や人間社会に有用な未知の事象は消え失せる可能性が高い。数百年後になるかもしれないが、そのうち、深海に沈めた二酸化炭素が水に溶けこみ始め、酸性になった海水が海の底にある液体二酸化炭素の湖から漏れ出てくることもありうる。そうすると海の酸性化の問題はさらに深刻になり、海洋が自然に吸収できる二酸化炭素量が減るという問題が持ち上がる。

深い海は、気候変動によって大きな打撃を受けることがすでにわかっている。二〇一七年の大規模な研究では、深い海には今世紀末にどのようなことが待ち受けているかについての一連の衝撃的な予測が発表された[254]。中深層と漸深層(ぜんしん)では、現在の四℃という平均水温が八℃に上がるかもしれない。それより深いところでは水温が〇・五〜一℃上がるかもしれず、深海層の常に冷たい環境に慣れている生き物にとって、これも大きな脅威になるだろう。酸性化は海洋全体で進むとしても、水深二〇〇〇〜三〇〇〇メートルの水域ではもっとも極端な形で進行し、この深さに生育する深海サンゴ、ナマコ、そのほかの生き物は炭酸カルシウムの殻をつくるのに苦労するようになる。また、浅海のプランクトンが減って、降り注ぐマリンスノーの量が半分になる水域が出てくると、深海の生き物の食物はこれまで以上に減る。水温が上がると、深い海の大半で酸素が減少する。カナダのバンクーバー島の沖合の太平洋北東部では、その結果どうなるのかを見ることができる。海の上半分三〇〇〇メートルでは、ここ六〇年のあいだに海水の酸素濃度がすでに一五パーセント低下していて、[255]海底から離れた水中や、この息苦しい水域に達する高さを誇る海山群で生活する動物たちを脅かしている。

身勝手にもポンプで深海に二酸化炭素を送りこむような行為は、問題の解決ではなく隠蔽にすぎない。化学兵器や放射性廃棄物、そのほか人間が捨ててきたものすべてと同じだが、規模や危険性ははるかに大きい。捨てても二酸化炭素がなくなるわけではなく、大気や生きた地球におよぼす影響は先送りされるだけで、対処するのは未来の世代になる。

人間は過去の過ちから学ぶのが下手だが、この深海の件についてだけ言えば、たった数十年のあいだに、有害な物質や毒物を大量に海に捨てたことが容認しがたい事態になったおかげで、そのようなことが起きないように規制が設けられたのは喜ぶべきだろう。今後もし二酸化炭素が手に負えないほど増え、深海へ押しこんで万事丸く収まるよう願うしか道がなくなるなら、それは残念なことだと言うほかない。

誰のものでもないもの

海底の平原に転がるマンガン団塊（だんかい）

イギリスで二番目に大きな貨物港のサウサンプトンの波止場を歩いていたら、まわりのものの大きさや量を把握する感覚がゆがむように感じた。鉄製の頭のないキリンのようなクレーンがそびえ立ち、その背後には輸送用コンテナがレゴのブロックのようにきちんと積み上げられていた。東側の波止場に停泊している貨物船は、移動できる船というより大きな崖のように見えた。タイタニック号が出港した四四番埠頭のすぐ向かい側には、イギリスでいちばん大きな海洋科学研究所の国立海洋学センターがある。私はガラス張りの玄関ホールを抜けて、歴史的な英国艦船チャレンジャー号由来の口ひげを蓄えた騎士の船首像の下を通り、裏手の廊下を歩いて窓のない保管室に入った。保存用アルコールが鼻をついたと思ったら蛍光灯の照明が点灯し、それほど広くない部屋はガラス容器が並ぶ棚で埋まっているのがわかった。もっと広い世界をかつてさまよっていた生き物のコレクションを見に来たのだ。棚には、深海層で捕らえられた生き物たちの標本がびっしりと並んでいた。

　案内してくれたのは深海生物学者のダニエル・ジョーンズだった。一緒に棚のあいだを歩きながら、保存瓶のなかに浮いている動物を見てまわった。五本足のヒトデ、巻貝の渦巻き状の殻、棘だらけのカニなどが目に入り、ひょろ長い脚のウミグモは脚を折りたたんで瓶に収まっていた。[10] ダンボのような耳を持つジュウモンジダコや、体がピンク色のゴマフホオズキイカは、どちらも私が想像していたより小さく、せいぜい片手に乗るくらいの大きさで、今は囚われの身となって保存瓶のなかの小さな海に浮いていた。棚の瓶を次から次へと見ていくと、石でできた花のように見えるサンゴの大きなポリープ、細かく枝分かれした竹サンゴ、オーストロメガパラヌスと呼ばれる大型のフジツボ、バーベキューで焼きたてのように見えるピンク色のずんぐりしたエビが目に入り、ナマコの標本もたくさんあった。「夢のなかに現われる人」を意味するオネイロファンタ *Oneirophanta*[11] という学名がつけられたナマコもいた。白くて長い触手があるマントを着て、海底を歩くための小さな切り株のような管足（かんそく）が乳首のようにたくさん出ていた。ナマコのなかにはとてつもなく大きなものもいて、そうしたものはねじ蓋式の密閉瓶に一匹ずつ入れられていた。まとめて同じ瓶に入れられていたナマコは、手に山盛りにして遊んだ毛虫のように見えた。

　その時は、間近で見たい動物があった。深海層の厳しい環境で生活しているその不思議な生き物を私は写真でしか見たことがなかった。英語で「グミのリス」とあだ名のついた長さ一五センチのナマコで（学名は *Psychropotes longicauda*）、体は半透明のレモン色をしている。そして珍しいことに、体の後方に突起がまるでリスの尾のように突き出している。ジョーンズは、「あまり状態がよくないけれど」と言いながら棚から瓶を一本下ろし、形が崩れた青白い塊を見せてくれた。瓶のなかにいるのは、もはや美しいとは言えない動物であるのは確かだったが、まだ役に立っていた。保存標本の断片から採取されたDNAからは、見た目がよく似た数多くのナマコのなかには遺伝的に明らかに異なるものがいることが示されていた。(256)

階上のジョーンズの研究室へ行くと、やはり深海層で採取された凸凹のある黒い石が書棚に並べられているのが目に入った。そのうちのひとつは大きめのブロッコリーくらいで、手触りもブロッコリーのようだった。ほかにも、石炭のチキンナゲットのようなものや、滑らかな円盤形の小石のようなものがあった。ジョーンズから拳大(こぶしだい)のものを受け取ると、ふつうの石とはちがうことがすぐにわかった。その大きさにしては重すぎるのだ。ずっと昔に私の祖母が庭で見つけた石のようだった。私たちの家族はそれをずっと隕石かもしれないと思っていた。しかしジョーンズの石は宇宙から落ちてきたのではなく、深い海底に沈んだまま大きく成長したものだ。このような石の中心には、数百万年前にサメが落としていった歯や、クジラの耳の骨のかけらや、なにか堅い物体の小さな破片が入っている。ちょうど真珠ができるときのように、悠久の年月が経過するあいだに水中の鉱物や鉄分が、中心にある堅い核に薄い層をなして貼りつき、少しずつ大きくなって、こうした重い石ができる。

中学生の時の理科の授業で、ごつごつした鉱物の塊(マンガン団塊)が深海平原に転がっていて、そこに含まれる鉱物がそのうち採掘されることになると習ったのを思い出す。当時の私の頭のなかの海底は、泥や石のほかには何もない平らな泥地でしかなく、長い尾を持つ明るい黄色いナマコのような不思

＊10——蜘蛛(くも)恐怖症の人のための注釈。これは本当の蜘蛛ではなく、ウミグモと呼ばれる動物です。
＊11——ギリシャ語で「夢」を意味するoneiroと、「現われる」を意味するphainomaiが語源。

議な生き物が生活したり成長したりする場所ではなかった。

深海層から最初にこのような深海の石が引き上げられたのは一九世紀の半ばだった。引き上げたのは英国艦船チャレンジャー号に乗りこんでいたイギリスの科学者たちで、この時世界中を航海して、海洋についてのあらゆる知見を集めた。この時の深海層のマンガン団塊は一般公開され、まるで宇宙から飛来した珍品のように扱われた。ずっとあとになって、人々はその石に含まれる重金属について考え始め、深海へ行ってもっと拾ってくる価値があるかどうかと思いをめぐらせた。

この文章を書いている二〇二〇年の半ば時点では、深い海底ではまだ採掘事業は行なわれていない。しかし読者がこれを読むころには、最初の採掘事業が操業を始めているか、少なくとも事業が認可されている可能性がある。

ここ数年、採掘企業は、海面から数キロメートルという深さの、数千平方キロメートルという広い範囲の深海層でマンガン団塊を採掘する計画を立てている。欲しいのは石に含まれる鉱物だ。大ざっぱに言って構成成分の三〇パーセントは需要がそれほど多くないマンガンだが、ニッケル、銅、コバルトなど、もっと利用価値のある金属が微量ではあるが含まれる。[257]

深海層のマンガン団塊のほかにも、深い海で採掘事業を展開する企業が標的にするものが二つあることがわかってきた。採掘事業には海山の開発を計画しているところもある。マンガン団塊の表面に鉱物の層が塗り重ねられるのと同じ原理で、水中にある海山の頂上部や山腹には金属を豊富に含む皮殻が形成される。指の太さくらいの厚さの層ができるのに数百万年かかるが、重機を使ってそうした堆積物をかき集めて海面に輸送するには、ものの数時間あれば足りるだろう。また、採掘企業は熱水噴出孔のチムニーを取り壊す計画も立てている。灼熱の液体は冷たい海水に接触すると急激に冷え、溶けていた鉄、鉛、亜鉛、銀、金といった金属の混合物が析出して、合金となって沈着する。[*12]
このような投機的な採掘計画は、資本家による搾取という経済形態を象徴するものと言える。古くは一〇〇年の歴史を持つ植民地主義、近年は天然資源を収奪して輸出する多国籍企業の経営形態と結びついている。目的は単発的な資源の収奪で、ある場所で採りつくすと別の場所で同じ収奪を繰り返す。これまで、金や宝石の採掘、山を切り崩す石炭採掘、老齢の森林の皆伐などが行なわれてきた。この経営形態の核心となる場所には、いわゆる犠牲となる区域が存在し、その区域は経済的利益という名の下に破壊を免れない。そして広大な深い海域が——ひとつの採掘場が一年に操業する面積は数百平方キロメートル——、まさにそのような犠牲区域になろうとしている。
豊かな鉱物資源が深海に眠っているのは疑問の余地がなく、多くの人がそれを手に入れたがっているが、学術審査を経た無数の論文は、そのような収奪の危険性を指摘している。[258] 深海の資源採掘事業が生物多様性や自然環境に危険な状態をもたらし、いつそうした状態になるのか、あるいは、どの程度の規模になるのかは完全に予測できないものの、破局的な状況になってその影響が永続する可能性があるということは、現代の科学がはっきり教えている。
そうはいっても、人間は今、深海と、そして地球全体と、どのように折り合いをつけていくかという転換点に立って重要な選択を迫られている。人類がこれまでどのような道筋をたどって現在の状態にいたったのかという物語には、数多くの真実や嘘、高潔さや貪欲さ、過ちや不運が入りまじる。深海での

＊12——採掘業界では熱水噴出孔の沈着物を「海底熱水鉱床」、海山の堆積物を「コバルト・リッチ・クラスト」と呼ぶことが多い。本書では、もともとの姿である「熱水噴出孔」と「海山」と呼ぶ。

採掘に対する関心は、金属の価格変動をめぐる駆け引きのなかで高まっては衰え、大量消費にともなう需要の膨張に常に振りまわされてきた。海の深みに人が突然殺到したわけではなく、これまで五〇年以上も続いてきた海底利用のもくろみが、今、最高潮を迎えている。

貴重な深海の宝

ニューヨークの国連本部では、一九六七年一一月一日に開かれた国連総会で、海洋についての熱のこもった長い演説があった[259]。マルタ代表のアルビド・パルドの演説だった。「光の届かない海は命を生み出す子宮として機能してきた。生命は、やさしく守られた海で生まれたのだ。このはるか昔の痕跡を私たちはまだ体のなかに血液として、そして塩辛い悲しみの涙として持ち続けている」。パルドが言うように、人間は最近になって海へ回帰し始め、この途方もなく大きな領域から利益を上げようと、さらなる深みに目を向けてきた。これは、なじみのある地球上の生命が終焉に向かう兆しになるかもしれないとパルドは警告している。そのような道を歩みたくなければ、「すべての人にとって平和でますます繁栄する未来」のための基礎を築く絶好の機会になるかもしれないとも述べている。

国連総会ではその日の午前中に討論も予定されていたが、話をしたのは結局パルドだけだった。三時間にわたってパルドは、演説と言うより、海について、そして人が海をどのように利用しているかについての詳細な長い講義をしたと言ってよい。化学物質による汚染が引き起こす問題や、海山の頂上に核兵器が配備される可能性についても触れ、その七年前にジャック・ピカールとドン・ウォルシュが深海用潜水球トリエステ号でマリアナ海溝の底まで降りたときの記憶を呼び起こしながら、海洋探査技術の進歩についても語った。人間が海洋から受け取ることのできる恵みについても長々と話した。新たに操業を始めた米国の会社は、それまで知られていなかった魚を「濃縮フィッシュ・プロテイン」という画期的とも言える海産食品にして販売した。これは、家畜の餌として現在使われる魚粉の前身になった。この魚の新しいサプリメントが一〇グラムあれば、人間の子どもが一日に必要な栄養を一セント〔一円くらい〕以下の費用で提供できるとパルドは言った。また、一九八〇年代までに科学が進歩して魚の養殖技術が開発され、海に魚の養殖場を設置できるようになると予測した。空気の泡のカーテンで魚を囲いこみ、牧羊犬の代わりに調教したイルカに番をさせる。

将来性があるのは海洋養殖だとパルドは考えていたが、一九六七年の時点では海底の採掘が差し迫った課題にみえた。太平洋の水深一五〇〇~六〇〇〇メートルの海底に転がっている石のようなマンガン団塊は、そのあと数千年にわたって世界で使う量の金属を含む資源だとされていた。当時の世界消費量から考えると、銅ならこの先六〇〇〇年、ニッケルなら一五万年、コバルトなら二〇万年は不自由しないと考えられる量だった。これまでに知られている陸上にある鉱山の採掘では、どの金属も今後一〇〇年は持たない。

こうした数字をパルドは一九六五年に出版された本で知った。米国の鉱山技師ジョン・メロが執筆した『海の鉱物資源（The Mineral Resources of the Sea）』という本で、これを読むと、海底から見つかるマンガン団塊を珍品と見なすのではなく、鉱物資源としての可能性に着目するよう頭が切り換わる。こうした石はたくさんあるだけでなく、採掘してもまた成長するため、毎年増えて扱いに困るほどだろうとパルドは国連総会の参加者に話した。

パルドがいちばん心配したのは、海底にあるこの貴重な宝に誰が最初に手をつけるかということだった。第二次世界大戦が終わると、海に面した国々は徐々に自国の領海を水平線のかなたまで広げ、領土に面した海域の領有権を主張するようになった。そのようななかで一九四五年に最初に思いきった動きを見せたのがハリー・トルーマン大統領の率いる米国で、おもなねらいは沖合の石油と天然ガスの開発だった。[260] このように領海範囲をたやすく変えられたのは、その国が占有する領海と、誰のものでもない公海とのあいだに引く海上の境界線に確たる定義がなかったためでもある。沿岸各国は、海底の採掘への関心が高まるとともに、海底全体を関係国で山分けするまで領海を広げ続けるかのようにみえた。さらに、工業化の進んだ国には深海を採掘できる条件がいちばん揃っていたので、ほかの貧しい国々を押しのけて海底で一攫千金をもくろむのは目に見えていた。

パルドは演説の山場で、公海の下に広がる海底は、今も将来もすべての人間の共有資産であると宣言するべきだと訴えた。海底にある途方もない量の鉱物は、「誰にも損失を与えず、すべての人に役立つ」富として開発されるべきであり、海底の金属を採掘する許可は、一国だけが世界中のほかの国々、特に貧しい国々を差しおいて独り占めするべきではないと提唱した。演説から数年後のマスコミの取材に、「これから何世代にもわたって私たちの地球を守るための模索をするにあたり、あの演説なら将来への架け橋のようなものになり、世界中をつなげられると思った」とパルドは語っている。[261]

国連総会が開催される前には、そのような演説をすることに対して予想どおり賛否とりまぜた反応が寄せられた。当然のことながら発展途上国は、深海の富の配分にあずかるお墨つきを与えてくれる制度を望んだ。パルドは、一九世紀にアフリカ各地で先を争って陸上資源を奪おうとした植民地支配に海底の状況をなぞらえることで、こうした国々の支持をうまくとりつけた。パルドの考え方は、海底に資本主義の考え方を持ちこむことに反対する東洋の国々にも支持された。西洋の国々のなかにも支持する国がいくつかあった。影響力のある豊かな先進国は概してそれほど前向きではなかったが、提案を支持する国が数で勝り、海底を共有資産にするという考え方は、国連の行動計画にしっかりと組みこまれることになった[262]。

そのあと一〇年以上にわたって、その理念を念頭におきつつ海洋をどのように管理していくかについての難しい折衝が続いた。主要な採掘業者が深海の宝とされるものについてさらに知識を蓄積するにつれて、折衝と平行して海では重要な進展がみられた。

核ミサイル搭載潜水艦引き上げ作戦

一九七〇年代初頭の大量消費時代に鉱物の価格が急騰した際には、海底の採掘への関心に火がついた。工業化が進んだ西洋諸国は、南半球に偏在する発展途上国が輸出する原材料に頼っていたのだが、その依存体質を不安視する傾向がとても高まった。海底なら、政情が不安定と見なされていた国を介さず必需品を確保できる可能性があった[263]。パルドが概略を説明したように、当時は公海には所有者がおらず規制もなかったことから、深海へと採掘の場を移す可能性を探るのは合法であり、これは採掘業者にはこのうえなく魅力的に映った。ほぼ、やりたい放題だったのだ。

陸から離れた深い水域での操業は費用がかさむうえに危険をともなうので、鉱業を牽引する世界的な企業は、手を組んで多国籍合弁企業をいくつかつくった。ブリティッシュ・ペトロリアム社、リオ・ティント社、ロッキード・マーティン社、スタンダード・オイル社、三菱グループなど、聞き慣れた会社もある。こうした合弁企業は数百万ドルかけて採掘施設の試作品を開発した。一九七〇年代の終わりには、太平洋の海底にある鉄分を豊富に含んだマンガン団塊の試験採掘がはじめて行なわれて成功を収めた。合弁企業は数百トンのマンガン団塊を海底から引き上げ[264]、少なくとも理論的には海底の採掘が実現可能であることを示した。

のちに冷戦の後始末と考えられるようになる出来事も世界中の関心を集めた。一九七四年に米国船グローマー・エクスプローラー号は、太平洋でマンガン団塊を集めて海底の採掘の実用性を調べるという名目でカリフォルニアを出発した[265]。船の内部にある大きなハッチ（昇降口）は、円形の池のような発着孔に通じていた。ここを海中との接点にして潜水艇を発着させ、海底のマンガン団塊を探すことができる。というより、人々はそうするために使うと信じこまされていた。ところが実際は、その六年前に行方不明になったソビエトの弾道ミサイル搭載潜水艦K－129の残骸引き上げに使うハッチだった。米国は、ハワイの北西二四〇〇キロメートル、深さ五〇〇〇メートルの海底で沈没船を発見していた。米国中央情報局（CIA）はアゾレス諸島計画という暗号名で呼ばれた作戦を秘密裏に開始し、調査船とソビエトの潜水艦を引き上げる装置に五〇〇〇万ドル〔五億五〇〇〇万円〕を投じた。

グローマー・エクスプローラー号は難破した潜水艦の真上に到着すると、円形の発着孔の入り口を開けて巨大な把握器を海中へのばし、壊れた潜水艦をつかんだ。しかしそれを引き上げる途中で把握器が破損して潜水艦が真っ二つに折れてしまい、いちばん大事な核ミサイルと暗号解読のための符号表はまた深海へ沈んでしまった。この出来事のあと米国人たちは計画を中止したが、そのころにはCIAは煙幕を張りめぐらせ、地質学者を採鉱関係の会議へ派遣して、海底から引き上げたわずかばかりのマンガン団塊を公開することで、深海での採掘を合法的に計画しているかのように装った。

一年後にアゾレス諸島計画についての真実が明るみに出たころには、海底の採掘への関心は薄れ始めていた。正規の海底調査からは、最初に約束されていたほどの成果は上がらないことがわかってきたからだ。ジョン・メロの本に書かれた数値は、たった四五個のマンガン団塊にもとづいて推定されたもので、詳細な研究からは、マンガン団塊はメロが主張したくらいの数は見つかるかもしれないものの、内部に含まれる鉄分の割合は必ずしもそれほど高くないと判明した[266]。決定的にちがったのは、マンガン団塊はすぐに成長しないという点だった。深海のマンガン団塊の形成は、地質学的な営みのなかでももっとも進行が遅い部類に入る[267]。一個のマンガン団塊がグリーンピース大からゴルフボール大になるのに一〇〇〇万年かかる。

海底の採掘を取り巻いていた初期の高揚感は、経済的な理由や政治的な要因によってさらにしぼんだ。鉄の価格は下落し、海底の所有権問題について国連で続けられていた折衝の先行きはますます見えにくくなった。採掘合弁企業にとっては、得られた利益を独占できる見通しがたたないかぎり、深海の将来性はひどく乏しいままだった。こうして一九八〇年代には海底の採掘計画のほとんどがお蔵入りになった。

公海の下の海底「深海底」

深い海の恵みを分かち合うというアルビド・パルドの考え方は、海底の採掘に対する関心の第一波を起こすのにも、そのあとそれを食い止めるのにも、中心的な役割を果たした。海は誰が所有して利用するのかという議論を国連で巻き起こすきっかけにもなった。

最終的に国連は、「海洋法に関する国際連合条約」を一九八二年に採択した。これは多数の国が参加する国際的な合意で、地球の青色の部分の管轄をはっきりさせた。これにより、沿岸各国の領海が岸から一二海里に定まった。[*13] さらにその外側には二〇〇海里の排他的経済水域があり、それぞれの国はここで海底の生物資源や鉱物資源を開発する権利を有する。[*14] それ以外のすべての水域は公式には公海になり、これが地球の半分以上を占める。そのような公海の下に広がる海底は、国連では「深海底（the Area）」という専門用語で呼ばれるようになり、海底を仲よく使うというパルドの考え方が実を結んだ。「海洋法に関する国際連合条約」の第一三六条項には簡潔明瞭に次のように記されている。

「深海底」と、そこにある資源は、人類の共有資産である。

そして「深海底」という共有資産を管理するための新しい組織がつくられた。国際海底機構（ISA）[(268)]は、公海の海底で行なわれる採取や採掘に目を光らせる義務を負い、それをできない人たちの代弁者の役割を果たす。この責務によって国際海底機構は類を見ない強力な地位を確立することになった。「深海底」は地球上でいちばん広い面積を占め、それが単一の世界組織の権限で管理されることになったのだ。

海底の採掘が国際的な関心事としてまた蘇ったことから、国際海底機構の役割は以前にも増して重要になった。鉄の価格が上昇し、深海の採掘技術が向上したので、海底の採掘ができるかどうかを企業はまた検討し始めている[(269)]——採掘を始めるための手順が定まったことも大きい。国際海底機構に加盟して、「深海底」にある好きな場所の海底を選んで五〇万ドル〔五億五〇〇〇万円〕を支払えば、どの国でも採掘という開発の許可を得るための申請をすることができる。そうするとその国は、契約区域の鉄資源の採査と、所有している採掘機器の試運転を行なうことができるようになるが、操業はまだ認められない――海底鉱床の開発計画、組織の経営形態、得られた利益の配分方法を定める採鉱法[270]と呼ばれる取り決めを国際海底機構がまとめ上げて公表してはじめて操業できる。

国際海底機構はこの採鉱法を公表する期限を二〇二〇年とみずから決めたが[271]、コロナ禍のせいで遅れている。採鉱法がまとまりさえすれば、企業は探査許可を採鉱許可に切り替える申請を提出することができ、そのあとはじめて本格的な採鉱が始まる。公表がそのような転換点になるとわかっている国際海底機構は、早く申請すれば早く操業が許されるかのように探査許可を出してきた。[*15] 二〇一九年までに中国は、いちばん多い五カ所の探査許可を取得し[272]、イギリス本土の面積とだいたい同じ二四万平方キロメートルの海底を探索できる。それらの中国企業のうち三社は、三種類の海底の採掘すべてについての許可を有する。インド洋では熱水噴出孔、太平洋西部では海山、太平洋中央部のクラリオン・クリッパートン海域（CCZ）と呼ばれる海域ではマンガン団塊の探査をしている。

クラリオン・クリッパートン海域は、東側をメキシコ、西側をキリバスの島々に挟まれた数千キロメートルにわたって延びる起伏のある深海平原で、金属を含むマンガン団塊が散らばっている。場所によっては砂利道かと思えるほど団塊の散らばる密度が高い。こうした金属を含む石が散らばる深海層はこ

＊13――一海里は一・八五キロメートル。

＊14――大陸棚が二〇〇海里（三七〇キロメートル）以上広がっている場合は、その国は排他的経済水域を拡大するための申請ができる。たとえば「真のアイルランド地図」を見ればそれがよくわかる。

＊15――本書が印刷所に回された時点で国際海底機構は合計一五五万平方キロメートル以上におよぶ三一カ所の採鉱探査許可を出している。https://isa.org.jm/deep-seabed-minerals-contractors を参照。

こだけではないが、商業的にもっとも価値が高い鉱床のひとつだと考えられている。中国のほかにも一〇以上の国が、群がるようにクラリオン・クリッパートン海域の探査許可を取得した。この海域の海底地図を見ると、テトリスというゲームのように不規則な形状の巨大な探索区画が隙間なく並んでいる。ほとんどの区画は面積が八万平方キロメートルくらいあり、これが開発区画の標準的な広さになる。フランス、韓国、日本、ロシア、ベルギー、ドイツ、シンガポール、イギリスが探査区画を有していて、あるひと区画は、ブルガリア、ロシア、スロバキア、チェコ共和国、キューバが共同調査している。米国が入っていないのは「海洋法に関する国際連合条約」を批准していないからで、批准していなければ国際海底機構の加盟国とは見なされない。しかし、クラリオン・クリッパートン海域の採掘権を有するUKシーベッド・リソーシズ社というイギリスの会社は、米国で航空機や武器を製造している巨大企業ロッキード・マーティン社のイギリス支社・英ロッキード・マーティン社の完全子会社である。

申請された区画には、国際海底機構が自ら採掘するために取りおいている区画もある。エンタープライズは国連のまた別の機関だが、これは国際海底機構が運営することになる採掘会社でもある。深い海の恩恵を分かち合うのを手助けする取引の一環として採掘を行なう国の技術を使わせてもらい、何らかの利益が上がれば国際海底機構に加盟する国々に分配することになっている。だから、一九九四年にジャマイカのキングストンに事務所をかまえたまさにその瞬間から、国際海底機構は海底の採掘を円滑に進めるために存在し、採掘活動全体を監視しながら最終的には独自の採掘を行なう組織なのだ。

二〇二一年時点で国際海底機構の事務局長を務めるマイケル・ロッジは、これまで開発寄りの姿勢を幾度となく示してきた。海底の採掘企業であるディープグリーン・メタルズ社の広報ビデオに出演したこともある。二〇一八年に発表された雑誌記事では、深海の採掘を進めるべきかやめるべきかという

「存続についての論争」は無意味で建設的ではないとしている。[273] ロッジとしては、深海での採掘ありきなのだ。

しかし国際海底機構が責任を負うのは採掘だけではない。海の生態系保護も「海洋法に関する国際連合条約（海洋法）」によって法的に定められている。条約の本文はこの点を強調している。海底の採掘による破壊的な影響から海洋環境をうまく守り、海洋の生態系バランスを乱すのを避け、海の動植物相に被害をおよぼすのを防ぐために、国際海底機構は段階的にどのような手段をとればよいか、いくつもの条項で説明されている。海洋法の総則でも、希少で脆い生態系の保護や、数が減って絶滅のおそれがあったり絶滅の危機にあったりする生物種の生息地の保護を求めている。

海洋法が起草された一九七〇年代には環境問題への関心がそれほど高くなかったことを考えると、こうした制約が設けられたことに驚く人もいるだろう。条約はマンガン団塊だけに着目していて、海山や熱水噴出孔の採掘には触れていない。マンガン団塊密集域にしても、何もない泥地に石が転がっている状態に毛が生えたくらいのもので、ただの石を取り除くことで起きる生態系の損傷はほとんどないと当時は考えられていた。利益につながるものがあまりにも少ないと思われたことで、そのような力強い内容を条約に盛りこむことが容認されたのかもしれない。当時は環境保護とは無縁のことのように思えただろうし、採掘業の障害になるととらえられていなかったことは確かだ。しかし今は、鉱物資源が豊富にあることに始まり、複雑な生態系が成立していることまで、深い海についての知識は大幅に増えた。

国際海底機構は深い海底の開発者であると同時に守護者にもなったので、[274] 海底の採掘を進めることを容認しながら海の環境が傷つけられるのを防ぐには、双方の勢力を納得させる必要がある。時間がたてば、深海の採掘業を監視している者たちが海底存続の危機そのものにどのように対処するかが見えてくるだろう。

クラリオン・クリッパートン海域のマンガン団塊と海底生態系

数年前までは、クラリオン・クリッパートン海域で生物学的な探査はほとんど行なわれなかった。あまりにも辺境にある海域で、たどりつくのに費用がかかりすぎたためだ。しかし今は採掘業界の関心が高まって資金が注入されるようになり、この海域にはまばゆいほどのスポットライトが当たっている。採掘が始まる前のクラリオン・クリッパートン海域の海底生態系はどのようなものなのか手がかりをつかんでおこうと、いくつもの科学者の研究チームが独自に、あるいは採掘業者と組んで探査を行ない、採掘が始まったらどのような影響が出るのか予測しようとし始めている。[*16] 開発を始める前に実施する環境評価は、国際海底機構から採掘許可を得るための規定のひとつになっている。この環境評価で次々と新しい発見が続いたことで、クラリオン・クリッパートン海域はふつうとはちがう特別な場所であり、食物に乏しい深海層にしては生き物がかなり多いと科学者たちは気づいた。

エビ、ナマコ、クモヒトデ、ヒトデはマンガン団塊密集域をさまよい歩く。魚やタコも泳いでいる。クラリオン・クリッパートン海域で特によく見かけて種類が多いものにクセノフィオフォラと呼ばれる動物がいる。[*17] せいぜい手のひらを広げたくらいの大きさにしかならず、彫刻を施した泥の玉のように見える。そうは見えてもやはり生き物で、ギリシャ語を語源とするその名前は「自分のものではない体を持つ者」を意味する。このアメーバ状の生き物は、海底の砂の粒子をつなぎ合わせて殻をつくることから、そのような名がついた。クラリオン・クリッパートン海域では数十種類のクセノフィオフォラの新種が見つかっていて、[275]確かに奇妙な姿をしているものの、体のなかに潜りこむゴカイ類や甲殻類、そのほかの生き物のための微小な生息場所として、深海層の生き物の大切なオアシスになっている。

マンガン団塊そのものも、あらゆる種類の生き物のすみかになる。[276]クラリオン・クリッパートン海域で生活する動物は、すべて合わせると六〇~七〇パーセントがマンガン団塊という石に頼って生活する。森林に木が不可欠であるのと同じように、深海層の生態系にはマンガン団塊が不可欠なのだ。マンガン団塊の穴のなかや割れ目には線虫のような線形動物や緩歩動物のような小さな生き物が潜んでいる。緩歩動物は顕微鏡で見ると熊のように見えるためクマムシと呼ばれ、凍結させても、煮ても、宇宙の真空へ連れていっても生き延びることができ、何もかも押しつぶしてしまうような水深数千メートルの水圧にも耐える。

マンガン団塊は、イソギンチャク、カイメン、サンゴ——超長生きのツノサンゴも含む——が取りつく足場になる。どの生き物も海底から一段高いところに居をかまえることができ、そうすると水中を漂う食物粒子をとらえたり濾過したりしやすくなる。深海層の石や、そこから伸びる背の高いカイメンは、頭足類にとっても欠かせないことが最近わかってきた。

それほど深い海域で泳ぐのを目撃されたタコは、二〇一六年まではジュウモンジダコだけだった。頭

＊16——学問の自由を守るために、科学者たちは採掘業者と協働するときには慎重に交渉して契約を結ぶ傾向がある。しかし、海底の採掘を公に批判し続ければ補助金が打ち切られるかもしれないと、採掘トップ企業の担当者が深海学者に言いわたしたと、二〇二一年のウォールストリート・ジャーナルの記事は伝えている。

＊17——有孔虫の一種。有孔虫は海底ではよく見られて微小なものが多いなかで、クセノフィオフォラは地球上でもっとも大きな単細胞生物の部類に入る。手のひらサイズのボールのような体は生きた細胞一個でできている。

しかしある潜水艇が、ダンボの耳のような二枚の鰭をやさしく波打たせながら水中を泳ぐ。しかしある潜水艇が、幽霊のように白い見慣れないタコが水深四三〇〇メートルの海底でじっとしているのを見つけた。この透明な動物はビーズのような黒い目でカメラをのぞきこんだので、キャスパー〔米国の同名の映画に登場する少年の幽霊〕というあだ名がついた。波打つ鰭がなく、海底に隠れたり這いまわったりする底生のタコであることは明らかで、このようなタコは、はるかに浅い海底でしか目撃されていなかった。

この発見のあと、深海層のキャスパーがもっといないかと探索が始まった。潜水艇が撮影した過去の映像を調べたところ、色の薄い気になるタコが、これまでに一〇回以上も深海層の深みで撮影されていたことがわかった。そのうち二匹は明らかにメスで、死んだ背の高いカイメンの柄に卵を産んで、それを腕で抱きかかえていた。[277] そしてそのカイメンの柄はマンガン団塊の石から出ていた。今では、マンガン団塊はタコの保育器の礎石としても使われるとわかっている。

広大な深海層で野生動物を調べるのは容易でない。クラリオン・クリッパートン海域は端から端まで四〇〇〇キロメートルあり、面積はヨーロッパに匹敵する。目で確認できる大きめの動物種を調べ上げるのは、深海層を進みながら無数の写真を撮る自動操縦の水中艇の仕事になった。写真を二、三枚撮れば動物が写りこんでいる場合が多い。あだ名が「グミのリス」のナマコとか、サンゴとか、イソギンチャクといった動物が、海底のビリヤード台くらいの面積あたりに一匹いる計算になる。マンガン団塊密集域に生き物は比較的まばらにしかいないが、深海平原という広大な海域全体で考えるとかなりの数にのぼる。クラリオン・クリッパートン海域の大型動物相——一センチくらいより大きな動物——の多様性は、深海全体のなかでもっとも高い部類に入る。[278]

北半球の熱水噴出孔と南半球の熱水噴出孔

深海層のマンガン団塊密集域全体で考えると生き物は明らかに多い。だから、生物や生態系に打撃を与えることなく首尾よく海底の採掘を行なう状況を想像するのは難しい。深海の専門家のあいだでは、マンガン団塊の採掘が明らかに悪影響をおよぼすと広く意見が一致している。ある論文で簡潔に述べられているように、採掘は、マンガン団塊を生息場所にしている「生物相を消し去る」[279]だろう。

採掘機が必要な石をそっと持ち上げて取り去るだけだとしても——そんなことはあり得ないが——、もとのようにもどるのに数百万年かかると思われる生き物の生活の場が失われる。そして海底の採掘機は、石を持ち上げるだけでなく、ほかにもさまざまな悪さをする。

ふつうは深海層は動きのない静かな場所で、特にクラリオン・クリッパートン海域はそうで、水の透明度もきわめて高い。だが、もし採掘が始まれば状況は一変する。採掘業者はマンガン団塊を集めるためのさまざまな仕様の機材を開発していて、海面に浮かぶ船中から操縦士がそれらを遠隔操作する。科学者が使う潜水艇を巨大化して破壊力を持たせたようなものと考えればよく、大きな電気ブルドーザーに似ている。よくある型は、キャタピラーで移動しながら、進路から逃げられない動物を踏みつけ押しつぶす。柔らかい海底を一〇センチくらい掘り返す金属製の歯が並んだ装備を持つ機材もあり、通り道にあるマンガン団塊をジャガイモの収穫機のようにかき取ってすくい上げる。そのほかは掃除機に近い。マンガン団塊、海水、その付近にいる生き物をまとめて水中ポンプで吸いこむ。そしてマンガン団塊は、鉛直方向に延びるパイプのなかをガラガラと音をたてながら数キロメートル上の海面へと送られる。

採掘機が轟音をたてながら海底を移動すると細かい泥が舞い上がるが、深海にはそれを消散させる水の流れがないので濁りはなくならない。サンゴやカイメンなど泳いで逃げることのできない動物がそのような濁った水に覆われると、息ができなくなって窒息する。

現実に起きる海底の破壊が途方もない規模になることを考えると、海底の採掘で起きるであろう悪影響を耳にするたびに、本当に恐ろしい事態に陥るだろうと思ってしまう。重機は水平方向へ移動しながらマンガン団塊を採掘するので、作業範囲の海底はとてつもなく広い。ひとつの採掘事業で利用する深海層の海底は年に数百平方キロメートルになると考えられ、これはイギリスのワイト島と同じくらい、あるいは米国のマンハッタン島の数倍の面積に匹敵する〔佐渡島の半分くらい〕。クラリオン・クリッパートン海域では、採掘権を得ようと一〇以上の国や企業が競い合っているので、複数の採掘計画が承認されたあと三〇年かそれ以上のあいだ、その海域の深海層で作業範囲が広がっていく可能性が高い。

海山や熱水噴出孔の採掘による影響の予測も、マンガン団塊に劣らないほど背筋が凍るものになる。海山や熱水噴出孔では、鉄分に富んだ鉱石が海底にただ転がっているわけではないので、切断したり掘り起こしたりしなければならない。巨大な破砕ロボットや掘削ロボットの一団が送りこまれ、海山の頂上部を削り取ったり、熱水噴出孔のチムニーを解体したりする。その時には、道路工事で削岩機を使うときのような騒音が出るだろうが、水中では音がはるかに大きくなり遠くまで伝わる。採掘作業がたてる大音響で生き物が怖がって海山に寄りつかなくなることもあり得る。産卵する魚も、回遊するサメやウミガメも、近寄らなくなるかもしれない。有毒物質を含んだ粒子は、掘削現場から大きな波紋のように海中に広がり、巨大な噴煙のように立ちのぼったあと沈んで海底を覆うだろう。

海山は根こそぎ崩されることはなく、高さが以前より数メートル低くなるだけで終わる可能性が高い。

しかし、かつてカイメンやサンゴの森に覆われていた海山には何もなくなる。影響は底曳き網が通過したあとに匹敵するかもしれないが、採掘ではもっと整然と徹底的に破壊が進められる。海山の頂上に高額な機材がいったん下ろされると、海面からの指示にしたがいながら、目につくものはすべて収奪される。

一方、熱水噴出孔のチムニーは叩き潰され、そこにたまたま生息していた珍しい生物集団のすみかも同時に破壊される。スパンコールをちりばめた衣を着た攻撃的な虫、紫色の靴下のような動物、毛深い腕を持ったカニ、それ以外にも、まだ存在すら知られていない名もない生き物たちが犠牲になる。

熱水噴出孔の生物集団は、採掘による衝撃からすぐに立ちなおるという誤解が広まっている。[280] 噴出孔内部にある金属を採掘するためにチムニーを破壊すると、火山性の噴火でマグマが流れ出たり地震で背の高いチムニーが崩れ落ちたりするときに生き物が一掃されるのと同じような破局的な状況になるのは疑問の余地がないだろう。頻繁に火山活動がある海域では、噴火のあと数年以内に生態系を回復させる可能性を秘めた生物種が多勢を占め、失われた集団を復活させるための幼生が近隣の熱水噴出孔からたどりつくので、生態系は早く変化して素早く立ちなおるよう進化する傾向が強い。どの熱水噴出孔も同じように変遷すると考えるのは危険だが、よく調べられた熱水噴出孔の特性をもとにたどりついた考え方のひとつではある。

これまで四〇年のあいだ深海の研究は、研究拠点に近い北半球の熱水噴出孔で集中的に行なわれてきた。[281] 米国マサチューセッツ州のウッズホール海洋研究所とフランスのブルターニュにある海洋開発の研究施設であるフランス国立海洋開発研究所（ＩＦＲＥＭＥＲ）の中間にある大西洋中央海嶺には無数の調査隊が送り出されてきた。太平洋北東部にある熱水噴出孔は日本の海洋研究開発機構（ＪＡＭＳＴＥ

C）が調べ、北米の太平洋岸の科学者たちは、バンクーバー島の西にあるワーン・デ・フュカ海嶺やエクアドル沖のガラパゴス地溝帯を調べてきた。よく調べられてきた北半球の熱水噴出孔は、大陸プレートが勢いよく引き裂かれている中央海嶺に位置し、海洋の熱水噴出孔でもっとも消失しやすい部類に入る。

科学者たちが北の熱水噴出孔を調べているのに対して、採掘企業は南の噴出孔を調べている。二〇一九年に探査許可が出ていた領海と公海にあるすべての熱水噴出域のうち、九つが北半球にあり、三六が南半球にある[282]。南半球の熱水噴出孔のほとんどは中央海嶺ではなく大陸プレートの沈み込み帯にあり、鉱物採掘業者がいちばん開発したがっているタイプになる。沈み込み帯の熱水噴出孔は寿命が長く、噴出した熱水流体から数百年、数千年という年月のあいだに析出した多量の金属がすでに堆積している。さらに、大陸プレートが衝突するときには金属を豊富に含む海底地殻の巨大な塊の片方がマントルに沈み込んで溶けるので、沈み込み帯にある熱水噴出孔には多くの金属がまじり合った熱水流体が湧き出る。

南半球の熱水噴出孔は、北半球の中央海嶺にあるものより、はるかに安定していて消滅しにくいということもある。これは、研究者たちがポリネシア諸島のトンガを繰り返し訪れて、南半球にある熱水噴出孔を調べた数少ない研究からわかった。トンガは、領海内の海底探査許可を得ている南太平洋の国のひとつで、一〇年にわたる調査では、噴出孔は地質学的にも生物学的にもほとんど変化しなかった[283]。噴火やマグマ流出の兆候はなく、チムニーは背が高いままの状態を維持し、熱水噴出孔から流出し続ける灼熱の液体の温度は変化せず、化学合成するイガイ類や野球ボール大の巻貝が密集する集団の生育場所も変わらなかった〔二〇二二年の海底大噴火の影響が気になる〕。

そのような安定した環境は、K戦略者には好ましい。K戦略とは生態学者がつけた繁殖戦略の区分で、寿命が長く、繁殖に時間を要する生き方を指す。爆発や噴火が頻発する環境——海底の採掘も含まれる——にはあまり適していない。これまで熱水噴出孔には、どちらかというとひ弱に見えるが成長が早く、短命でも大量の子孫を残して変化が目まぐるしい環境にうまく対応できるｒ戦略者が生息すると考えられてきた。ところが、安定しているトンガの熱水噴出孔では話がずいぶんとちがった。熱水噴出孔は環境変動が激しく、生まれつき回復力があるｒ戦略者がもっぱら生息するとよく耳にするが、そうではなかったのだ。北半球の短命な熱水噴出孔の生態系が採掘のもたらす衝撃から回復できるかどうかは、どのような採掘が行なわれるか、どの熱水噴出孔が損傷を受けずに残されるかによって大きく異なってくるので何とも言えない。しかし、おとなしい南半球の熱水噴出孔で採掘が実際に行なわれでもしたら、そこに見られる生態系は北半球のものより大きな打撃を受け、回復までにはるかに長い時間がかかるのは目に見えている。

ウロコフネタマガイの危機

海底の採掘によって生物は明らかに絶滅の危機にさらされ、特に熱水噴出孔ではその傾向が強い[284]。二〇一九年にウロコフネタマガイ〔口絵㉙〕は、深海の採掘によって絶滅の危機に瀕することになった最初の生物種と公式に認定された[285]。この認定は、その三年前に行なわれたインド洋巡航調査の結果を受けてのもので、深海軟体動物学者のジュリア・シグワートたちは、調査の時にケイリ熱水噴出域で潜水調査を行なった。ケイリ熱水噴出域は縦三〇メートル、横八〇メートル（サッカー場の半分くらいの広さ）あり、ウロコフネタマガイの生息地として知られていたが、その時の調査では、黒光りのする貝殻から鎧を着た足を出す巻貝をただの一匹も見つけることができなかった。二回目の潜水調査でやっと二匹だけ見つけたが、そこは以前、数千という巻貝がいた海底だった。そのあとさらに少し見つかったものの、この巻貝を見つけるのがいかに難しいかを——まだ採掘が行なわれていないケイリのような熱水噴出孔でも——シグワートは思い知った。採掘が行なわれれば、何が起きたのか誰も知らないうちに、数が少ないウロコフネタマガイがいかに簡単に一掃されるかもわかった[286]。

　シグワートはインド洋の調査が終わったあと、そのような危機的事態を一般の人にわかりやすく広く知らせることにした。まずは、危険にさらされている生物種についての世界的権威である国際自然保護連合（ＩＵＣＮ）の専門家たちと連絡をとった。国際自然保護連合は、現生する世界の生物種を絶滅の危険度に応じて分け、レッドリストという一覧を作成している。リストの一端には、ヨーロッパヒキガエル、ヨーロッパアナグマ、コヨーテ、コマツグミなど、問題なく生存している種が数千種並び、これらは「低懸念」に分類される。そこから先には、「危急」「危機」「深刻な危機」と、絶滅の危険度が高くなる生物種が続き、トラ、ホッキョクグマ、オオチョウバエの一種、ムラサキヘイシソウ、ベルテネズミキツネザル、カタリナキプリノドンなどが、この分類に含まれる。さらにもう一段階上の分類が「絶滅」である。

　ウロコフネタマガイが絶滅の脅威にある状況を国際自然保護連合が査定できるようにと情報がまとめられた。集団の総個体数の推定値は不明だが、生息地のマダガスカル南東二〇〇〇キロメートルにあるロンチ熱水噴出域、モーリシャス領海内のソリティア熱水噴出域、その七五〇キロメートル南のケイリ熱水噴出域の三カ所にある生息地の合計面積はせいぜい二ヘクタール（サッカー場四面分）である。ウロコフネタマガイの遺伝的解析からは、数百キロメートルから数千キロメートル離れたこの三つの集団を行き来する幼生はほとんどいないことが明らかになっていて、採掘活動が行なわれると、この巻貝には集団を回復する生物学的能力がほとんど、あるいはまったくない。つまり、もし採掘によって三つの集団のうちのどれかが一掃されても、救援に駆けつける部隊はないということになる。それなのに国際海底機構は、三つのうち公海にある二つの熱水噴出孔の採掘探査許可を出した。ケイリ熱水噴出孔はドイツに、ロンチ熱水噴出孔は中国に探査許可が与えられた。

これらのことから、ウロコフネタマガイは「危機」種としてレッドリストに加える要件を十分に満たした。そのあと、ウロコフネタマガイのほかにも、シグワートらが調べた熱水噴出孔の軟体動物が数多くリストに加えられた(287)。「危急」のものもあれば、「危機」のものもあり、「深刻な危機」のものもある。まだ軟体動物が指定されただけだが、ほかの熱水噴出孔固有の生物種や、海山や深海平原に生息している種についても、深海の採掘に直面したときに受ける脅威を同じように査定してもよいだろう。

絶滅の危機にあるというお墨つきをもらっても、自動的に法的な保護が受けられるわけではない。しかし国際自然保護連合のレッドリストは、大きな問題を抱えている種や、対策のための対話の道筋をつけて、国際的な政策の立案を手助けするのにすぐにでも関心を寄せる必要がある種に、人々の注意を向けさせるための強力なしかけになる。[*18] 前述のように、海洋法では絶滅の危機にある生物の生息地を保護

＊18――ウロコフネタマガイが絶滅の危機にあるという状況がはじめて公になったときに、この巻貝の評判を高めるための試みがいくつか行なわれた。「名前にウロコとついていると魅力的に感じられない」とジュリア・シグワートは言う。そこで巻貝には、やはり絶滅の危険がとても高いが鱗(うろこ)があって動く松ぼっくりのように見える可愛らしい哺乳類にちなんで「ウミセンザンコウ」という愛称が与えられた。しかし、陸上のセンザンコウも一般にはなじみのない動物だったので、愛称は取り下げられた。

する義務を定めている。国際自然保護連合が行なった熱水噴出孔の生き物の査定でも、単純だがきわめて重要な事実が明らかになった。つまり、絶滅が心配される動物のリストから、ウロコフネタマガイのような動物は比較的簡単にこぼれ落ちるということだ。そのようなことが起きないようにするには、こうした熱水噴出孔での採掘を進める許可を出さないようにする必要がある。

熱水噴出孔に差し迫るいちばんの脅威は採掘しかなく、これはとても簡単にやめさせることができる。すでに保護の網がかけられている熱水噴出孔もあり、そこでは海底の採掘は許されない。カナダ領海にあるエンデバー熱水噴出域などそのほとんどは、採掘業者がどのみち関心を示さない北半球に位置する。南半球でもたまに、ホフガニが生息する南極海の熱水噴出孔のように保護されているものがある。[288]保護されているこうした場所は採掘から守られているので、絶滅の危機が差し迫っているとして要注意になる生物種はほとんどない。ほかの場所も保護すれば要注意にはならない。

熱水噴出孔での採掘は、地球の生命についての認識を根底から覆す生態系を破壊する危険もはらむ。二〇一七年に国際海底機構は、大西洋を横切る断裂帯（ＴＡＧ）がある大西洋中央海嶺の海域とブロークンスパー熱水噴出域を含む海域を一五年間探査する許可をポーランドの採掘企業に与えた。どちらも、これまで一〇年もの長きにわたって科学的研究調査が行なわれてきた海域である。この採掘探査範囲には、最初の生物細胞を生み出した条件に似た環境の現代版かもしれない、珍しいホワイトスモーカーのあるロストシティ熱水噴出域が含まれる。科学的にも、もちろん文化的にも、深海でいちばん重要な場所なので、きわだった普遍的価値を謳うユネスコの基準に当てはまることから、世界自然遺産の候補にも挙がった。[289]

選鉱くずの影響

採掘によってできる損傷そのもの以外にも、操業時に出る選鉱くずがもたらす悪影響も大きな問題になる。価値のある鉱物を船上で選別したあとに出る不要な物質や汚れた海水が選鉱くずだ。選鉱くずは、採掘した海底にまたポンプで送られ、すでに採掘によって舞い上がっている堆積物にまぜこまれるか、採掘地まで送る手順は費用がかかりすぎると見なされると、水深一〇〇〇メートルの深い水中まではポンプで送るが、そこから水中にばらまかれる。それはそれで問題を引き起こす。

中深層と漸深層を漂いながら沈んでいく粒子は、ふつうはマリンスノーだけだ。選鉱くずの粒子を捨てると、マリンスノーが降っているところに土砂の嵐が起きる。土砂の細かい粒子は何年も沈まずに漂い続け、海流で数百キロメートルも離れた場所へ運ばれる。さまざまな種類の繊細な動物たち――有櫛(ゆうしつ)動物、クダクラゲ、オヨギゴカイやハボウキゴカイ、オタマボヤ、クラゲ――は、窒息するものもいれば、体に積もる堆積物の重みに耐えかねて深みへ落ちこんでいくものもいる。微粒子の雲はかなりの青色光を吸収し、交信に生物発光を利用する動物たちがいちばんよく使う色が失われる。そうすると、異性を誘ったり危険を知らせたりするのに使われる点滅や発光が弱められ、暗闇にかき消されてしまう。

こうした塵の雲には、海底の鉱石を砕いたときにこぼれ落ちる有毒な金属もまじるだろう。汚染物質は、海の深みと海面を結びつけて複雑に入り組む水中の食物網にすぐに浸透してもおかしくない。(290) マリンスノーを捕らえる動物プランクトンやクラゲは汚れた粒子を取りこむ可能性が高く、それを食物網の上位の動物に手わたすこともあれば、夜間に海面へと移動するときに浅海へと運ぶこともある。

クラリオン・クリッパートン海域を通って太平洋を横断するジンベエザメでこれを追跡した研究がある[291]。もしマンガン団塊の採掘がこれから進むなら、寿命の長いジンベエザメがこの海域を通るたびに汚染されたプランクトンを濾し取って食べ、毒物を吸収して蓄積し始めるのは避けられないだろう。オサガメ[292]もよく似た経路で回遊し、こちらも一〇〇〇メートルまで潜ってクラゲを食べる。採掘の粉塵が舞う真っ只中に潜ってもおかしくない。今の段階では、ウミガメやサメ、海鳥、クジラ、そのほかこの海域を通過する多数の動物に毒物がどの程度の悪影響をおよぼすのか正確なことはわかっていないが、こうした動物が何らかの痛手を負うのは明らかだろう。

もうひとつ大きな心配がある。採掘で舞い上がった有毒物質が、どのように漁業で捕獲する魚を汚染するのかという問題で、こちらのほうがわからない点が多い。世界で消費するマグロの半分は太平洋で獲れ、クラリオン・クリッパートン海域やその周辺海域も漁場になっている。マグロ類の多くは遠距離を回遊し、汚染された海域を通る可能性が高い。メバチやキハダマグロは餌を採るために長い時間を中深層ですごし、オサガメと同じように採掘の廃棄物と接触することもあり得る。漁業は多数の雇用を生むので、太平洋の島国では大切な収入源になっている。もし汚染物質がツナサンドやツナサラダに含まれるようになると、こうした国々はどこも危険にさらされることになる。深海の採掘の悪影響を目の当たりにする人はほんのわずかかもしれないが、そうした有毒物質の影響がどこの海でも野放しになって人間の食物連鎖に入りこんでくるようなら、無視できなくなるだろう。

陸上の採鉱に対する規制では、そうした生物の多様性を失わないようにすることや喪失を最小限に抑えることを理念として求めている場合が多い。事後に何らかの手段で消滅した生物集団をもとにもどさねばならないこともあれば、別の場所で蘇らせるよう求められることすらある。海底の採掘は生物種や生息地を瞬く間に消滅させることから、深い海では生物多様性の喪失を避けるのは不可能である[293]。採掘場所から離れている地点の多様性は、採掘機のまわりに粉塵が飛び散るのを防ぐ障壁を何か設けたり、移動するときに深海層をそれほど踏み荒らさない設計の機材を用いたりすることで、粉のような堆積物が漂っていく方向を制御すれば、おそらく喪失を最小限に抑えることができるだろう。深海層のかなり広い面積を採掘不可の水域に指定することでも多様性への悪影響を減らせるだろう。

国際海底機構はクラリオン・クリッパートン海域に採掘を許可しない区画をいくつも設けたが、そのほとんどはマンガン団塊密集域の外縁に位置し、目当ての石が散在する密度が低いために企業がそれほど関心を示さない。マンガン団塊がもともと少ない海底は、深海層の生物種もそれほど豊かではない。だから、こうした場所を保護しても、望ましい生物多様性の保護につながらない可能性が高い。熱帯の多雨林に喩えるなら、生き物が豊富で密度も高い中心部ではなく、森の辺縁だけを保護するのと同じようなものだ。

失われた生物種を深海で復活させるのは不可能に近い[294]。理論的には、たとえば伐採した森林に別の場所で育てた苗木を植林するように、いったん採掘が終われば動物や植物をまた連れてきて生態系を立ち上げる手助けをすることが解決策になる。しかし深海でこのようなことをしようとすると費用は天文学的な額になり、効果より弊害のほうが大きくなるだろう[295]。一〇〇〇年かけて大きくなったサンゴを健全な海山生態系から引き抜いて、採掘が行なわれた海山の斜面に植えてどのように根づかせるのだろうか。

あるいは、熱水噴出孔から液体が流れ出る海底に数千という集団をつくるハオリムシを、どのように一匹一匹そこにつなぎとめるのだろうか。想像することすら難しい。

マンガン団塊の採掘が終わったあとに、人工マンガン団塊を製造して海底に置けば、動物が必要とする確固たる足場を用意できるという案もあった。しかし、その石一個が一〇セント〔一〇円くらい〕（海岸の沖へ運んで深海層に沈めるための費用も含めなければならない）として大ざっぱに計算したところ、クラリオン・クリッパートン海域の採掘区域一カ所を構築しなおす費用は二〇〇億ドル〔二兆二〇〇〇億円〕以上になり、三〇年間の採掘事業で得られる六〇〇億ドル〔六兆六〇〇〇億円〕という収益の大きな部分を占めた。[296] 採掘が行なわれなかった周辺の海底にいる生き物やその幼生が、置き換えた石を気に入って足場とするかどうかは知りようがない。

代替となる生態系で埋め合わせるというのも深海では問題がある。ある場所の生態系の破壊を、別の場所の似たような生態系を保護したり復元したりすることで帳消しにするという手法が考えられる。しかし、このような形で事を運ぼうとしても、深い海では必ずしもうまくいかないことを科学者たちが次第に明らかにしつつある。たとえば、熱水噴出孔の生態系は二つとして同じものはないことがわかってきた。それぞれの噴出孔では、地質学的状態や化学成分の条件が絡まり合って、そこに特有の生物集団が形成される。[297] だから、熱水噴出域をどれかひとつ保護しても、別の熱水噴出域にいる生物集団を崩壊から守ることにはならない。

また、地球の生態系に償いをするという意味で、浅海でのサンゴ礁の再生が深海での採掘による破壊の埋め合わせになると考える人たちもいる。しかしこれは、異なる生物種に同等の価値があるという前提に立つもので、たとえばウミトサカの仲間の深海サンゴのイリドゴルジア *Iridogorgia* が熱帯のイシサンゴのミドリイシ *Acropora* と同じであると見なすようなものだ。さらに、地球の生物多様性を全体的に豊かにするというこの手法の説明はあまりにも曖昧で、科学的にも意味をなさない[298]。

チムニーからの熱い液体の流出が自然に止まった海域で、すでに活動をやめた熱水噴出孔や活動を休止している熱水噴出孔だけを採掘すればよいという声も聞こえてくる[299]。しかし、こうした噴出孔のある海底でも生き物がいないわけではなく、そこに成立している特有の生態系についてわかっていることはさらに少ない。

採掘によって海底の生物多様性が失われるのは避けようがないことが明らかならば、深海で持続的に採掘ができるかどうかについて大きな疑問符がつく。地球全体に影響があるかもしれないという目で見れば、危険の度合いははるかに高い。海底を採掘する計画は急激に増えていて、それと同時に、地球上の生命維持システムを制御するのに深海がどのような重要な役割を果たしているのかを、私たちはこれまで以上に知ることになった。

多くの深海の専門家たちは、海底の採掘で気候変動が悪化する可能性があると警告を発している[300]。採掘活動は、深海層にためこまれた二酸化炭素の貯留システムを破壊し、数百万年という年月を費やして進化してきた二酸化炭素の循環に必須の脆い微生物群集を崩壊させる[301]。海底から泡になって湧き出すメタンを取りこんで化学合成をする微生物に、熱水噴出孔の採掘がどのような打撃を与えるかも明らかではない。メタンは大気中に放出されると、二酸化炭素の二五倍も強力な温室効果ガスになる。熱水噴出孔で採掘が行なわれると放出されるメタンの量が増えるかどうかもまだわかっていない。

こうしたことをすべて考え合わせると、もし採掘によるすべての影響が十分に解明されないうちに操業許可を出すと、国際海底機構は深海層の生き物を保護する責任を果たせないという悲惨な失敗をすることになる――言うまでもなく、地球上のほかの生き物にも脅威がおよぶ。

深海底の採掘は止められないのか

深海の採掘がもたらす悪影響に関係するもっとも差し迫った問題を解決するための努力は続けられていて、なかには採掘業者の支援で採掘する候補地を調べている科学者もいる。比較的小規模な採掘を模した実験がいくつか深海層で行なわれ、起こり得ることの手がかりが少し得られた。南米大陸太平洋岸のペルー海盆では、もっとも大がかりな実験が一九八九年に始まった。ドイツ人の研究チームが深海層で一〇キロメートル四方のマンガン団塊密集域を選び(将来的に採掘を行なう規模に比べると微々たる面積)、幅が八メートルある鋤(すき)を装備した重機で、実験区域の片方の端からもう片方の端へと七八回、海底を掘り返した。その鋤ではマンガン団塊を回収することはできず、脇へ押しやられて柔らかい土砂に埋もれた。

そのあと科学者たちが定期的にそこを訪れて様子を調べ、二〇一五年には自律型海中ロボットで実験範囲全域で写真を撮影した。それらの写真をもとに得られたモザイク状の画像では、鋤が海底を縦横に通った跡が三〇年近くたってもはっきりとわかった。堆積物を穏やかに攪乱しただけなのに、静かな動きのない深海層では三〇年たってもほとんど変化が見られなかったのだ。カニやナマコのように動きまわれる動物はもどり始めていたが、定住性の動物――サンゴ、カイメン、イソギンチャク――は、まだ見当たらなかった[302]。

深海層の海底をかき取ることによって起きる問題は、肉眼では見えない大きさの動物にも影響をおよぼす。ペルー海盆では別の研究チームが新たに海底をかき取って傷をつけ、数十年が経過した傷跡と比較した。かき取った部分の深海層の海底は、複雑な構造をした生き物の表皮のようにふるまう薄い堆積物の層に覆われ、その層が微生物とともに海底を動きまわる。この微小な生物群集は、マリンスノーとして上から降ってくる有機物をそのまま利用していて、マリンスノーに含まれる炭素を海底の生態系に組みこんでいる。この脆い表皮を実験的に裏返したら、微生物たちは大混乱に陥り、瞬く間に半量の微生物が失われた。三〇年が経過した海底の傷跡では、こうした微生物は手つかずの海底より三〇パーセントは少なかった。二〇二〇年に発表された研究成果では、微生物と炭素循環回路が正常な状態にもどるのに少なくとも五〇年はかかると予測している[303]。海底で採掘することによって気候に悪影響がおよぶ心配がこれでまた強くなった。

ほかにもいくつか採掘を模した研究が行なわれ、どれも生物多様性について心配な結果が出ているが[304]、どの研究にも共通する問題点がひとつある――どれも学術研究であり、採掘事業ではないのだ。本格的な採掘が行なわれたときの衝撃は、これまで示されてきたどのような実験よりもはるかに激烈なものになる。科学者と採掘業者は、採算がとれる規模の採掘で使われる仕様の試作機を使ったらどうなるか調べるために、二〇二二年と二〇二三年にクラリオン・クリッパートン海域を再び訪れる計画を立てている[305]。しかし、開発を進める時間軸と、評価の高い学術研究を執り行う時間軸は必ずしも同じではない。科学者は結論を出すのに時間がかかるので、採掘がもたらす衝撃を正しく評価するまで、採掘を進めるかどうかの結論を出すのを国際海底機構の関係者が辛抱強く待てるかどうかわからない。学術界には、科学者では太刀打ちできない強力な陳情団体が後押しする業界を押しとどめることはできないという空気が明らかに漂う。

「たとえ、海底で一角獣が生活していることがわかっても、必ずしも採掘を止められるとは思わない」と、イギリスの国立海洋学センターのダニエル・ジョーンズは言う。[306]

第4部 深海底金属の開発と保護

陸の緑か、海の青か

海底の採掘を支援する国

深海で行なう採掘について新たな議論が持ち上がりつつある。海底の採掘は地球を救うと私たちは教えられてきた。

長さ九〇メートルのマースク社の海洋補給船は、二〇一八年の四月に米国カリフォルニア州サンディエゴの造船ドックをあとにして西へ向かった。進水に先だって行なわれた祝賀会には、オーストラリアの北東にあるミクロネシアの小さな島国ナウルの大統領バロン・ワカと、国際海底機構の事務局長マイケル・ロッジの姿があった。ディープグリーン・メタルズ社のロゴが入ったヘルメットをかぶった二人は、船のブリッジへ行って、ボタンやレバーに囲まれた大きな椅子に順番に座った。[307] 深海での採掘の最新の利害関係を如実に物語る光景だった。

そのマースク社の船は、ディープグリーン社が探査許可を持ついくつかのマンガン団塊密集域の一部で計画していた五つの調査航海のひとつを行なうためにクラリオン・クリッパートン海域へ向かっていた。公海の海底の様子を把握しようとしても、ディープグリーン社もほかの企業と同様に国際海底機構と直接手を組むことはできなかったので、どこかの国が出資する会社を通じて作業をしなければならず、ナウルの大統領が参列していたのはそのためだった。[*1]

クラリオン・クリッパートン海域の西方の太平洋中央部に浮かぶ二〇平方キロメートルのナウルという島国には、陸上での採鉱の悲しい歴史がある。(308) かつてのどかな熱帯の風景が広がっていた島は、二〇世紀初頭に寂れた月面のような荒れ地の島になってしまった。この島には海鳥の糞が化石になったリン酸塩の鉱床（グアノ）があり、それを露天掘りで採掘して農業用の安価な肥料を製造するのに使われた。国内のほとんどの地域は居住不能になり、サンゴ礁の上に形成されたこの島は、太古のサンゴ礁からできた石灰岩のギザギザの上端部以外は何もなくなってしまった。

ナウルは一九六八年に独立したあと、リン鉱山によってかなりの額の鉱山採掘権料を手にし、しばらくのあいだは国民一人あたりの所得でみれば世界でも有数の豊かな国だった。しかし一九九〇年代に入るとグアノは底をつき、悪徳政治家の出現が続いて利潤を下手な投資に浪費した。たとえば、レオナルド・ダ・ビンチとモナ・リザの架空の情事を題材にした一九九三年のロンドン、ウェスト・エンドのミュージカル制作などが挙げられる。[*2] その時以来ナウルは、ロシアのマフィアやアルカイダとつながりの

＊1――「海洋法に関する国際連合条約」の批准国であればどの国でもよく、米国以外の国ならほとんどの国が該当する。
＊2――「レオナルド・ザ・ミュージカル」は大失敗作で、一カ月もたたずに上演が打ち切られた。

ある資金洗浄（マネーロンダリング）国に成り下がり、監獄のようだと悪名高いオーストラリアの難民収容センターの基地も引き受けた。海底の採掘は、国の財政を立てなおすための新しい対策に位置づけられている。

もし深海での採掘が公海のどこかで始まれば、ナウルは採掘企業に出資しているかいないかにかかわらず、利益の分け前――たいした額ではない――にあずかれる立場にある。二〇一八年に国際海底機構はマサチューセッツ工科大学（ＭＩＴ）の研究チームと契約を結び、マンガン団塊を採掘することによる経済効果を調べた。概算すると、海底から年に三〇〇万トンのマンガン団塊を集めれば二〇億ドル〔二二〇〇億円〕くらいの利益が得られる[309]。深い海底は人類の共有資産であるという認識にしたがい、国際海底機構は公海での採掘にはすべて採掘権料を課す計画で、それを加盟国すべてに等しく分配しようと考えている。採掘権料が一〇パーセントなら（最近の国際海底機構との交渉で示された上限額）二億ドル〔二二〇億円〕になる――国際海底機構に加盟している一六八カ国には毎年それぞれ一〇〇万ドル〔一億一〇〇〇万円〕くらい分配される。利益から分配した額を国際海底機構が運営費や管理費として手もとに残す。採掘事業がいくつか行なわれていても、それぞれの加盟国は年にわずかな額しか受け取れない[310]。

しかし、ナウルのように採掘企業を支援することにした国は、生み出された収益に対して資本利得税を課すことができるので、政府が手にする額はちがってくる。前述のマサチューセッツ工科大学による調査では、操業費、資本コスト、国際海底機構に支払う採掘権料をすべて差し引くと、一カ所の海底鉱山の年間の利益は五億～一〇億ドル〔五五〇億～一一〇〇億円〕になると推定している。もし政府がこの利益から二〇～二五パーセントの法人税を徴収すれば、国の税収は年に一億～二億五〇〇〇万ドル〔一一〇億〜二七五億円〕になる。難局ばかりが続くナウル政府は、このような一攫千金を当てこんでいる。

アルビド・パルドが一九六七年に国連で演説を行なった際には、貧しい国々が海底という共有資産からそれなりの見返りを手にする方策として、それぞれの国の課税制度を使うことまでは視野に入れていなかった。それはいいとしても、そのような税収を獲得するためには、所得が低い国は自国で行なわれる採掘に出資しなければならなくなるものの、もし加盟国すべてが貧富の差に関係なく出資することにでもなれば、海底の採掘は大幅に増える。

ディープグリーン・メタルズ社のような企業は、ナウルのような貧しい国と組めば採掘計画に正当性を持たせることができ、海底に眠る富をいちばん必要とする人たちと分かち合うお墨つきのようなものを手にする。そしてナウルは非常に協力的であると判明した。ナウル政府の後ろ盾を得て、ディープグリーン社の発言権は国際海底機構加盟国のなかで大いに強まり、操業開始の道筋をつけるのに役立つと思われる採鉱法の発効を強く要求するようになっている。採掘を控えた国々やディープグリーン社のような企業は、採掘事業を先へ進めるための許可をすぐにでも出さなければ海底の採掘は夢に終わるかもしれないと主張することによって、国際海底機構にますます強い圧力をかけている。

採掘を始める必要があることだけが開発許可を急ぐ理由ではない。開発を進めてよいという許可が出るだけでさらなる投資を呼びこむことができ、その時点で会社の株価は値上がりするので、採掘が始まらないうちに会社幹部や関係者は富を手にできる立場にいる。[311]

ディープグリーン社がナウルや国際海底機構とつながりを構築していく過程で、同社の最高経営責任者ジェラルド・バーロンには願ってもない演説の機会が与えられた。国際海底機構の理事会は、企業体ではなく加盟国だけが参加できる場なのだが、そこで二〇一九年二月に発言が許されたのだ。前例のないことだった。バーローンはナウル政府の席に座り、自社の宣伝と、海底の採掘は必要不可欠であるという自身の見解を述べた。[*3]

「個人的には、深海採掘業と呼ばれることに大いに違和感がある。我が社は採掘ビジネスを開拓しようとしているわけではないと認識している。私たちがしているのは移行事業で、化石燃料を使わずにすむ社会に移行させる手助けをしたい」と、バーローンは国際海底機構の演説で述べている。(312)

バーローンは、将来の金属需要に応えるのにもっとも持続可能性が高い方法はクラリオン・クリッパートン海域の深海からマンガン団塊を集めることだと、投資を検討している人たちに対しても、販売促進のための資料でも、いつも同じ内容を繰り返し述べている。(313) 良質の鉱石が底をつきつつある陸上の鉱山では環境破壊がますます進んでいるのに対して、海底のマンガン団塊には脱炭素化の未来に必要な発電用の風車、太陽光発電用のパネル、電気自動車を製造するのに欠かせない金属がすべて含まれていて、集めてくれと言わんばかりに海底に転がっているので、マンガン団塊を集めるほうが弊害は少ない。緑の環境に配慮した世界経済か、無償の健全な青い海に配慮した世界経済か、緑か青のどちらかを選ぶしかないとバーローンは言う。

マンガン団塊を採掘することによる長期にわたる甚大な悪影響は、科学者がやっと詳細を把握し始めたばかりなので、陸上の鉱山による影響と深海での影響を、さも意味があるかのように比較するのは愚かなことだ。マンガン団塊には予測どおり金属が含まれているかもしれないが、化石燃料を使わない社会がもっとも必要としている種類の金属かどうかとはまったく別問題になる。

再生可能エネルギーと深海の金属

気候変動でいちばん破局的と予測されている事態を回避するには、世界経済の仕組み——食物やエネルギーの生産方法、乗り物の動力源の供給方法、建築方法、冷暖房の仕方——に大きな変化が起きる必要がある。石炭、石油、天然ガスを燃やす発電所はやめなければならない。液体化石燃料で動く内燃エンジンは過去のものとなる必要がある。

化石燃料をやめて温室効果ガスの排出を劇的に減らすには、莫大な量の金属が必要になる。風力発電の風車、太陽光パネル、電気自動車や電気トラック（そのうち電気貨物船や電気飛行機も仲間入りするかもしれない）のバッテリーは、すべて金属をまぜ合わせてつくられる。金属は必須の量を少しだけ使う場合もあれば、大量に使う場合もある。化石燃料の需要を新たな金属の需要に置き換えることになるが、そうした新たな金属は、ディープグリーン・メタルズ社やほかの採掘企業が主張するように深海から持ってくる必要があるのかどうかは議論の余地がある。

これから先、何が原材料として使われるようになるのか、それをどこで調達するのかを予測するのは非常に難しい[314]。金属については、何を採掘して精製するかにも、かかる費用や素材の利用のしやすさに

＊3——二〇一九年の同じ理事会で、ベルギーのデメ社の最高経営責任者アラン・ベルナールも発言を許された。子会社であるグローバル・シーミネラル・リソーシズ社の将来性を語り、パタニアⅡと名づけたマンガン団塊を集める装置の試験についての進捗状況を説明した。

も、経済や政治に絡む要因が影響をおよぼすので、世界各地でこれまで知られている採掘可能な鉱山の大きさから計算すればすむものではない。さらに、低炭素あるいは無炭素を実現する世界経済という未来へと続く道筋はひとつではない。将来の金属需要[315]は、人々の日常生活を脱炭素化するのに使われる特殊な技術や機材によって変わる。再生可能エネルギーを生産したり、蓄えたり、利用したりするのに、それぞれ周期表の異なる族の金属を利用する方法がすでにいくつも開発されている。

風力でエネルギーを生み出す装置は、陸上で風車を回すか海上で回すかで大きく二つの型に分けられる。一般に陸上の風車には、優雅な羽根の回転をはるかに高速の回転に変換する増速器が組みこまれていて、その高速回転で発電機を駆動する。発電機のコイルの製造に使う要（かなめ）となる金属は銅で、これは深海のマンガン団塊や海山（かいざん）で採掘できる元素のひとつである。

ところが海上に建設される風力発電基地では風が陸上より強い場合が多いのに、風車の増速器の可動部は、陸上より速く回る羽根によって生じる摩耗や圧力に弱い。このため海上の風車には増幅器がなく、そのかわり羽根の回転で直接発電を行なう仕組みになっている。この仕組みで使われる複雑な発電機には希土類の金属が使われる。希土類元素あるいはレアアースとも呼ばれる一七種類の元素のほとんどは、実際はそれほどレア（希少）ではない。鉱石に凝集した形で含まれていないだけで、ほかの金属と比べると採鉱するのにも手間と費用がかかるため、希少という印象を与える。スマートフォンやプラズマディスプレイをはじめ、暗視ゴーグル、レーダー、精密誘導兵器までさまざまな技術に、ほんの微量のレアアースが使われ、陶磁器やガラスの製造過程や、自動車の触媒式排ガス浄化装置には、現在は多量に使われている[316]。海上の風車には、強力な磁石をつくるのにレアアースのネオジムとジスプロシウムの合金が使われる。

中国はレアアース産出国としては断トツ世界一で、こうした金属をめぐって争いが起きることもある。中国は二〇一〇年の領土問題のあと日本にレアアースを輸出するのをやめ、[317]これをきっかけに世界の金属価格が一時的に高騰した。もっと最近では二〇一九年に、中国が米国への輸出を制限するかもしれないとほのめかし、レアアースは米中貿易戦争に絡め取られた。[318]供給量を確保しようという地政学的な利害関係から、中国の採掘企業も、ほかの国の企業も、当然のことながら深海の堆積物や、太平洋一帯に散らばるマンガン団塊に含まれるレアアースに大きな関心を寄せている。

近いうちに、異なる種類の金属を必要とする新しい型の風車も利用できるようになるかもしれない。二〇一九年にはデンマークに拠点をおく合弁企業が、ネオジムの磁石を超伝導体に置き換えた直接駆動型風車の原寸大模型の実地試験を行なって好成績を収めた。[319]従来型の機種と比べると超伝導体の風車は軽量で効率もよく、使われるレアアースの量がはるかに少ないことから、製造するのも運転するのも費用が少なくてすむ。そのような風車一基にはレアアースのガドリニウムが一キログラムくらい使われるのに対して、これで置き換えられる従来型の風車の磁石には一基あたりネオジムが大まかに言って一トンくらい使われている。

これゆえ、再生可能エネルギー市場にとって重要な問題は、将来性があるのは陸上の風車なのか海上の風車なのか、そして、どの型の風車なのかという点になる。現在は、増速器のついた陸上風車が世界市場の七〇パーセントを占める。政府の支援、地方行政による規制、そのほか数多くの要因が、これからさらに多くの風車基地を陸上につくるか海上につくるかに影響をおよぼし、それによってどの金属の需要がもっとも多くなるかも変わってくる。

これとは対照的に太陽光発電でもっぱら使われる技術は一種類だけで、この技術の利用は六〇年以上前に始まった。シリコン製の光電池が太陽光発電技術の第一世代で、電池パネルにはシリコンの薄片が使われている。このシリコンに光の粒子が当たると電子が放出され、シリコンにウエハース状に挟みこまれている銀ペーストが放出された電子を電気回路に取りこむ。銀は最良の伝導体として知られる。最近の市場解析によれば、銀の価格が上がったのは太陽光パネルによる需要が増えたことと関係している(320)。銀は熱水噴出孔での採掘で多少は手に入るが、太平洋の大規模なマンガン団塊の採掘では入手できない。

第二世代の太陽電池もすでに実用化されていて、テルル化カドミウム太陽電池などがある。この太陽電池では銀の使用量は少ないもののテルルが必要になり、テルルは海山で採掘される可能性が高い。今のところ、この電池もそのほかのさまざまな太陽電池も、第一世代のシリコン太陽電池に太刀打ちできないことが大きな障壁となり、世界の太陽電池市場にほんのわずかに食いこんだにすぎない。シリコン太陽電池は一九五〇年代に発明されて以来、効率が六～二〇パーセント以上に改善され[*4]、価格も一九九〇年代の五分の一になった。それと競合するには、価格の大きな変革が起きるか、まったく新しい仕組みの太陽電池を発明する必要がある。

第三世代の太陽光発電技術は再生可能エネルギーの現況を一変させる可能性を秘めている。特に有望視されている技術ではペロブスカイトという鉱物を使う(321)。二〇一九年には世界で一〇社以上がこの技術を商品化しようとしていた。第一世代のシリコン太陽電池と作動の仕組みはよく似ているが、現在のペロブスカイト太陽電池は切手代の大きさでしか有効に機能しない。もっと大型にできて安定性が保証されれば、インクのようにただ吹きつければよい太陽電池として使えるようになり、窓や壁、自動車の屋根や飛行機の翼、あるいは洋服といった、これまではあり得なかった場所で発電できるようになる。そしてペロブスカイト太陽電池は、安価で豊富にあるさまざまな素材からつくることができる。一般にペロブスカイトには、有機物分子（炭素、水素、窒素からなる）、ハロゲンを何か一種（ヨウ素や塩素の場合が多い）、鉛が含まれる。鉛は供給量が不足しているわけではなく、深海の採掘の標的になる金属でもない。

鉱物不要の新技術

海底での採掘を進めたい勢力は、世界の自動車やトラックを電気化する必要性に焦点を当てることが多い。化石燃料で駆動する乗り物を廃止することは、環境問題の観点からは大いに意味がある。標準的な内燃エンジンは連続して起こす爆発を制御することで成り立ち、エネルギー効率は三〇パーセントにしかならない。高速道路の騒音や自動車のラジエーターが発する熱は、大気中へと失われるむだな音エネルギーや熱エネルギーがあることを示している。電気自動車は熱の放出がはるかに少なく、たてる音もはるかに小さく、エネルギー効率はふつう九〇パーセント以上になる。再生可能エネルギーの電源で電気自動車を充電すれば、タンクいっぱいに満たしたガソリンや軽油より、二酸化炭素の最終的な排出量はずっと少なくなる。そして、どのような手法で発電するにせよ、電気自動車は排気ガスの放出がゼロなので、都市部での大気汚染の問題は解決する。

＊4――太陽電池の効率とは、太陽のエネルギーを電気に変換できる割合を指す。たとえば、ロンドンかニューヨークのふつうの晴れた日に〇・八平方メートルの地面に降り注ぐ太陽エネルギーは四キロワット時くらいになる。二〇パーセントの効率の太陽光パネルなら、同じ面積から一日におよそ二〇キロワットの電気を生み出す。

しかし、現在主流の再充電できるバッテリーは、大量のコバルト――標準的な電気自動車のバッテリーの電極をつくるのに一〇キログラムくらい――を必要とし、論争の的になるこの金属は、あろうことか深い海で見つかる。

現在、世界のコバルトの半分以上は、世界でもっとも貧しく政局が不安定な国のひとつに数えられる中央アフリカのコンゴ民主共和国（ＤＲＣ）が供給している。コンゴのコバルト関連産業は大規模な露天掘りが優勢を誇っていて、それが、それ以外の二〇万にのぼる無許可の手掘り鉱山と競合している[322]。人々は、時には裏庭で、あるいは床下で、鑿（のみ）と木槌を使って土を掘り、穴を掘り、トンネルを掘り、コバルトが豊富に含まれる鉱脈を探す。そのようなトンネルは崩壊を防ぐための支えもなく、掘っている人たちが安全に作業をするための装備は何もない。顔面を覆うマスクも、手袋も、ブーツさえない。事故も起きれば死者も出る。二〇一九年六月には、民営の巨大な鉱山の片隅にあった坑道が崩落して、不法に作業をしていた鉱山労働者四三人が死亡した。

人権団体アムネスティ・インターナショナルは、コンゴの手掘り鉱山では七歳以下の子どもも含む児童労働がはびこっていると報告している[323]。子どもたちは石が入った大きな袋を担いで運び、コバルトを含む有毒な粉塵を吸いこむ。ある男の子はアムネスティ・インターナショナルの取材で、一二歳になってからは坑道に一度入ると二四時間そこにとどまると語っている。こうした陸上の鉱山における非人道的な現状が、海底からコバルトを採掘しようとする誘因のひとつになっている。コバルトの世界市場価格が不安定なことも手伝う。

二〇〇〇年代の半ばに、スマートフォンやノートパソコンの再充電可能バッテリーを製造する技術分野でコバルトの需要が増えたことで価格が高騰したが、二〇〇八年の世界不況でまた暴落した。そのあと二〇一七年と二〇一八年には、化石燃料を使う乗り物を段階的に減らしていく方向で世界各地の数十という国や都市が合意し、電気自動車への関心が熱を帯びることになり、またコバルトの価格急騰を招いた。[324] 一トンあたり三万ドル〔三三〇万円〕以下だったものが九万五〇〇〇ドル〔一〇四五万円〕以上になり、二年のあいだに三倍に跳ね上がった。

この価格の急上昇は、自動車業界での需要の急増を見越して中国が備蓄を増やしたことも一因になっている――中国は、コンゴに一四カ所ある大きなコバルト鉱山のうち八カ所を所有し、世界に供給されるコバルトの八〇パーセントを精製している。これは、深海で採掘する企業が、コバルト供給には問題があり、海底からの入手が喫緊の優先事項――採算もとれる――であるとの自説を主張する絶好の口実になった。しかし二〇一九年になってもコバルト需要の急増はまだ現実に起きておらず、自動車製造業者は電気自動車の製造を本格化させていない。中国は備蓄していたコバルトを放出したので、二〇二〇年の初めにコバルトの価格は暴落した。

再充電バッテリーは一九七〇年代にはじめて開発されて以来、基本設計はそれほど変わっていない。充電式リチウムイオン電池は、一九九一年にソニーが携帯ビデオカメラではじめて商品化した。それと同じ電池技術が今もすべてのデジタル機器に使われている。充電機器の象徴のようなスマートフォンを介してほとんどの人がかかわりを持つようになったものの、その仕組みはブラックボックスと言ってよい。スマートフォンの電源を入れると、二極間につないだ回路を正極から負極へと電子が流れる。この時同時に、正に帯電したリチウムイオンが液体の電解液中を負極へ移動する。スマートフォンをコンセントにつなぐと、コンセントから注入された電気がこの作用を逆行させ、リチウムイオンがまた正極へと押しもどされて電池が充電される。

初期の電池では正極にリチウム、負極に二硫化チタンが使われていて、具合が悪いことに爆発しやすかった。そのあと負極に酸化コバルトを使うようになり、電池の充電容量が増えて出火しにくくなった。こうした充電可能な電池は小型電子機器を作動させるのに大いに活躍したが、今は電気自動車のために、大きすぎず重すぎず、次の充電スタンドにたどりつくはるか手前で電池切れになることのない次世代バッテリーの開発競争が行なわれている。価格の変動が大きいことや、倫理的に問題のあるコンゴでの採鉱についての懸念が広がるなかでの電池設計の見なおしでは、コバルトの使用量を減らすことや、まったく使わない方法も検討されている。

リチウムイオン電池は、コバルト含有量を減らす方向へすでに大きく舵を切った。電気自動車を製造するテスラ社にバッテリーを納入しているパナソニックは、ほかの自動車用バッテリーの半量しかコバルトを含まない負極をつくっている。

このような負極のコバルトはまったく別のもので置き換えることができるが、すでにある代用品はコバルトを使ったものほど性能がよくない。中国では、ほとんどの電気バスが鉄の負極を使っているが、充電できる量が少なく、一回の充電で長い距離を走る必要がある自家用車にはあまり向かない。

コバルトを組みこんだ初代の充電池にかわるものとして有望視されているものには全固体電池もあり、今はこれが大きな関心を集めている。全固体電池の研究に投資している自動車会社には、トヨタ自動車、三菱自動車工業、ＢＭＷ社、メルセデス・ベンツ社などがある。これらの企業は、液体の電解液を、コバルトを使わない電極とでも作動する不燃性の固形物質で置き換えようとしている。二酸化炭素をまったく排出しない自動車のための新技術の開発でも、水素燃料電池やエネルギーを静電荷として蓄える電気二重層コンデンサなど、先駆的な研究が行なわれている。どちらも多量のコバルトを必要としない。

電気自動車をつくるのに深海のコバルトが欠かせないとか、風力発電用の風車にネオジムが欠かせないとか、太陽光パネルにテルルが欠かせないと言いつのるのは、科学技術は刷新でき、変えなければならないものであるという事実を無視することにほかならない。これは、最先端の宇宙探査機を太陽系のはずれやそのかなたを探索するために打ち上げる天文学者たちを思い起こさせる。そうした探査機に搭載するカメラやセンサーに使われる技術はすぐに時代遅れになるが、すでに発射した探査機の計器類を新しいものに取り替えることはできない。[*5] 地球上で物を製造する際には強い推進力が働く。そうした推進力の多くは、物事の進め方を変えずに利益を維持しようとする産業界の強力な圧力が生み出している。しかし、ますます手が届かなくなる銀河のかなたへと飛び去る探査機で、物づくりが足踏みすることはない。産業界は、人間社会や人間を取り巻く環境を危険にさらすことなく新しい工夫を重ね、人々の要求や利用できる資源に機敏に対応しなければならない。

金属資源の再利用

科学技術の進展は、人間が抱える問題をすべて解決するわけでもなければ、人間と生きた地球とのややこしい関係をすべて解きほぐすわけでもない。しかし、経済が化石燃料への依存から脱却する手助けはでき、地球の資源の新しい利用方法を確立することができる。

電気自動車や太陽光パネルや発電用風車に必要な金属資源は、取って代わろうとしている化石燃料と

*5——さらに高速の探査機が開発されて追いつけるようにならないかぎりは。

同じように量に限りがある。しかし、一度しか使えない化石燃料とは異なり、金属は再利用して繰り返し使うことができる。こうした金属は、捨ててはいけない貴重な資源となるので、過去のあやまちを繰り返さなくてすむ。

金属の利用量の推定という複雑で先行きの見えない予測作業がさまざまな研究で試みられていて、そうした研究の多くが、鉱物によっては今後数十年のあいだに希少性が高まり、値が上がり、陸上で採掘するのが難しくなるものが出てくると予測している。[325]そうした予測は組みこむ仮定によって結果が変わり、危機的状況にあると言われる金属は常に同じではない。しかしどの予測でも同じ結果が出る事柄が少なくともひとつある。金属を回収して再利用する必要があるということだ。

主要な金属を製造業者が再利用し続けるなら、おもに陸上で採掘される資源を使いきることはないはずで、深海の採掘を正当化する理由はなくなる。しかしながら再利用はそれほど簡単ではない。

現在は、古い携帯電話やノートパソコンなどの携帯型機器の充電式バッテリーから金属を回収するときに使われる主たる工業技術は、機器を丸ごと炉で溶融して合金の塊にする手法である。それぞれの金属は、合金の塊を硫酸のような化学物質と反応させて抽出する。費用もかかれば、毒性の強い物質も扱う。

もっと賢いやり方としては、まだ実現にはほど遠いものの、機器類を自動工程で分解して部品を個別に再利用する方法がある。そのような自動化へ向けた一歩として、二〇一八年に大手テクノロジー企業のアップル社が誇らしげに分解ロボットを発表した。そのロボットなら、数十の工程をものの数秒でこなしてアイフォン（iPhone）を主要部品に分解できる。しかし、アイフォンの新しい機種でなければ、ロボットはどうしたらよいのかわからなくなる。

電気自動車のバッテリーの再利用はもっと複雑な工程になり、危険をともなう[326]。容器を開けるだけでも人が死ぬほどの衝撃をもたらすことすらある。専門家が慎重に取り扱う必要があるので、環境にやさしい経済の一環として、新しい形態の雇用を生み出す可能性もある。車のバッテリーにはさまざまな電池パックや化学物質がすでに使われていて、バッテリーの設計が異なれば、それぞれの設計ごとに分解の手法も変える必要がある。そのため、新しい型の充電式バッテリーをつくる方法を考案する開発チームや研究チームがある一方で、どのように分解するかを考え始めた研究開発チームもある。バッテリーの負極の金属酸化物だけをバクテリアに分解させて純粋な金属ナノ粒子にもどすような、従来とはまったく異なる発想の手法もある。

自動車業界が電気自動車の生産規模を拡大するにつれて、第一世代の電気自動車は寿命を迎える。そうした車のバッテリーは再利用されるので、新規に調達する金属の量は減ってくるはずだ。ディープグリーン・メタルズ社もそう考えていて[327]、車、風車、そのほか世界が必要とするものすべてをつくるのにちょうど見合うだけの金属を海底から採掘する――必要量が手に入ったら採掘は終わり――と言っている。

これは好ましい方針のようにみえるかもしれないが、十分量を採掘できたかどうかを、いつ誰が決めるのだろうか？　また、ディープグリーン社の採掘が本格化すれば、利益が出て株主は配当を要求するので、実際問題として採掘をやめることはできるのだろうか？[*6]　ディープグリーン社が本当に採掘をやめたとしても、ほかの採掘業者もそれを見習って同じように採掘をやめる気になるとは考えにくい。そうこうしているあいだにディープグリーン社は新しい産業技術の開発を後押しし、それをほかの企業が継承していくのは間違いない。そのうち世界の経済や技術は安価に供給される豊富な深海の鉱物に容易に依存するようになる。世界中が新たに採掘した金属に依存するはめになり、そこから抜け出すのはきわめて難しくなる。そもそも海底の採掘を始めなければ、そのような事態は避けられる。

熱水噴出孔の採掘計画には、気候変動を食い止めたり環境にやさしい経済を推進したりするのを手助けするといった壮大な展望があるわけではない。採掘される鉱物に含まれる金属は亜鉛や金といった貴金属が主体で、それらがそのうち化石燃料の使用をやめる世界的な取り組みに重要になるとは誰も思っていない。また、熱水噴出孔ならば、ひどい汚染をもたらす陸上の鉱山に取って代わると考えるのも早計だろう。採掘は陸上と深海の両方で続く。そうすると、熱水噴出孔を採掘することの現実的な利点は採算が合うことだけになるが、熱水噴出孔の採掘で大きな利益を上げられる見込みは薄い。

ここ一〇年ほどを振り返ると、パプアニューギニアのビスマルク海にあるソルワラ1と呼ばれる海域の熱水噴出孔で、深海で最初の採掘が始まりそうだと考えられた時期もあった。カナダのノーチラス・ミネラルズ社は二〇一一年にパプアニューギニアの領海にある深海底を探査する最初の許可を手にした。二〇一八年に三台の巨大な採掘機がイギリスの工場からパプアニューギニアに到着して浅海で試験採掘が行なわれたことから、近いうちに本格的な深海の採掘が始まると考えられた。ぐるぐると回る歯のついた開口部や、スパイクのある巨大なローラーを見せびらかす試験採掘からは、熱水噴出孔の採掘が実際はどれほど恐ろしいものになるかが想像できた。

そのころ、食物や生活必需品を健全な海に頼っている国では、環境への悪影響が増す懸念が広がりつつあり、パプアニューギニア政府の事業に対する国民の支持率はすでに下がり始めていた。そして二〇一九年の初めに、膨らみ続ける経費と財務問題のせいでノーチラス・ミネラルズ社の計画は中断し、熱水噴出孔には手がつけられないまま同社は倒産した。[328] パプアニューギニア政府は、国の医療費の三分の一に匹敵する合計一億二五〇〇万ドル〔一三七億五〇〇〇万円〕の借入金のほかに、拠出した会社資本金の一五パーセントはどうなったのかと頭を悩ませることになった。

ノーチラス・ミネラルズ社が深海の採掘の新しい時代を切り拓くのに失敗し、熱水噴出孔の採掘で利益を上げられることを示せなかったにもかかわらず、世界中の国があきらめたわけではない。ほかの国では領海内にある熱水噴出孔を探査する権利を販売している。たとえば日本の領海では、熱水噴出孔でも、海山でも、すでに試験採掘が実施された。[329] フランス、韓国、ロシア、中国などいくつかの国は、公海にある熱水噴出孔を探査している。熱水噴出孔は深すぎるし、陸から離れすぎていて、開発する際の技術的な問題が大きすぎるので、採掘しても決して利益を上げらない可能性がある。[330] しかし、もし政府あるいは企業の力が十分に強く、資金が豊富で、最初に採掘を行なった国として認められたいという自己顕示的な思惑だけで事業を進めようとするなら、技術上の問題などおかまいなしに熱水噴出孔の採掘が進められるかもしれない。

＊6——最高経営責任者であるバーロンは、ちょうどコロナ禍が猛威をふるっている時期に、探査許可が下りてから二年後に採掘を始められるよう、必要とあれば国際海底機構の規約に抜け穴をつくり、たとえ採鉱法が発効されなくても二〇二三年までに鉱山の操業を始めると宣言して、同社が投資家たちの要求にいかに忠実に応えているかを示した。二〇二一年にナウルの大統領が一歩を踏み出し、この「二年ルール」を実現するきっかけをつくった。

深海という聖域

深海は、開放して開発することができる、地球上に残された最後の広大な未開拓地だ。しかし、本当に開発すると、これまで数世紀にわたって続いてきた資源収奪の物語を繰り返すことになるだろう。金鉱であろうと油田であろうと、北米の大平原のバイソンが絶滅しかかったのも、太古から続いてきた海山の生態系を深海の底曳き網が破壊したのも、事の展開の本質は同じである。つまり、天然資源が乏しくなり、未開拓地が新たに見つかれば利用しつくすまで開発が進み、ひとつの未開拓地が開発されつくすと次の未開拓地で開発が始まり、何もなくなるまでそれが続く。未開拓地の開発は常に何らかの破壊や喪失をともない、残るものを必死になって奪い合う激しい争奪戦になりつつある。深海ならそうはならないと考えるのは無邪気すぎる。

深海のどのような特徴も、手ごろに開発できる場所ではないことを示している。採掘は陸上でも管理や規制が十分に難しい。ならば、陸から離れた近寄りがたい深海では、なおさら難しいのではなかろうか？　深海漁業はすでにそうした管理・規制の問題と対峙している。浅海で持続的に漁業を続けるのは理論的には可能だが、現実にはおもに政治的・経済的な理由のために持続性が保たれることはほとんどない。そのように見るに堪えない浅海での経緯がすでにあるのに、深海の漁業なら、それをいったいどのように奇跡的に変えられるのだろうか？　深海では法的な規制を敷くのがはるかに難しいだけでなく、生態系は浅い海域とは根本的に異なる仕組みで営まれる。深い海の魚は、数百年という寿命を生きて繁殖率が比較的低く、生活の場は一〇〇〇年も生きるサンゴやカイメンでできている。時間の流れが遅く、食べ物の少ない深い海は開発にはまったく適さず、持続性がわずかでも損なわれると、すぐに消滅への道を歩む。

人間は、これまで何度も地球やその天然資源を守る好機を逃し、社会を支えるための真に持続可能な方策を見つける好機も逃してきた。深い海は、これまでとはちがったやり方で事を進めるための、またとないチャンスを与えてくれて、輝かしい新しい物語を人間の歴史に書き加える機会をくれる。深海を開発しなければならないという差し迫った理由は何ひとつなく、今は産業界と政界だけが、張り合うように最後の未開拓地に踏みこもうとしている。しかし、開発ではなく、深海全体を人が立ち入らない領域――中深層上部から最深の海溝まででは、採掘も漁業も、石油や天然ガスの有無を調べる穿孔もしないし、どのような種類の収奪もしない――にするために筋の通った強い後押しもできる。

深海に立ち入るべきではないと言っているわけではない。開発をやめれば、深い海に何が生息しているかを科学者は自由に探し続けることができ、深海の生き物の世界の複雑な仕組みがどのように営まれているのかを、これまでよりはるかに詳細に調べ続けることができるだろう。生理活性物質の探索を続けることができ、新薬開発のヒントも得られる。人間が何らかの形で深海を利用したいなら、次のような使い方はどうだろう。漁業、海底のボーリング、採掘はせず、人間の苦痛を和らげ命を守るためだけなら、有効な物質の分子構造を学ばせてもらうが、その過程で地球の健全さを明らかに脅かす手段は用いない。これはゼロサムゲームになる。両方を手にすることはできない。収奪をともなう産業活動は、多様な生物が織りなす生態系や、それらの生物が体内に持つ薬効成分という宝をむしばむ。

それなら深い海は、どのように保護することができるだろうか？　そのような壮大な保護の間近な先例として南極条約がある。南極条約は、地球の南端にある凍りついた大陸全体を平和と科学に寄与する自然保護区に指定する国際的な協定である。深海と同じように、もともと南極大陸には人が居住せず、そこに眠る石油、天然ガス、鉱物といった資源を多くの国が手にしたがっている。にもかかわらず条約の採択にかかわった最初の一二カ国は、さまざまな冷戦下の軋轢があるなかで領有権主張を棚上げにして合意し、条約を批准した。条約ではすべての軍事活動と採掘活動が禁止されている――少なくとも今のところは。そのあと数十カ国が追加で加盟し、そうした国々の多くは、将来利用できるようになると思われる資源に目が向いているため、合意には亀裂が見え始めた。

二〇四八年には条約の見なおしが予定されていて、[331] 採掘禁止の方針が終わりを告げる可能性もある。一方、南極大陸を取り巻く海域では漁業が許されていて、オキアミ漁の漁獲高が増えるとペンギンが飢える危険があるとも指摘されている。[332] それでも南極は、開発が最小限に抑えられた海に囲まれた貴重な大陸であり続けている。そして、――深海と同じように――とても傷つきやすく、地球の気候の調節に非常に重要な役割を果たす。

深い海は確固たる無条件の保護を必要としていて、そのような保護の第一歩は、すでに深海漁業にかかわっている国々や、深海開発の権利を購入して探査している国々の出方にかかっている。そうした国のどれかに住んでいるなら、収奪型の産業から手を引くよう政府に圧力をかけてもよい。[*7] 国際海底機構に加盟する欧州連合を含む一六八カ国のいずれかの国民なら、海洋法が定める深海底の環境保護をきちんと遂行するよう自国の政府に呼びかけてもよい。[*8] 深海の厳格な保護を唱えて海底の採掘や深海の底曳き網漁を終わらせようとしている民間非営利団体（NGO）を支援してもよい。海産物の利用者なら製品のラベル表示に目を向け、原料の生き物がどこに生息してどのように捕獲されたのかを知り、深海で獲れたものや、その加工品の利用を拒んでもよい。深海について、あるいは、これまで知らなかった深海の生物の不思議について学ぶためのあらゆる機会をとらえ、そうした生き物に注意を向け、その生き物について話し合い、深海の生き物を地球上のほかの自然環境やなじみの深い動物と同じように愛すべき大切な仲間として迎え入れるのを手助けしてもよい。

深海の保護活動は深海でだけ行なうものではない。捕獲するのはすぐに繁殖して数が増える魚種にし、漁業は生態系を壊さない漁法で行ない、不要な魚種の混獲をやめ、環境に有害な補助金を漁業に支給するのをやめれば、十分な量の食料を浅い海で持続的に確保することができ、環境におよぼす影響が少ない貝類や海藻を養殖すれば、大気中の二酸化炭素を取り除けるというおまけまでついてくる。太陽光の豊富な海の表層で、本当に持続可能な漁業や養殖ができるようになれば、世界が必要とする食料を深海で調達できるかどうかを考える必要もなくなる。すでに浅海には、深海に網の目をめぐらせる食物網と

＊7――本書を出版する時点で深海収奪産業に関係している国は以下になる。アイスランド、米国、イギリス、インド、エストニア、オーストラリア、韓国、キューバ、キリバス、クック諸島、ジャマイカ、シンガポール、スペイン、スロバキア、ソロモン諸島、チェコ共和国、中国、デンマーク、ドイツ、トンガ、ナウル、日本、ニュージーランド、ノルウェー、フェロー諸島、フランス、ブラジル、ブルガリア、ベルギー、ポーランド、ポルトガル、ラトビア、リトアニア。

＊8――国際海底機構の加盟国については https://www.isa.org.jm/member-states を参照。

の切れ目のないつながりや、数千メートルという健全な深みから湧き上がる栄養に支えられた仕組みがあるからだ。

　二酸化炭素からポリ塩化ビフェニル（ＰＣＢ）まで、深海に沈んでいく汚染物質は明らかに陸上や海水面の人間活動に由来し、その事実は動かしようがない。プラスチックやほかの化学物質は汚染源を特定する必要があり、自然環境へ漏れ出る量を極力減らし、可能ならまったくなくす必要がある。二酸化炭素やそれ以外の温室効果ガスは排出量を大幅に減らさねばならない。二酸化炭素の排出が少ない世界経済の達成を阻んでいるのは、風車や太陽光パネルや電気自動車を製造するための金属の供給量が限られているからではない――排出量の少ない社会への移行を実現するのは市民の意志だ。早急な対策には大規模な行政支出が必要になる。

　このような支出は、海底の金属に頼らない再生可能技術への投資、革新的なゼロエミッションの乗り物の実用化、物質を再利用して循環させる循環型経済の進展、すでに手にしている資源の効率を改善するような技術革新に使われるものであって、新たな未開拓地を切り拓くためのものではない。二〇二〇年代には、こうしたことをすべて実現させなければならない。もし実現できなければ、人類は気候変動の最悪のシナリオに身を任せることになる。

　私たちは誰もが、物事を進めるための新しい方法を模索し、深海を開発する必要のない未来、生態系や気候の崩壊を早めることのない未来を目指す変化に積極的にかかわると自分自身で決めることができる。選挙で選んだ政治家には適切な要求を突きつければよい。抗議したほうがよいならそれもよい。どのような手段でもかまわないので、何ができるのか提言する。一度しか使われることのないプラスチック製品――使い捨てのものはすべて――は受け入れず、製品を新たに製造する前に修理して長持ちさせるという高い理念とノウハウのある社会に変えていく一員になるのでもよい。飛行機での移動を減らすという選択肢もあり、自家用車は小型車にしてもよいし、持たなくてもよい。そして、大量消費という終わりのないベルトコンベアから降りてしまう。希望するような、よりよい道義にかなう選択肢が見つからなければ、それはなぜかと世に問い、そうした選択肢を用意するよう自治体を促すのもよい。

これは単に深い海を守る以上のことになり、こうした行動のすばらしさはそこにある。私たちが目にしながら生活している地球の一部を守るために行なっている創意工夫は、深海を開発する必要性を失わせ、目に見えない部分にある深海をただちに守ることになる。

エピローグ

私はホテルの最上階に到着して、たくさんの人でざわめく大きなレセプション会場に入った。床から天井まである窓からは、カリフォルニア沿岸にあるモントレーの街をパノラマのように見わたせた。パノラマの右手には、私がその日の朝ジョギングをした浜が弧を描いていた。巨大なノミのような姿をしたスナホリガニの仲間を海鳥がついばんでいて、私はそのスナホリガニを踏まないように気をつけて走った。左手には港が見え、ラッコがはしゃぎまわる夕暮れの海の向こうにはキャナリー・ロウという通りがある。ここにはかつてイワシの缶詰工場が並び、ジョン・スタインベックの一九四五年出版の『キャナリー・ロウ（缶詰横町）』にちなんで通りの名が改められた。一九四〇年にスタインベックは、小説ではドクという名で登場する実在の生物学者であるエド・リケッツと一緒にイワシ漁船ウエスタン・フライヤー号に乗船し、コルテス海（今は一般にカリフォルニア湾として知られる）の海の生き物を調べるために六四〇〇キロメートルの海の旅へ乗り出した。スタインベックは執筆した本のなかでその探索を振り返りながら、人間と海のつながりを考えている。「人には、怪物のいる海で暮らせる素質のようなものがあり、本当に怪物がいるだろうかと思いをめぐらせる」。モントレーにもどってからの逸話にも触れている。近くの浜に大海蛇（おおうみへび）が打ち上がったと地元の人たちから聞いて新聞記者が浜に駆けつけると、悪臭を放つ怪物には次のようなメモが添えられていた。
「心配無用、これはウバザメ」
真相を記したメモはモントレーの人たちに衝撃を与えた。「みんな、それが大海蛇であってほしいと思っていた」とスタインベックは記す。「腐敗も損傷もしていない大海蛇がときたま本当に見つかったり捕まったりすると、勝ち誇った雄叫びが響きわたる。『ほらみろ、大海蛇がいることはずっと前から知っていた。そういうものがいることは勘でわかる』と男たちは言うだろう」。

きらきらと輝く青いモントレー湾の海面が水平線まで続くのを見下ろした集まりでは、スタインベックが想像した大海蛇よりはるかに奇妙な姿をした深海の動物を見つけたり調べたりする人たちに私は取り囲まれていた。二年に一度開かれるこの一週間の会合には、研究発表や会議論文執筆のために数百人の生物学者が世界中から集まり、深海の研究の最新情報を交換し合う。[333] 集まった生物学者の多くは、モントレー湾の大陸棚が途切れて海底谷が深海層へ向けて落ちこむまさにその海で、驚異に値する生き物を見つけた。こうした海底谷は、キャナリー・ロウに今も残るエド・リケッツの「パシフィック・バイオロジカル・ラボラトリーズ（太平洋生物研究所）」から船で沖へ出たすぐのところにある。リケッツとスタインベックが知っていたらどうしただろうと私はつい考えてしまう。

骨を食べる赤いホネクイハナムシに一面覆われてモントレー湾の海底に横たわるクジラの死骸に、二〇年近く前に遭遇した人たちもレセプションには来ていた。深海のコウモリダコがマリンスノーを食べようと雪玉にするのを観察した人たちもいたし、かじりかけの鉢虫（はちむし）類を腕に抱えたタコを見つけた人たちや、泳ぐゴカイが輝く緑色の爆弾を投げてから漆黒の漸深（ぜんしん）層に逃げこむのを目撃した研究チームの人たちもいた。腕が毛だらけのカニが不規則なリズムを刻むのはなぜかと最初に疑問に思った生物学者もいた。誰も考えもしなかった場所で新たな「雪男ガニ」を見つけた研究チームも来ていた。

深海から持ち帰った最新の物語は、これからも語り継がれるだろう。科学者が新種を発表した経緯、新しい手法のおかげで採集せずして生き様が解明された経緯、生態系の目に見えないつながりをたどった経緯といった物語になる。

深海は新しい視点から眺められるようになった。インド洋で最近見つかった熱水噴出孔は、数千枚の写真をつなぎ合わせてつくられた、コンピューターによる入り組んだ三次元画像で表示できるようになった。[334]ボタンひとつでバーチャル熱水噴出孔のまわりを泳ぎまわることができる。チムニーを見る角度を変えることも、そこに生息するカニ、イソギンチャク、二枚貝、巻貝といった動物を拡大して見ることもできる。このように実物を細部まで落としこんだバーチャル模型は、撮影した時点の熱水噴出孔がどのような姿をしていたかを知るための単なる記録ではない。極限の生態系で生物種がどのように分布しているか、海底のどこで生活しているか、どのように生活しているかを教えてくれる。

大きな謎を解く手がかりも与えてくれる。たとえば人の背丈ほどのアメリカオオアカイカの群れは、一匹の獲物に群がったりイカ同士がぶつかり合ったりすることなく、中深層でどのようにハダカイワシを追いまわすのだろうか。深海で撮影されたイカの映像を科学者たちが見て分析したところ、イカたちは言葉かもしれない模様を少なくとも一〇種類、繰り返し体に浮き上がらせることがわかった。[335]黒っぽい横筋、黒っぽい体色に白っぽい目、腕に浮き上がる黒っぽい筋、白っぽい触腕といった具合だ。アメリカオオアカイカは皮膚を発光させることもでき、発するメッセージは暗闇で浮き上がる。それぞれのイカが発する模様が意味することを人の言葉に翻訳するには、頭足類のロゼッタストーンを見つけなければならない。「おいおい、それは俺の獲物だ!」と言っているのかもしれない。

小さな解明も無数にある。微小な端脚類の脳は、水晶のような二つの目にそれぞれ三二個ある網膜と光ファイバー繊維でつながっていて、薄暗がりでものを見分けるのを助ける。[336] オヨギゴカイは、つま先できれいな旋回をしながら水中を優雅に移動するときに、剛毛の生えた脚をどのように使うのか明らかになった。熱水噴出孔に生息するある巻貝は、生活史の初期には口から物を食べることができるが、しばらくすると胃を使うのをやめて微生物をためこむための大きな袋を発達させ、化学合成食に切り替える（この過程は、外部形態の変化が見られないので隠れ変態と呼ばれる）[337]。深海で捕まえたナマコを手でやさしく振りまわすと、光り輝く体表面の色彩が細波（さざなみ）をたてるように変化する。[338]

深海は、神話、伝承、数限りない不思議だけが詰まった、とてつもなく広大な虚空だと考えられていた時代はそれほど遠い昔ではない。今は多くのことが明らかになり、これから知識はさらに増える。どこかで誰かが探索を行なうと、生き物に満ちた深海の窓がまた少し開き、以前より詳しいことがわかる。それでも、このとてつもなく大きな空間でこれから発見されて学ぶ事柄の多さと比べると、これまで人間が蓄積してきた知識がいかに少ないかが次第にわかってくる。おそらくジョン・スタインベックは、そうであって欲しいと思っていただろう。「名もない怪物がいない海は、まったく夢を見ない眠りのようなものだ」と、『コルテスの海』に記している。

深い海は、いつまでも人に夢を見させてくれる。目にすることも訪れることもない場所のままであり続け、存在すら想像できない変幻自在の生き物は目撃されることもなく、知らぬ間に消え去る瞬間を人は知る由（よし）もない。深い海がそのような姿であり続けるために、私たちはできるかぎり力をつくさなければならない。

謝辞

深海生物学者たちは、活発に意見交換する親密な科学者集団として探検もすれば、手の届かない生命に満ちた世界を世に知らせる中心的役割も果たす。そうした人たちのなかで私が特に謝意を表したいのは、クレイグ・マクレイン、クリフトン・ナノリー、シャナ・ゴフレディ、グレッグ・ラウズ、ロバート・バリジェンフック、アネラ・チョイ、アリス・オールドレッジ、カレン・オズボーン、スティーブン・ハドック、ジュリア・シグワート、アンドリュー・サーバー、クリストファー・ニコライ・ローターマン、マッケンジー・ジェーリンガー、マルセル・ジャスパース、ケリー・ハウエル、マット・アプトン、ルイーズ・オールコック、マリア・ベイカー、マルコルム・クラーク、カビン・ゼルニオ、アンドリュー・セイラー、ダニエル・ジョーンズ、エリク・サイモン＝レイドー、フレドリック・レ・マナック、アラン・ジェイミソン、トーマス・リンリー、ニルス・ピチャウド、エイドリアン・グローバー、ディバ・エイモン、マギー・ジオジエーバ、ミシェル・テイラーである。調査船ペリカン号の船長と乗組員、ルイジアナ大学海洋コンソーシアム（ＬＵＭＣＯＮ）の職員の皆さんにも感謝する。ここの短期滞在プログラムの一環でココドリーを訪れた際には、特にバージニア・シャット、アマンダ・ロドリゲス、ティファニー・レブーフに大変お世話になった。また、メキシコ湾の船上では同乗した仲間として親切にしてもらったエミリー・ヤング、リバー・ディクソン、ジョン・ホワイトマン、グランガー・ハンクス、マック・ウィンター、カタリーナ・ルビアノ、サラ・フォスターに感謝の意を表する。環境保全研究団体シンクロニシティ・アースのアナ・ヒースとジム・ペティウォード、深海保全連合のマシュー・ジアンニとは、深海の将来について論じ合うことができてありがたかった。

私が本の執筆をするきっかけをつくり、知恵を授けてくれたのは、長年私の代理人を務めてくれたエマ・スイーニーで、本書も彼女の無限とも言える支援、熱意、発想のもとに執筆が始まった。本書執筆中に彼女が退職したのは私としてはとても残念だったが、彼女のあとをマーガレット・サザーランド・ブラウンが引き継いでくれたのはとても嬉しかった。彼女の絶え間ない応援によって本書は出版にこぎつけることができた。また、グローブ・プレス社のジョージ・ギブソンにも深く感謝している。彼は私と一緒に深海に潜る決断をして、本書に命を吹きこんでくれた。ブルームズベリー社のアナ・マクディアーミッド、エンジェリーク・ニューマン、ジム・マーティンにも感謝する。そして、私の文章に添えるすばらしい図やイラスト〔英語原書のみ〕を描いてくれたアーロン・ジョン・グレゴリーにも以前と同じように謝意を伝えたい。

本書の内容の多くは、私がメリエルと呼んでいる海辺の小さな石造りの家で書いた。メリエルについては、そのうち別途執筆する機会があるだろう。家族と友人たちには、いつもながら感謝する。執筆した本の冊数や執筆するのに要した年数は、今では指を折りながら数えるほどになった。本書の執筆では特に、エイナ・ボグダノーバとドリアン・ゲングロフに心からの感謝を捧げる。いつもそばにいて支えてくれて、私がいちばん必要とするときに様子を見に来てくれたり、おいしいものを届けたりしてくれた。リアム・ドゥルーには文章の言いまわしを直すのを手伝ってもらった。ケイトは、陰で私の海での活動を支える以上のことをしてくれた。最後に本書を完成させるための時間をともに過ごしてくれた親愛なるイワンにも感謝する。

訳者あとがき

深海といえば、これまで書籍・雑誌・映像作品などさまざまなメディアが驚きの深海生物を取り上げてきた。太陽光が届かず、水圧も高く、おいそれと潜って見に行くことはできないが、最近は潜水艇や自律型海中ロボットで撮影できるようになってきたということだろう。しかし、宇宙ステーションとちがって、人が深海にとどまることのできる時間は短い。研究者たちは、船上で潜水艇やロボットを操作して得た断片的な情報をもとに、深海生物の生き様を解き明かす。著者のヘレン・スケールズは、そうした研究成果の積み重ねをつむぎ合わせながら深海を語り、そこから一歩進んで、こうした生き物たちを脅かす要因を考える。このような深海の生態系を守るにはどうすればよいのかという問題意識がにじみ出る。

深海は暗黒の冷たい場所だが、そこには原題 The Brilliant Abyss（まばゆい深海）のとおり、まばゆいほど多様な生き物の、多様な生活がある。

本書の第1部では、数千メートルという海の深みに生息するこうした生き物が紹介される。死んだクジラの肉を食べに集まるオオグソクムシや、骨を消化するホネクイハナムシ。猛烈な水圧がかかる水中を漂いながら生活するゼリー状のクラゲや、頭上から降ってくる海の雪（マリンスノー）を捕らえる有櫛動物（クシクラゲと呼ばれることもあるがクラゲではない）。灼熱の熱水噴出孔で鉄製の鱗を身にまとうウロコフネタマガイや、口も消化管も持たないハオリムシ。かつては海底火山だった海山で冷水湧出帯を探して暖をとるタコや、くしゃみをするカイメンも登場する。

第2部では、人間社会が深海にどのように依存するかが語られる。昨今は大気中の二酸化炭素が増えることによる地球温暖化が危惧されているが、温暖化によって世界中の海洋の深部をめぐる深層流の流れが遅くなるかもしれない。海の表層にいる藻類は、こうした事態にならないように、光合成をして二酸化炭素を有機物に変え、死骸となって深海に沈むことで大気中の二酸化炭素を深海に沈めてしまう手助けをしている。

また、深海の生き物からは、医薬品に使われる物質が見つかることもある。カイメンやサンゴのように固着して動けない動物は、身を守るための防御物質をつくるので、そうした物質を参考に、人間に有効な新薬の開発が期待されている。

第3部は、これまで人間が深海をいかに利用してきたかを教えてくれる。オレンジラフィーという魚は、深い海で人知れず繁栄を誇ってきた。漁業技術の向上によって、また、浅海の漁業資源が枯渇してきたこともあって、より深いところで魚を獲るようになって乱獲が起きた。オレンジラフィーは寿命が長く繁殖スピードが遅い。このような魚はダメージを受けると回復するのに時間がかかる。

深海は不要物や処理に困るものを捨てる場としても使われる。マスタード・ガスなどの化学兵器が捨てられ、知らずに海底から拾った漁師が死傷するような事故も起きれば、月への着陸に失敗した宇宙船が、月に置いてくるはずだった放射性物質を不本意にも地球に持ち帰ってしまったので、しかたなく深い海溝へ沈めたというような話もある。

そして、深い海底には捨てておけない石（マンガン団塊）がたくさん転がっている。海水中の成分が数百万年という歳月をかけて沈着してできた石で、スマートフォンや自然エネルギーを生み出す機器類に利用するレアアースを含有する。それを採掘するという野望を抱く人たちは、数千メートルの深さの海底に重機を下ろそうとする。採掘が始まると、その石を足場にして成長する生き物は瞬時にすみかを失う。陸上でも鉱山といえば環境破壊が問題になるのに、人の目に触れない深海なら問題ないのだろうか。

こうした採掘は、人類の共有資産ともいえる公海の海底で行なわれる場合が多い。国際的な取り組みが必要になるが、国連といえども一枚岩ではない。

第4部では、深海開発の現状、今後深海をどのように維持管理していくのがよいか、どのような取り決めをするべきなのかを考える。利害関係のある国々の動きが気になるところだ。四方を海に囲まれた日本は、潜水艇を使った研究成果もさることながら、高度な科学技術を保有する国であり、当然のことながら「利害関係のある国々」のひとつに入るので、他人事ではない。

ヘレン・スケールズは、これまでの著作で海の生き物の魅力をわかりやすい語り口で紹介するかたわら、海の酸性化を憂慮し（『貝と文明（Spirals in Time）』、築地書館）、漁業資源の枯渇を問題にしてきた（『魚の自然誌（Eye of the Shoal）』、築地書館）。三作目となる本書では、海底の開発が引き起こす問題に焦点が当たる。声高に開発反対を唱えるのではなく、深海の魅力を存分に語りながら読者に問題点を伝える筆運びは、なかなか迫力がある。

じつは、二〇二〇年の一〇月に、本書がイギリスと米国で出版される運びになったので日本で出版されることになったら翻訳を引き受けてくれないかと著者から連絡をもらったとき、私はためらった。深海については何も知らないということもあった。いくつか別の仕事がちょうど一区切りつきそうな時期だったので、翻訳は少し休もうと思っていたこともある。だが、そんな私を築地書館の橋本ひとみさんは、スケールズさんのせっかくの著作だから翻訳するよう根気よく説得してくれた。そして腹を据えて引き受けることにしたのだが、訳し始めたら、はじめて知る深海の事象について調べるのが楽しく、暗黒なのになぜか色とりどりの動物が暮らす深海の世界に引きこまれ、海底の採掘という開発の波が押し寄せようとしていることに憤慨した。何かに腹を立てると文章がすらすら書けるという得意技を私は持っているようで、翻訳作業は滞りなく進み、今では、本書の翻訳を引き受けてよかったとつくづく思っている。

訳文ができあがってからは、橋本ひとみさんをはじめとする築地書館のみなさんが、書名を検討し、用語を統一し、わかりにくい表現を指摘・修正し、随所に小見出しを挿入して読みやすいものにしてくれた。膨大な作業だったと思う。そして、素敵なカバーや表紙、各部の扉をデザイナーの方がイラストを描いてつくってくれた。多くの人たちの力の結晶なのに、表紙に著者と訳者の名前しか印刷されないのは申し訳ないような気がする。映画などでは、こまごまとした作業をした人たちも最後にみな名前が表示される。書籍でも同じようにすればよいのにと思う。

このすばらしい作品を読者に届けてくれる流通に携わる人たちや書店で販売してくれる方々も含め、

さまざまな作業をしてくれた人たちに心から感謝申し上げる。
そして、本書を手に取った読者が深海のめくるめく不思議を楽しんでくださることを願う。

二〇二一年三月

林 裕美子

口絵写真クレジット

① ©Louisiana Universities Marine Consortium
② ©2002 MBARI
③ ©2003 MBARI
④ ©2002 MBARI
⑤ ©Hidden Ocean Expedition 2005/NOAA/OAR/OER
⑥ ©Karen Osborn
⑦ ©Karen Osborn
⑧ ©Karen Osborn
⑨ ©Hidden Ocean Expedition 2005, NOAA Office of Ocean Exploration
⑩ ©Karen Osborn
⑪ ©Steve Haddock, MBARI
⑫ ©Karen Osborn
⑬ ©Karen Osborn
⑭ ©Avery Hatch and Greg Rouse, Scripps Institution of Oceanography
⑮ ©Karen Osborn
⑯ ©Karen Osborn
⑰ ©NOAA Office of Ocean Exploration, Gulf of Mexico 2018
⑱ ©NERC ChEsSo Consortium
⑲ ©Johanna Weston,Alan].Jamieson: Newcastle University, WWF Germany
⑳ ©Caladan Oceanic LLC
㉑ ©2013 MBARI
㉒ ©2004 MBARI
㉓ ©NOAA-FGBN MS/UNCW-UVP
㉔ ©NOAA Office of Ocean Exploration and Research, Deep-Sea Symphony: Exploring the Musicians Seamounts
㉕ ©NOAA Office of Ocean Exploration and Research, Deep-Sea Symphony: Exploring the Musicians Seamounts
㉖ ©NOAA Office of Ocean Exploration and Research, Gulf of Mexico 2014
㉗ ©NOAA Office of Ocean Exploration and Research
㉘ ©NOAA Office of Ocean Exploration and Research, 2017 Laulima O Ka Moana
㉙ ©Sigrid Hof, courtesy Senckenberg Research Institute and Museum. The specimen is on display at the Senckenberg Natural History Museum, Frankfurt, Germany, in the permanent exhibit on the Deep Sea and Marine Research

William Beebe, *Half a Mile Down* (Harcourt, Brace and Company: New York, 1934), Biodiversity Heritage Library で無料閲覧できる。doi:10.5962/bhl.title.10166.
John D. Gage, and Paul A. Tyler, *Deep-Sea Biology: A Natural History of Organisms of the Deep-Sea Floor* (Cambridge: Cambridge University Press, 2012), doi:10.1017/CBO9781139163637.
Ernst Haeckel, *Kunstformen der Nature* (Verlag des Bibliographischen Instituts: Leipzig and Vienna, 1899-1904), Biodiversity Heritage Library で無料閲覧できる。doi:10.5962/bhl.title.102214.
Roger Hanlon, Louise Allcock, and Michael Vecchione, *Octopuses, Squid, and Cuttlefish: A Visual Scientific Guide* (Brighton: Ivy Press, 2018).
Imants G. Priede, *Deep-Sea Fishes: Biology, Diversity, Ecology and Fisheries* (Cambridge: Cambridge University Press, 2017). doi:10.1017/9781316018330.
Helena M. Rozwadowski, *Fathoming the Ocean: The Discovery and Exploration of the Deep Sea* (Harvard: Harvard University Press, 2008).

◉ウェブサイトとブログ

Deep Sea News：http://www.deepseanews.com
Deep-Sea Biology Society：https://dsbsoc.org
WoRDDS：The World Register of Deep-Sea Species http://www. marinespecies.org/deepsea

◉ YouTube 動画

Monterey Bay Aquarium Research Institute
https://www.youtube.com/channel/UCFXww6CrLAHhyZQCDnJ2g2A
Nekton Mission
https://www.youtube.com/c/NektonMissionOrgDeepOcean

◉教育資料

Nekton Education
https://nektonmission.org/education
Okeanos Explorer
https://oceanexplorer.noaa.gov/okeanos/edu/welcome.html
Nautilus Live
https://nautiluslive.org/education
Monterey Bay Aquarium Research Institute
https://www.mbari.org/products/educational-resources
Woods Hole Oceanographic Institution, Education resources for K-12 Students and Teachers
https://www.whoi.edu/whatwe-do/educate/k-12-students-and-teachers

IUCN.CH.2018.16.en.
Fauna & Flora International, *An Assessment of the Risks and Impacts of Seabed Mining on Marine Ecosystems* (Cambridge: Flora and Fauna International, 2020), https://cms.fauna-flora.org/wp-content/uploads/2020/03/FFI_2020_The-risks-impacts-deep-seabedmining_Report.pdf
Royal Society. Future Ocean Resources: Metal-Rich Minerals and Ggenetics -Evidence Pack. (London: Royal Society, 2017), https://royalsociety.org/future-ocean-resources .

◉深海漁業についての報告

Callum M. Roberts, Julie P. Hawkins, Katie Hindle, Rod. W. Wilson, and Bethan C. O'Leary, Entering the Twilight Zone: The Ecological Role and Importance of Mesopelagic Fishes. (np: Blue Marine Foundation, 2020), https://www.bluemarinefoundation.com/wp-content/uploads/2020/12/Entering-the-Twilight-Zone-Final.pdf
Glen Wright, Kristina Gjerde, Aria Finkelstein, and Duncan Currie, Fishing in the Twilight Zone: Illuminating Governance Challenges at the Next Fisheries Frontier (np: IDDRI Study No. 6, 2020), https://www.iddri.org/sites/default/files/PDF/Publications/Catalogue%20Iddri/Etude/202011-ST0620EN-mesopelagic_0.pdf

◉深い海の探索

海洋研究をしている組織は、調査船や潜水艇から撮影した映像をインターネット上で公開している。これを見ると、深海の探索を実感できる。

NOAA, Okeanos Explorer：https://oceanexplorer.noaa.gov/livestreams/welcome.html
Ocean Exploration Trust, Nautilus：https://nautiluslive.org/
Schmidt Ocean Institute, Falkor：https://schmidtocean.org/technology/live-from-rv-falkor/

◉映画やテレビ番組

Blue Planet II: The Deep, BBC, 2017.
Deep Ocean: Giants of the Antarctic Deep, BBC, 2020.
Deep Planet, Discovery, 2020.
Octonauts and the Yeti Crab, Silvergate Media and BBC, 2013.
Our Planet: The High Seas, Netflix, 2019.

◉音楽

"Abyss Kiss" by Adrianne Lenker, 2018.
"Beyond the Abyss" by Drexciya, 1992.
"How Deep is the Ocean" by Aretha Franklin, 1962.
"Weird Fishes/Arpeggi" by Radiohead, 2007.

◉書籍

Maria Baker, Ana Hilário, Hannah Lily, Anna Metaxas, Eva Ramirez-Llodra, and Abigail Pattenden, *Treasures of the Deep* (np: The Commonwealth, 2019), https:// www.dosi-project.org/wp-content/uploads/TreasuresOfThe Deep_PDF-ebook-small.pdf から無料でダウンロードできる。

Antarctica Demonstrate That Mismatched Scales of Fisheries Management and Predator-Prey Interaction Lead to Erroneous Conclusions about Precaution," *Scientific Reports* 10 (2020): 2314, doi:10.1038/s41598-020-59223-9.

エピローグ

333 International Deep-Sea Biology Symposium, https://dsbsoc.org/conferences/
334 Klaas Gerdes, Pedro Martínez Arbizu, Ulrich Schwarz-Schampera, Martin Schwentner, and Terue C. Kihara, "Detailed Mapping of Hydrothermal Vent Fauna: A 3D Reconstruction Approach Based on Video Imagery," *Frontiers in Marine Science* 6 (2019): 96, doi:10.3389/fmars.2019.00096/.
335 Benjamin P. Burford and Bruce H. Robison, "Bioluminescent Backlighting Illuminates the Complex Visual Signals of a Social Squid in the Deep Sea," *Proceedings of the National Academy of Sciences (US)* 117, no. 15 (2020): 8524−31, doi:10.1073/pnas.1920875117.
336 Jaimee-Ian Rodriguez, "Many Eyes, Many Perspectives: The Astonishing Visual Systems of Hyperiids," Smithsonian Ocean, January 2020, https://ocean.si.edu/ocean-life/invertebrates/many-eyes-many-perspectivesastonishing-visual-systems-hyperiids.
337 Chong Chen, Katrin Linse, Katsuyuki Uematsu, and Julia D. Sigwart, "Cryptic Niche Switching in a Chemosymbiotic Gastropod," *Proceedings of the Royal Society B* 285 (2018): 20181099, doi:10.1098/rspb.2018.1099.
338 Amy Maxmen, "The Hidden Lives of Deep-Sea Creatures Caught on Camera," *Nature* 561 (2018): 296−97, doi:10.1038/d41586-018-06660-2.

追加参考情報

◉深海保護活動をしている組織・団体

Blue Planet Society：https://blueplanetsociety.org/2020/08/stopdeep-sea-mining/
Deep-Ocean Stewardship Initiative：https://www.dosi-project.org/
Deep-Sea Conservation Coalition：http://www.savethehighseas.org/
Bloom Association：https://www.bloomassociation.org/en/
Sustainable Ocean Alliance：https://www.soalliance.org/soacampaign-against-seabed-mining/
The Ocean Foundation：http://www.deepseaminingoutofourdepth.org/
The Oxygen Project：https://www.theoxygenproject.com/

◉深海の採掘についての報告

Andrew Chin, Katelyn Hari, and Hugh Govan, *Predicting the Impacts of Mining of Deep Sea Polymetallic Nodules in the Pacific Ocean: A Review of Scientific Literature* (np: Deep Sea Mining Campaign and Mining Watch Canada, 2020), https://miningwatch.ca/sites/default/files/nodule_mining_in_the_pacific_ocean.pdf
Luc Cuyvers, Whitney Berry, Kristina Gjerde, Torsten Thiele, and Caroline Wilhem, *Deep Seabed Mining: A Rising Environmental Challenge* (Gland: IUCN and Gallifrey Foundation, 2018), doi.org/10.2305/

Rotor for a 3.6 MW Wind Generator," *Superconductor Science and Technology* 32 (2019): 125006, doi:10.1088/1361-6668/ab48d6.

320 Iraklis Apergis and Nicholas Apergis, "Silver Prices and Solar Energy Production," *Environmental Science and Pollution Research* 26 (2019): 8525−32, doi:10.1007/s11356-019-04357-1.

321 Martin A. Green, Anita Ho-Baillie, and Henry J. Snaith, "The Emergence of Perovskite Solar Cells," *Nature Photonics* 8 (2014): 506−14, doi:10.1038/NPHOTON.2014.134.

322 Célestin Banza Lubaba Nkulu, Lidia Casas, Vincent Haufroid, Thierry De Putter, Nelly D. Saenen, Tony Kayembe-Kitenge, Paul Musa Obadia, Daniel Kyanika Wa Mukoma, Jean-Marie Lunda Ilunga, Tim S. Nawrot, Oscar Luboya Numbi, Erik Smolders, and Benoit Nemery, "Sustainability of Artisanal Mining of Cobalt in DR Congo," *Nature Sustainability* 1 (2018): 495−504, doi:10.1038/s41893-018-0139-4.

323 *"This Is What We Die For" : Human Rights Abuses in the Democratic Republic of Congo Power the Global Trade in Cobalt* (London: Amnesty International, 2016), https://www.amnesty.org/en/documents/afr62/3183/2016/en/

324 "Cobalt on the Rise," *DSM Observer*, November 27, 2017, http://dsmobserver.org/2017/11/cobalt-rising/

325 Vincent Moreau, Piero Carlo Dos Reis, and François Vuille, "Enough Metals? Resource Constraints to Supply a Fully Renewable Energy System," *Resources* 8 (2019): 29, doi:10.3390/resources8010029; Sven Teske, Nick Florin, Elsa Dominish, and Damien Giurco, *Renewable Energy and Deep-Sea Mining: Supply, Demand and Scenarios* (Sydney: Institute for Sustainable Futures, 2016), J. M. Kaplan Fund のために作成された報告書、Oceans 5, and Synchronicity Earth, http://www.savethehighseas.org/publicdocs/DSM-RE-Resource-Report_UTS_July2016.pdf; Alicia Valeroa, Antonio Valerob, Guiomar Calvob, and Abel Ortego, "Material Bottlenecks in the Future Development of Green Technologies," *Renewable and Sustainable Energy Reviews* 93 (2018): 178−200, doi:10.1016/j.rser.2018.05.041; Takuma Watari, Benjamin C. McLellan, Damien Giurco, Elsa Dominish, Eiji Yamasue, and Keisuke Nansai, "Total Material Requirement for the Global Energy Transition to 2050: A Focus on Transport and Electricity," *Resources, Conservation and Recycling* 148 (2019): 91−103, doi:10.1016/j.resconrec.2019.05.015; André Månbergera and Björn Stenqvist, "Global Metal Flows in the Renewable Energy Transition: Exploring the Effects of Substitutes, Technological Mix and Development," *Energy Policy* 119 (2018): 226−41, doi:10.1016/j.enpol.2018.04.056.

326 Gavin Harper, Roberto Sommerville, Emma Kendrick, Laura Driscoll, Peter Slater, Rustam Stolkin, Allan Walton, Paul Christensen, Oliver Heidrich, Simon Lambert, Andrew Abbott, Karl Ryder, Linda Gaines, and Paul Anderson, "Recycling Lithium-Ion Batteries from Electric Vehicles," *Nature* 575 (2019): 75−86, doi:10.1038/s41586-019-1682-5.

327 Gerard Barron の国際海底機構の理事会での発言。

328 注釈 311 の *Why the Rush?* (Deep Sea Mining Campaign).

329 "Japan Just Mined the Ocean Floor and People Want Answers," CBC Radio, October 13, 2017, https://www.cbc.ca/radio/quirks/october-14-2017-1.4353185/japan-just-mined-the-ocean-floor-and-people-want-answers-1.4353198; Japan Oil, Gas, Metals National Corporation（石油天然ガス・金属鉱物資源機構）, "JOGMEC Conducts World's First Successful Excavation of Cobalt-Rich Seabed in the Deep Ocean," August 21, 2020, http://www.jogmec.go.jp/english/news/release/news_01_000033.html

330 Julia Sigwart と著者が交わした会話より、2019 年 11 月 19 日。

◉深海という聖域

331 Leslie Hook and Benedict Mander, "The Fight to Own Antarctica," *Financial Times*, May 23, 2018, https://www.ft.com/content/2fab8e58-59b4-11e8-b8b2-d6ceb45fa9d0

332 George M. Watters, Jefferson T. Hinke, and Christian S. Reiss, "Long-Term Observations from

第4部

◉陸の緑か、海の青か

307 Michael Lodge (@mwlodge) 写真をツイッターに投稿、2018年4月13日、https://twitter.com/mwlodge/status/984626856384221185

308 Anne Davies and Ben Doherty, "Corruption, Incompetence and a Musical: Nauru's Cursed History," *Guardian*, September 3, 2018, https://www.theguardian.com/world/2018/sep/04/corruption-incompetenceand-a-musical-naurus-riches-to-rags-tale

309 Richard Roth, "Understanding the Economics of Seabed Mining for Polymetallic Nodules," 国際海底機構の理事会での演説、Kingston, Jamaica、2018年3月6日。さらに、Matthew Gianni と著者が交わした会話より、2019年11月4日。

310 Matthew Gianni と著者が交わした会話より、2019年11月4日。

311 ディープグリーン・メタルズ社の最高経営責任者（CEO）である Gerard Barron は、かつて深海の採掘業界で実際に事業がまだひとつも始まらない時期に、この手法を使って金儲けをした。パプアニューギニアの海域にある熱水噴出孔で採掘する準備を10年以上かけて進めてきたノーチラス・ミネラルズ社の初期投資家の一人だったのだ。採掘の見通しがたって株価が上がったときに、Barron は持ち株を売却して数百万ドル［数億円］という利益を手にした。*Why the Rush? Seabed Mining in the Pacific Ocean* (Ottawa: Deep Sea Mining Campaign, London Mining Network, Mining Watch Canada, 2019), http://www.deepseaminingoutofourdepth.org/wp-content/uploads/Why-the-Rush.pdf

312 Gerard Barron の国際海底機構の理事会での発言、2019年2月27日、https://www.isa.org.jm/files/files/documents/nauru-gb.pdf

313 *DeepGreen: Metals for Our Future*, Vimeo video, 3:49, 2018年、ディープグリーン・メタルズ社により投稿、https://vimeo.com/286936275

314 Daniele La Porta Arrobas, Kirsten L. Hund, Michael S. Mccormick, Jagabanta Ningthoujam, and John R. Drexhage, *The Growing Role of Minerals and Metals for a Low Carbon Future* (Washington, DC: World Bank Group, 2017), http://documents.worldbank.org/curated/en/207371500386458722/The-Growing-Role-of-Mineralsand-Metals-for-a-Low-Carbon-Future

315 Indra Overland, " The Geopolitics of Renewable Energy: Debunking Four Emerging Myths, " *Energy Research and Social Science* 49 (2019): 36−40.

316 2017年に米国で使われたレアアースの55%は化学触媒用で、15%は陶磁器やガラス製品の製造用だった。数値は米国地質調査所によるものが以下のサイトに引用されている。M. Hobart King, "REE -Rare Earth Elements and Their Uses," Geology.com. 2020年8月16日閲覧、https://geology.com/articles/rare-earth-elements/

317 Tania Branigan, "Chinese Moves to Limit Mineral Supplies Sparks Struggle over Rare Earths," *Guardian*, October 25, 2010, https://www.theguardian.com/business/2010/oct/25/china-cuts-rare-earths-exports

318 Kalyeena Makortoff, " US - China Trade: What Are Rare-Earth Metals and What's the Dispute?," *Guardian*, May 29, 2019, https://www.theguardian.com/business/2019/may/29/us-china-trade-what-are-rareearth-metals-and-whats-the-dispute

319 Anne Bergen, Rasmus Andersen, Markus Bauer, Hermann Boy, Marcel ter Brake, Patrick Brutsaert, Carsten Bührer, Marc Dhallé , Jesper Hansen, Herman ten Kate, Jürgen Kellers, Jens Krause, Erik Krooshoop, Christian Kruse, Hans Kylling, Martin Pilas, Hendrik Pütz, Anders Rebsdorf, Michael Reckhard, Eric Seitz, Helmut Springer, Xiaowei Song, Nir Tzabar, Sander Wessel, Jan Wiezoreck, Tiemo Winkler, and Konstantin Yagotyntsev, "Design and In-Field Testing of the World's First ReBCO

Scale Movements and High Use Areas of Western Pacific Leatherback Turtles, *Dermochelys coriacea*," *Ecosphere* 2, no. 7 (2011): 1−27, doi:10.1890/ES11-00053.1.

293 Cindy Lee Van Dover, Jeff A. Ardron, Elva Escobar, Matthew Gianni, Kristina M. Gjerde, Aline Jaeckel, Daniel O. B. Jones, Lisa A. Levin, H. J. Niner, L. Pendleton, Craig R. Smith, Torsten Thiele, Philip J. Turner, Les Watling, and P. P. E. Weave, "Biodiversity Loss from Deep-Sea Mining," *Nature Geoscience* 10 (2017): 464−65.

294 Kathryn J. Mengerink, Cindy L. Van Dover, Jeff Ardron, Maria Baker, Elva Escobar-Briones, Kristina Gjerde, J. Anthony Koslow, Eva Ramirez-Llodra, Ana Lara-Lopez, Dale Squires, Tracey Sutton, Andrew K. Sweetman, and Lisa A. Levin, "A Call for Deep-Ocean Stewardship," *Science* 344 (2014): 696−98, doi:10.1126/science.1251458.

295 Zaira Da Ros, Antonio Dell'Anno, Telmo Morato, Andrew K. Sweetman, Marina Carreiro-Silva, Chris J. Smith, Nadia Papadopoulou, Cinzia Corinaldesi, Silvia Bianchelli, Cristina Gambi, Roberto Cimino, Paul Snelgrove, Cindy Lee Van Dover, and Roberto Danovaro, "The Deep Sea: The New Frontier for Ecological Restoration," *Marine Policy* 108 (2019): 103642, doi:10.1016/j.marpol.2019.103642.

296 同上

297 注釈 78 の Shana Goffredi et al., "Hydrothermal Vent Fields Discovered."

298 注釈 293 の Van Dover et al., "Biodiversity Loss."

299 Andrew Thaler と著者が交わした会話より、2019 年 11 月 20 日。

300 Nathanial Gronewold, "Seabed-Mining Foes Press U.N. to Weigh Climate Impacts," *Scientific American*, July 16, 2019, https://www.scientificamerican.com/article/seabed-mining-foes-press-u-n-to-weigh-climateimpacts/

301 B. Nagender Nath, N. H. Khadge, Sapana Nabar, C. Raghu Kumar, B. S. Ingole, A. B. Valsangkar, R. Sharma, and K. Srinivas, "Monitoring the Sedimentary Carbon in an Artificially Disturbed Deep-Sea Sedimentary Environment," *Environmental Monitoring and Assessment* 184 (2012): 2829−44; Tanja Stratmann, Lidia Lins, Autun Purser, Yann Marcon, Clara F. Rodrigues, Ascensão Ravara, Marina R. Cunha, Erik Simon-Lledó, Daniel O. B. Jones, Andrew K. Sweetman, Kevin Köser, and Dick van Oevelen, "Abyssal Plain Faunal Carbon Flows Remain Depressed 26 Years after a Simulated Deep-Sea Mining Disturbance," *Biogeosciences* 15 (2018): 4131−45, doi:10.5194/bg-15-4131-2018.

302 Erik Simon-Lledó, Brian J. Bett, Veerle A. I. Huvenne, Kevin Köser, Timm Schoening, Jens Greinert, and Daniel O. B. Jones, "Biological Effects 26 Years after Simulated Deep-Sea Mining," *Scientific Reports* 9 (2019): 8040, doi:10.1038/s41598-019-44492-w.

303 Tobias R. Vonnahme, Massimiliano Molari, Felix Janssen, Frank Wenzhöfer, Mattias Haeckel, Jürgen Titschack, and Antje Boetius, "Effects of a Deep-Sea Mining Experiment on Seafloor Microbial Communities and Functions after 26 Years," *Scientific Advances* 6 (2020): eaaz5922, doi:10.1126/sciadv.aaz5922.

304 Daniel O. B. Jones, Stefanie Kaiser, Andrew K. Sweetman, Craig R. Smith, Lenaick Menot, Annemiek Vink, Dwight Trueblood, Jens Greinert, David S. M. Billett, Pedro Martinez Arbizu, Teresa Radziejewska, Ravail Singh, Baban Ingole, Tanja Stratmann, Erik Simon-Lledó, Jennifer M. Durden, and Malcolm R. Clark, "Biological Responses to Disturbance from Simulated Deep-Sea Polymetallic Nodule Mining," *PLoS One* 12, no. 2 (2017): e0171750, doi:10.1371/journal.pone.0171750.

305 Erik Simon-Lledó と著者がイギリスの国立海洋学センターで交わした会話より、2020 年 1 月 17 日。

306 Daniel Jones と著者がイギリスの国立海洋学センターで交わした会話より、2020 年 1 月 17 日。

Diverse in Parts of the Abyssal Eastern Pacific Licensed for Polymetallic Nodule Exploration," *Biological Conservation* 207 (2017): 106–16, doi:10.1016/j.biocon.2017.01.006.

276 Erik Simon-Lledó と著者がイギリスの国立海洋学センターで交わした会話より、2020 年 1 月 17 日。

277 Autun Purser, Yann Marcon, Henk-Jan T. Hoving, Michael Vecchione, Uwe Piatkowski, Deborah Eason, Hartmut Bluhm, and Antje Boetius, "Association of Deep-Sea Incirrate Octopods with Manganese Crusts and Nodule Fields in the Pacific Ocean," *Current Biology* 26 (2016): R1247–71, doi:10.1016/j.cub.2016.10.052.

278 Erik Simon-Lledó , Brian J. Betta, Veerle A. I. Huvenne, Timm Schoening, Noelie M. A. Benoista, Rachel M. Jeffreys, Jennifer M. Durden, and Daniel O. B. Jones, "Megafaunal Variation in the Abyssal Landscape of the Clarion Clipperton Zone," *Progress in Oceanography* 170 (2019): 119–33, doi:10.1016/j.pocean.2018.11.003.

279 Stefanie Kaiser, Craig R. Smith, and Pedro Martinez Arbizu, "Biodiversity of the Clarion Clipperton Fracture Zone," *Marine Biodiversity* 47 (2017): 259–64, doi:10.1007/s12526-017-0733-0.

280 Craig R. Smith, Verena Tunnicliffe, Ana Colaço, Jeffrey C. Drazen, Sabine Gollner, Lisa A. Levin, Nelia C. Mestre, Anna Metaxas, Tina N. Molodtsova, Telmo Morato, Andrew K. Sweetman, Travis Washburn, and Diva J. Amon, "Deep-Sea Misconceptions Cause Underestimation of Seabed-Mining Impacts," *Trends in Ecology and Evolution* 35, no. 10 (2020): 853–57, doi:10.1016/j.tree.2020.07.002.

281 Andrew Thaler and Diva Amon, "262 Voyages beneath the Sea A Global Assessment of Macro- and Megafaunal Biodiversity and Research Effort at Deep-Sea Hydrothermal Vents," *PeerJ* 7 (2019): e7397, doi:10.7717/peerj.7397.

282 同上

283 Cherisse Du Preez and Charles R. Fisher, "Long-Term Stability of Back-Arc Basin Hydrothermal Vents," *Frontiers in Marine Science* 5 (2018): 54, doi:10.3389/fmars.2018.00054.

284 注釈 268 の Levin et al., "Challenges to the Sustainability."

285 Julia D. Sigwart, Chong Chen, Elin A. Thomas, A. Louise Allcock, Monika Böhm, and Mary Seddon, "Red Listing Can Protect Deep-Sea Biodiversity," *Nature Ecology and Evolution* 3 (2019): 1134, doi:10.1038/s41559-019-0930-2.

286 Julia Sigwart と著者が交わした会話より、2019 年 11 月 19 日。

287 同上

288 Elisabetta Meninia and Cindy Lee Van Dover, "An Atlas of Protected Hydrothermal Vents," *Marine Policy* 105 (2019): 103654, doi:10.1016/j.marpol.2019.103654.

289 David E. Johnson, "Protecting the Lost City Hydrothermal Vent System: All Is Not Lost, or Is It?," *Marine Policy* 107 (2019): 103593, doi:10.1016/j.marpol.2019.103593.

290 海底の採掘の水中への影響についての詳細は以下を参照。Jeffrey C. Drazen, Craig R. Smith, Kristina M. Gjerde, Steven H. D. Haddock, Glenn S. Carter, Anela Choy, Malcolm R. Clark, Pierre Dutrieux, Erica Goetzea, Chris Hauton, Mariko Hatta, J. Anthony Koslow, Astrid B. Leitner, Aude Pacini, Jessica N. Perelman, Thomas Peacock, Tracey T. Sutton, Les Watling, and Hiroyuki Yamamoto, "Midwater Ecosystems Must Be Considered When Evaluating Environmental Risks of Deep-Sea Mining," *Proceedings of the National Academy of Sciences (US)* 117, no. 30 (2020): 17455–60, doi:10.1073/pnas.2011914117.

291 Hector M. Guzman, Catalina G. Gomez, Alex Hearn, and Scott A. Eckert, "Longest Recorded Trans-Pacific Migration of a Whale Shark (*Rhincodon typus*)," *Marine Biology Records* 11, no. 1 (2018): 8, doi:10.1186/s41200-018-0143-4.

292 Scott R. Benson, Tomoharu Eguchi, David, G. Foley, Karin A. Forney, Helen Bailey, Creusa Hitipeuw, Betuel P. Samber, Ricardo F. Tapilatu, Vagi Rei, Peter Ramohia, John Pita, and Peter H. Dutton, "Large

258 深海での採掘の悪影響について警鐘を鳴らすいくつかの学術論文。Holly J. Niner, Jeff A. Ardron, Elva G. Escobar, Matthew Gianni, Aline Jaeckel, Daniel O. B. Jones, Lisa A. Levin, Craig R. Smith, Torsten Thiele, Phillip J. Turner, Cindy L. Van Dover, Les Watling, and Kristina M. Gjerde, "Deep-Sea Mining with No Net Loss of Biodiversity — An Impossible Aim," *Frontiers in Marine Science* 5 (2018): 53, doi:10.3389/fmars.2018.00053; Antje Boetius and Matthias Haeckel, "Mind the Seafloor: Research and Regulations Must Be Integrated to Protect Seafloor Biota from Future Mining Impacts," *Science* 359, no. 6371 (2018): 34−36, doi:10.1126/science.aap7301; Bernd Christiansen, Anneke Denda, and Sabine Christiansen, "Potential Effects of Deep Seabed Mining on Pelagic and Benthopelagic Biota," *Marine Policy* 114 (2019): 103442, doi:10.1016/j.marpol.2019.02.014.

259 Arvid Pardo, Official Records of the United Nations General Assembly, 22nd Session, 1,515th meeting, November 1, 1967, New York, agenda item 92: "Examination of the question of the reservation exclusively for peaceful purposes of the sea-bed and the ocean floor, and the subsoil thereof, underlying the high seas beyond the limits of present national jurisdiction, and the use of their resources in the interest of mankind."

260 Luc Cuyvers, Whitney Berry, Kristina Gjerde, Torsten Thiele, and Caroline Wilhem, *Deep Seabed Mining: A Rising Environmental Challenge* (Gland, Switzerland: IUCN and Gallifrey Foundation, 2018), doi:10.2305/IUCN.CH.2018.16.en.

261 Elaine Woo, "Arvid Pardo; Former U.N. Diplomat from Malta," *Los Angeles Times*, July 18, 1999, https://www.latimes.com/archives/la-xpm-1999-jul18-me-57228-story.html

262 注釈 260 の Cuyvers et al., *Deep Seabed Mining*.

263 Ole Sparenberg, "A Historical Perspective on Deep-Sea Mining for Manganese Nodules, 1965−2019," *Extractive Industries and Society* 6 (2019): 842−54, doi:10.1016/j.exis.2019.04.001.

264 注釈 260 の Cuyvers et al., *Deep Seabed Mining*.

265 David Shukman, "The Secret on the Sea Floor," *BBC News*, February 19, 2018, https://www.bbc.co.uk/news/resources/idt-sh/deep_sea_mining

266 注釈 263 の Sparenberg, "Historical Perspective."

267 B. S. Boltenkov, "Mechanisms of Formation of Deep-Sea Ferromanganese Nodules: Mathematical Modelling and Experimental Results," *Geochemistry International* 50, no. 2 (2012): 125−32, doi:10.1134/S0016702911120044.

268 The International Seabed Authority は、多数の国連機関と、「海洋法に関する国際連合条約」に加盟する 168 カ国の署名国（欧州連合も含む）の代表で構成される。米国が非加盟国であることはよく知られていて、この海洋法に批准していない。Lisa A. Levin, Diva J. Amon, and Hannah Lily, "Challenges to the Sustainability of Deep-Seabed Mining," *Nature Sustainability*, July 6, 2020, doi:10.1038/s41893-020-0558-x.

269 注釈 263 の Sparenberg, "Historical Perspective."

270 "The Mining Code," *DSM Observer*. 2020 年 8 月 16 日閲覧、http://dsmobserver.org/the-mining-code/

271 Amber Cobley, "Deep-Sea Mining: Regulating the Unknown," *Ecologist*, March 15, 2019, https://theecologist.org/2019/mar/15/deep-seamining-regulating-unknown

272 Todd Woody, "China Extends Domain with Fifth Deep Sea Mining Contract," China Dialogue Ocean, August 15, 2019, https://chinadialogueocean.net/9771-china-deep-sea-mining-contract/

273 Michael W. Lodge and Philomène A. Verlaan, "Deep-Sea Mining: International Regulatory Challenges and Responses," *Elements* 14, no. 5 (2018): 331−36, doi:10.2138/gselements.14.5.331.

274 "Editorial: Write Rules for Deep-Sea Mining before It's Too Late," *Nature* 571 (2019): 447, doi:10.1038/d41586-019-02276-2.

275 Andrew J. Gooday, Maria Holzmann, Clémence Caulle, Aurélie Goineau, Olga Kamenskaya, Alexandra A. T. Weber, and Jan Pawlowski, "Giant Protists (Xenophyophores, Foraminifera) Are Exceptionally

245 Simone Müller, " 'Cut Holes and Sink 'Em ': Chemical Weapons Disposal and Cold War History as a History of Risk," *Historical Social Research* 41, no. 1 (2016): 263−84, doi:10.12759/hsr.41.2016.1.263-284.

246 Andrew Curry, "Weapons of War Litter the Ocean Floor," *Hakai Magazine*, November 10, 2016, https://www.hakaimagazine.com/features/weapons-war-litter-ocean-floor/

247 Ezio Amato, L. Alcaro, Ilaria Corsi, Camilla Della Torre, C. Farchi, Silvia Focardi, Giovanna Marino, and, A. Tursi, "An Integrated Ecotoxicological Approach to Assess the Effects of Pollutants Released by Unexploded Chemical Ordnance Dumped in the Southern Adriatic (Mediterranean Sea)," *Marine Biology* 149, no. 1 (2006): 17−23, doi:10.1007/s00227-005-0216-x.

248 同上

249 Christian Briggs, Sonia M. Shjegstad, Jeff A. K. Silva, and Margo H. Edwards, "Distribution of Chemical Warfare Agent, Energetics, and Metals in Sediments at a Deep-Water Discarded Military Munitions Site," *Deep Sea Research Part II: Topical Studies in Oceanography* 128 (2016): 63−69, doi:10.1016/j.dsr2.2015.02.014.

250 Joo-Eun Yoon, Kyu-Cheul Yoo, Alison M. Macdonald, Ho-Il Yoon, Ki-Tae Park, Eun Jin Yang, Hyun-Cheol Kim, Jae Il Lee, Min Kyung Lee, Jinyoung Jung, Jisoo Park, Jiyoung Lee, Soyeon Kim, Seong-Su Kim, Kitae Kim, and Il-Nam Kim, "Reviews and Syntheses: Ocean Iron Fertilization Experiments — Past, Present, and Future Looking to a Future Korean Iron Fertilization Experiment in the Southern Ocean (KIFES) Project," *Biogeosciences* 15 (2018): 5847−89, doi:10.5194/bg-15-5847-2018.

251 Steve Goldthorpe, "Potential for Very Deep Ocean Storage of CO_2 without Ocean Acidification: A Discussion Paper," *Energy Procedia* 114 (2017): 5417−29.

252 Hannah Ritchie and Max Roser, "CO_2 Emissions," *Our World in Data*. 2020年10月6日閲覧、https://ourworldindata.org/co2-emissions

253 Ken Caldeira and Makoto Akai, "Ocean Storage," in *Carbon Dioxide Capture and Storage*, ed. Bert Metz, Ogunlade Davidson, Heleen de Coninck, Manuela Loos, and Leo Meyer (Cambridge: Cambridge University Press, 2005), 277−318, https://www.ipcc.ch/report/carbon-dioxide-capture-and-storage/

254 Andrew K. Sweetman, Andrew R. Thurber, Craig R. Smith, Lisa A. Levin, Camilo Mora, Chih-Lin Wei, Andrew J. Gooday, Daniel O. B. Jones, Michael Rex, Moriaki Yasuhara, Jeroen Ingels, Henry A. Ruhl, Christina A. Frieder, Roberto Danovaro, Laura Würzberg, Amy Baco, Benjamin M. Grupe, Alexis Pasulka, Kirstin S. Meyer, Katherine M. Dunlop, Lea-Anne Henry, and J. Murray Roberts, "Major Impacts of Climate Change on Deep-Sea Benthic Ecosystems," *Elementa Science of the Anthropocene* 5 (2017): 4, doi:10.1525/elementa.203.

255 Tetjana Ross, Cherisse Du Preez, and Debby Ianso, "Rapid Deep Ocean Deoxygenation and Acidification Threaten Life on Northeast Pacific Seamounts," *Global Change Biology* (2020): 1−21, doi:10.1111/gcb.15307.

◉誰のものでもないもの

256 Chrysoula Gubilia, Elizabeth Ross, David M. Billett, Andrew Yool, Charalampos Tsairidis, Henry A. Ruhl, Antonina Rogacheva, Doug Masson, Paul A. Tyler, and Chris Hautona, "Species Diversity in the Cryptic Abyssal Holothurian *Psychropotes longicauda* (Echinodermata)," *Deep Sea Research Part II: Topical Studies in Oceanography* 137 (2017): 288−96, doi:10.1016/j.dsr2.2016.04.003.

257 *Future Ocean Resources: Metal-Rich Minerals and Genetics Evidence Pack* (London: Royal Society, 2017), https://royalsociety.org/-/media/policy/projects/future-oceans-resources/future-of-oceans-evidencepack.pdf

231 Winnie Courtene-Jones, Brian Quinn, Ciaran Ewins, Stefan F. Gary, and Bhavani E. Narayanaswamy, "Consistent Microplastic Ingestion by Deep-Sea Invertebrates over the Last Four Decades (1976−2015), a Study from the North East Atlantic," *Environmental Pollution* 244 (2019): 503−12, doi:10.1016/j.envpol.2018.10.090.

232 C. Anela Choy, Bruce H. Robison, Tyler O. Gagne, Benjamin Erwin, Evan Firl, Rolf U. Halden, J. Andrew Hamilton, Kakani Katija, Susan E. Lisin, Charles Rolsky, and Kyle S. Van Houtan, "The Vertical Distribution and Biological Transport of Marine Microplastics across the Epipelagic and Mesopelagic Water Column," *Scientific Reports* 9 (2019): 7843, doi:10.1038/s41598-019-44117-2.

233 Kakani Katija, C. Anela Choy, Rob E. Sherlock, Alana D. Sherman, and Bruce H. Robison, "From the Surface to the Seafloor: How Giant Larvaceans Transport Microplastics into the Deep Sea," *Science Advances* 3 (2017): e1700715, doi:10.1126/sciadv.1700715.

234 Natalia Prinz and Špela Korez, "Understanding How Microplastics Affect Marine Biota on the Cellular Level Is Important for Assessing Ecosystem Function: A Review," in *YOUMARES 9 — The Oceans: Our Research, Our Future*, ed. Simon Jungblut, Viola Liebich, and Maya Bode-Dalby (Berlin: Springer, 2019), doi:10.1007/978-3-030-20389-4_6.

235 Jennifer A. Brandon, William Jones, and Mark D. Ohman, "Multidecadal Increase in Plastic Particles in Coastal Ocean Sediments," *Science Advances* 5 (2019): eaax0587, doi:10.1126/sciadv.aax0587.

236 堆積物のコアサンプルから見つかったプラスチック粒子のうち、プラスチックが製造される前の 1945 年以前のものとされた粒子は、のちの時代の粒子の混入だった。注釈 235 の Brandon et al. の "Multidecadal Increase" では、この混入率は常に一定であると見なし、毎年の堆積量の実際の変化を計算するために、1945 年以降は粒子数から混入した分を差し引いた。

237 Charles R. Fisher, Paul A. Montagna, and Tracey T. Sutton, "How Did the Deepwater Horizon Oil Spill Impact Deep-Sea Ecosystems?," *Oceanography* 29, no. 3 (2016): 182−95, doi:10.5670/oceanog.2016.82.

238 同上

239 Danielle M. DeLeo, Dannise V. Ruiz-Ramos, Iliana B. Baums, and Erik E. Cordes, "Response of Deep-Water Corals to Oil and Chemical Dispersant Exposure," *Deep-Sea Research Part II: Topical Studies in Oceanography* 129 (2016): 137−47, doi:10.1016/j.dsr2.2015.02.028.

240 Craig R. McClain, Clifton Nunnally, and Mark C. Benfield, "Persistent and Substantial Impacts of the Deepwater Horizon Oil Spill on Deep-sea Megafauna," *Royal Society Open Science* 6 (2019): 191164, doi:10.1098/rsos.191164. 2017 年にマクレインとナノリーがディープウォーター・ホライズン付近で行なった海底潜水調査は、研究助成を受けた調査ではなく、天候がよかったために追加で行なった調査だった。それ以来マクレインは、またそこに潜るための助成金を申請しているが、ひとつももらえていない。助成金支援団体は、追跡調査がすでに無事終了したと見なしているようだ。その海底の潜水艇調査で唯一助成金をもらえたのは、事故のすぐあとの 2010 年に行なわれたものだけだ。

241 Eva Ramirez-Llodra, Paul A. Tyler, Maria C. Baker, Odd Aksel Bergstad, Malcolm R. Clark, Elva Escobar, Lisa A. Levin, Lenaick Menot, Ashley A. Rowden, Craig R. Smith, and Cindy L. Van Dover, "Man and the Last Great Wilderness: Human Impact on the Deep Sea," *PLoS One* 6, no. 7 (2011): e22588, doi:10.1371/journal.pone.0022588.

242 "*Queen Hind*: Rescuers Race to Save 14,000 Sheep on Capsized Cargo Ship," *BBC News*, November 25, 2019, https://www.bbc.co.uk/news/worldeurope-50538592

243 Saeed Kamali Dehghan, "Secret Decks Found on Ship That Capsized Killing Thousands of Sheep," *Guardian*, February 3, 2020, https://www.theguardian.com/environment/2020/feb/03/secret-decks-found-on-shipthat-capsized-killing-thousands-of-sheep

244 Brian Morton, "Slaughter at Sea." *Marine Pollution Bulletin* 46, no. 4 (2003): 379−80.

Efficiency in the Open Ocean," *Nature Communications* 5 (2014): 3271, doi:10.1038/ncomms4271. 中深層にいる魚の最大推定値のおよそ20ギガトンという値は、2010年のマラスピナ調査時に北緯40度と南緯40度のあいだで得られたデータを高緯度（北緯70度と南緯70度）にも当てはめて求めた。

221 Michael A. St. John, Angel Borja, Guillem Chust, Michael Heath, Ivo Grigorov, Patrizio Mariani, Adrian P. Martin, and Ricardo S. Santos, "A Dark Hole in Our Understanding of Marine Ecosystems and Their Services: Perspectives from the Mesopelagic Community," *Frontiers in Marine Science* 3 (2016): 31, doi:10.3389/fmars.2016.00031.

222 Jeanna M. Hudson, Deborah K. Steinberg, Tracey T. Sutton, John E. Graves, and Robert J. Latou, "Myctophid Feeding Ecology and Carbon Transport along the Northern Mid-Atlantic Ridge," *Deep-Sea Research II* 93 (2014): 104−16, doi:10.1016/j.dsr.2014.07.002.

223 Clive N. Trueman, Graham Johnston, Brendan O'Hea, and Kirsteen M. MacKenzie, "Trophic Interactions of Fish Communities at Midwater Depths Enhance Long-term Carbon Storage and Benthic Production on Continental Slopes," *Proceedings of the Royal Society B* 281 (2014): 20140669, doi:10.1098/rspb.2014.0669.

224 Roland Proud, Nils Olav Handegard, Rudy J. Kloser, Martin J. Cox, and Andrew S. Brierley, "From Siphonophores to Deep Scattering Layers: Uncertainty Ranges for the Estimation of Global Mesopelagic Fish Biomass," *ICES Journal of Marine Science* 76, no. 3 (2019): 718−33, doi:10.1093/icesjms/fsy037.

◉永久のゴミ捨て場

225 Brandon Spector, "The Titanic Shipwreck Is Collapsing into Rust, First Visit in 14 Years Reveals," Live Science, August 22, 2019, https://www.livescience.com/titanic-shipwreck-disintegrating-into-the-sea.html

226 2014年に発表された二つの研究報告：Andrés Cózara, Fidel Echevarría, J. Ignacio González-Gordillo, Xabier Irigoien, Bárbara Úbeda, Santiago Hernández-León, Álvaro T. Palma, Sandra Navarro, Juan García-de-Lomas, Andrea Ruiz, María L. Fernándezde-Puelles, and Carlos M. Duarte, "Plastic Debris in the Open Ocean," *Proceedings of the National Academy of Sciences (US)* 111, no. 28 (2014):10239−44, doi:10.1073/pnas.1314705111; Marcus Eriksen, Laurent C. M. Lebreton, Henry S. Carson, Martin Thiel, Charles J. Moore, Jose C. Borerro, Francois Galgani, Peter G. Ryan, Julia Reisser, "Plastic Pollution in the World's Oceans: More Than 5 Trillion Plastic Pieces Weighing over 250,000 Tons Afloat at Sea," *PLoS One 9*, no. 12 (2014): e111913, doi:10.1371/journal.pone.0111913.

227 Rebecca Morelle, "Mariana Trench: Deepest-Ever Sub Dive Finds Plastic Bag," *BBC News*, May 13, 2013, https://www.bbc.co.uk/news/science-environment-48230157

228 Ian A. Kane, Michael A. Clare, Elda Miramontes, Roy Wogelius, James J. Rothwell, Pierre Garreau, and Florian Pohl, "Seafloor Microplastic Hotspots Controlled by Deep-Sea Circulation," *Science* 368, no. 6495 (2020): 1140−45, doi:10.1126/science.aba5899.

229 Michelle L. Taylor, Claire Gwinnett, Laura F. Robinson, and Lucy C. Woodall, "Plastic Microfibre Ingestion by Deep-Sea Organisms," *Scientific Reports* 6 (2016): 33997, doi:10.1038/srep33997.

230 Alan J. Jamieson, Lauren S. R. Brooks, William D. K. Reid, Stuart B. Piertney, Bhavani E. Narayanaswamy, and Thomas D. Linley, "Microplastics and Synthetic Particles Ingested by Deep-Sea Amphipods in Six of the Deepest Marine Ecosystems on Earth," *Royal Society Open Science* 6 (2019): 180667, doi:10.1098/rsos.180667; Johanna, N. J. Weston, Priscilla Carillo-Barragan, Thomas D. Linley, William D. K. Reid, and Alan J. Jamieson, "New Species of Eurythenes from Hadal Depths of the Mariana Trench, Pacific Ocean (Crustacea: Amphipoda)," *Zootaxa* 4748, no. 1 (2020): 163−81, doi:10.11646/zootaxa.4748.1.9.

Marine Ecology Progress Series 213 (2001): 111−25, doi:10.3354/meps213111.

201 Malcolm R. Clark, David A. Bowden, Ashley A. Rowden, and Rob Stewart, “Little Evidence of Benthic Community Resilience to Bottom Trawling on Seamounts after 15 Years,” *Frontiers in Marine Science* 6 (2019): 63, doi:10.3389/fmars.2019.00063.

202 Alan Williams, Thomas A. Schlacher, Ashley A. Rowden, Franziska Althaus, Malcolm R. Clark, David A. Bowden, Robert Stewart, Nicholas J. Bax, Mireille Consalvey, and Rudy J. Kloser, “Seamount Megabenthic Assemblages Fail to Recover from Trawling Impacts,” *Marine Ecology* 31 (2010): 183−99, doi:10.1111/j.1439-0485.2010.00385.x.

203 Amy R. Baco, E. Brendan Roark, and Nicole B. Morgan, “Amid Fields of Rubble, Scars, and Lost Gear, Signs of Recovery Observed on Seamounts on 30- to 40-Year Time Scales,” *Science Advances* 5 (2019): eaaw4513, doi:10.1126/sciadv.aaw4513.

204 Malcom Clark と著者が交わした会話より、2019 年 10 月 17 日。

205 注釈 198 の Victorero et al., “Out of Sight.”

206 同上

207 Ussif Rashid Sumaila, Ahmed Khan, Louise Teh, Reg Watson, Peter Tyedmers, and Daniel Pauly, “Subsidies to High Seas Bottom Trawl Fleets and the Sustainability of Deep-Sea Demersal Fish Stocks,” *Marine Policy* 34 (2010): 495−97, doi:10.1016/j.marpol.2009.10.004.

208 同上

209 Matthew Gianni と著者が交わした会話より、2019 年 9 月 18 日。

210 Frédéric Le Manach と著者が交わした会話より、2019 年 9 月 27 日。

211 Matthew Gianni と著者が交わした会話より、2019 年 9 月 18 日。

212 Rainer Froese and Alexander Proelss, “Evaluation and Legal Assessment of Certified Seafood,” *Marine Policy* 36, no. 6 (2012): 1284−89, doi:/10.1016/j.marpol.2012.03.017.

213 Claire Christian, David Ainley, Megan Bailey, Paul Dayton, John Hocevar, Michael LeVine, Jordan Nikoloyuk, Claire Nouvian, Enriqueta Velarde, Rodolfo Werner, and Jennifer Jacquet, “A Review of Formal Objections to Marine Stewardship Council Fisheries Certifications,” *Biological Conservation* 161 (2013): 10−17, doi:10.1016/j.biocon.2013.01.002.

214 Marine Stewardship Council, “Japanese Bluefin Tuna Fishery Now Certified as Sustainable,” August 12, 2020, https://www.msc.org/mediacentre/press-releases/japanese-bluefin-tuna-fishery-nowcertified-as-sustainable; World Wildlife Fund, “MSC Certification of Bluefin Tuna Fishery before Stocks Have Recovered Sets Dangerous Precedent,” July 31, 2020, https://wwf.panda.org/wwf_news/?364790/MSC-certification-of-bluefin-tuna-fisherybefore-stocks-have-recovered-sets-dangerous-precedent

215 考慮されていないオレンジラフィー漁のデータがあると深海保全連合の弁護士 Duncan Currie が述べたことが、“Orange Roughy Furore” に引用されている。World Fishing and Aquaculture, December 9, 2016, https://www.worldfishing.net/news101/industry-news/orange-roughy-furore

216 “Orange Roughy: The Extraordinary Turnaround.” Marine Stewardship Council, December 2016, http://orange-roughy-stories.msc.org/

217 Malcom Clark と著者が交わした会話より、2019 年 10 月 17 日。

218 High Seas Fisheries Group Incorporated, “Objection by the High Seas Fisheries Group to the Proposed SPRFMO Draft — Bottom Fishing CMM (COMM6-Prop05),” January 3, 2018, https://www.sprfmo.int/assets/COMM6/COMM6-Obs01-NZHSFG-Objection-to-Prop05.pdf

219 厳密に言えば、この条約は国際的な法的拘束力のある取り決めになるはずで、「海洋法に関する国際連合条約」を実施するための合意と呼ばれることが多い。

220 Xabier Irigoien, Thor A. Klevjer, Anders Røstad, Udane Martinez, G. Boyra, José L. Acunã , Antonio Bode, Fidel Echevarria, Juan Ignacio Gonzalez-Gordillo, Santiago Hernandez-Leon, Susana Agusti, Dag L. Aksnes, Carlos M. Duarte, and Stein Kaartvedt, “Large Mesopelagic Fishes Biomass and Trophic

Schwarz, Duane Froese, Grant Zazula, Fabrice Calmels, Regis Debruyne, G. Brian Golding, Hendrik N. Poinar, and Gerard D. Wright, "Antibiotic Resistance Is Ancient," *Nature* 477 (2011): 457−61, doi:10.1038/nature10388.

185 Ruobing Wang, Lucy van Dorp, Liam P. Shaw, Phelim Bradley, Qi Wang, Xiaojuan Wang, Longyang Jin, Qing Zhang, Yuqing Liu, Adrien Rieux, Thamarai Dorai-Schneiders, Lucy Anne Weinert, Zamin Iqbal, Xavier Didelot, Hui Wang, and Francois Balloux, "The Global Distribution and Spread of the Mobilized Colistin Resistance Gene mcr-1," *Nature Communications* 9 (2018): 1179, doi:10.1038/s41467-018-03205-z.

186 Alessandro Cassini, Liselotte Diaz Högberg, Diamantis Plachouras, Annalisa Quattrocchi, Ana Hoxha, Gunnar Skov Simonsen, Mélanie Colomb-Cotinat, Mirjam E. Kretzschmar, Brecht Devleesschauwer, Michele Cecchini, Driss Ait Ouakrim, Tiago Cravo Oliveira, Marc J. Struelens, Carl Suetens, Dominique L. Monnet, "Attributable Deaths and Disability-Adjusted Life-Years Caused by Infections with Antibiotic-Resistant Bacteria in the EU and the European Economic Area in 2015: A Population-Level Modelling Analysis," *Lancet* 19, no. 1 (2018): 56−66, doi:10.1016/S1473-3099(18)30605-4.

187 Kerry Howellと著者が交わした会話より、2019年9月18日。

188 Mat Uptonと著者が交わした会話より、2019年9月12日。

189 Emiliana Tortorella, Pietro Tedesco, Fortunato Palma Esposito, Grant Garren January, Renato Fani, Marcel Jaspars, and Donatella de Pascale, "Antibiotics from Deep-Sea Microorganisms: Current Discoveries and Perspectives," *Marine Drugs* 16 (2018): 355, doi:10.3390/md16100355.

190 Mat Uptonと著者が交わした会話より、2019年9月12日。

191 同上

第3部

◉深海漁業

192 Kate Evans, "Americans Commonly Eat Orange Roughy, a Fish Scientists Say Can Live to 250 Years Old," *Discover*, September 10, 2019, https://www.discovermagazine.com/planet-earth/americans-commonly-eat-orange-roughy-a-fishscientists-say-can-live-to-250; M. Lack, K. Short, and A. Willock, *Managing Risk and Uncertainty in Deep-Sea Fisheries: Lessons from Orange Roughy* (N.p.: TRAFFIC Oceania and WWF Endangered Seas Programme, 2003); Trevor A. Branch, "A Review of Orange Roughy *Hoplostethus atlanticus* Fisheries, Estimation Methods, Biology and Stock Structure," *South African Journal of Marine Science* 23 (2001): 181−203, doi:0.2989/025776101784529006.

193 漁業が行なわれる水深は、平均すると世界的に350m深くなった。Reg A. Watson and Telmo Morato, "Fishing Down the Seep: Accounting for Within-Species Changes in Depth of Fishing," *Fisheries Research* 140 (2013): 63, doi:10.1016/j.fishres.2012.12.004.

194 Nigel Merrett, "Fishing around in the Dark," *New Scientist* 121, no. 16453 (1989): 50−54.

195 注釈192のLack et al. *Managing Risk*.

196 同上

197 注釈192のBranch, "Review of Orange Roughy."

198 Lissette Victorero, Les Watling, Maria L. Deng Palomares, and Claire Nouvian, "Out of Sight, but within Reach: A Global History of Bottom-Trawled Deep-Sea Fisheries from >400 m Depth," *Frontiers in Marine Science* 5 (2018): 98, doi:10.3389/fmars.2018.00098.

199 Matthew Gianniと著者が交わした会話より、2019年9月18日。

200 J. Anthony Koslow, Karen Gowlett-Holmes, Jim Lowry, Timothy O'Hara, Gary Poore, and A. Williams, "Seamount Benthic Macrofauna off Southern Tasmania: Community Structure and Impacts of Trawling,"

かもしれない。この理論の詳細は、Nick Lane, *The Vital Question* (London: Profile Books, 2015) を参照。
171 Laura M. Barge, Erika Floresa, Marc M. Baumb, David G. Vander Veldec, and Michael J. Russell, "Redox and pH Gradients Drive Amino Acid Synthesis in Iron Oxyhydroxide Mineral Systems," *Proceedings of the National Academy of Sciences (US)* 116, no. 11 (2019): 4828−33, doi:10.1073/pnas.1812098116.
172 Sean F. Jordan, Hanadi Rammu, Ivan N. Zheludev, Andrew M. Hartley, Amandine Maréchal, and Nick Lane, "Promotion of Protocell Self-Assembly from Mixed Amphiphiles at the Origin of Life," *Nature Ecology and Evolution* 3 (2019): 1705−14, doi:10.1038/s41559-019-1015-y.
173 Sean Jordan. "Protocells in Deep Sea Hydrothermal Vents: Another Piece of the Origin of Life Puzzle," *Nature Research: Ecology and Evolution*, November 4, 2019, https://natureecoevocommunity.nature.com/posts/55368-protocells-in-deep-sea-hydrothermal-vents-another-piece-of-the-origin-of-life-puzzle
174 Matthew S. Dodd, Dominic Papineau, Tor Grennec, John F. Slack, Martin Rittner, Franco Pirajnoe, Jonathan O'Neil, and Crispin T. S. Little, "Evidence for Early Life in Earth's Oldest Hydrothermal Vent Precipitates," *Nature* 543 (2017): 60−64, doi:10.1038/nature21377.
175 Hiroyuki Imachi, Masaru K. Nobu, Nozomi Nakahara, Yuki Morono, Miyuki Ogawara, Yoshihiro Takaki, Yoshinori Takano, Katsuyuki Uematsu, Tetsuro Ikuta, Motoo Ito, Yohei Matsui, Masayuki Miyazaki, Kazuyoshi Murata, Yumi Saito, Sanae Sakai, Chihong Song, Eiji Tasumi, Yuko Yamanaka, Takashi Yamaguchi, Yoichi Kamagata, Hideyuki Tamaki, and Ken Takai, "Isolation of an Archaeon at the Prokaryote-Eukaryote Interface," *Nature* 577 (2020): 519−25, doi:10.1038/s41586-019-1916-6.

◉深海の治療薬

176 Danielle Skropeta and Liangqian Wei, "Recent Advances in Deep-Sea Natural Products," *Natural Products Reports* 31, no. 8 (2014): 999−1025, doi:10.1039/x0xx00000x.
177 Louise Allcock と著者が交わした会話より、2019 年 10 月 15 日。
178 Lisa I. Pilkington, "A Chemometric Analysis of Deep-Sea Natural Products," *Molecules* 24 (2019): 3942, doi:10.3390/molecules24213942.
179 Peter. J. Schupp, Claudia Kohlert-Schupp, Susanna Whitefield, Anna Engemann, Sven Rohde, Thomas Hemscheidt, John M. Pezzuto, Tamara P. Kondratyuk, Eun-Jung Park, Laura Marler, Bahman Rostama, and Anthony D. Wight, "Cancer Chemopreventive and Anticancer Evaluation of Extracts and Fractions from Marine Macro- and Micro-Organisms Collected from Twilight Zone Waters around Guam," *Natural Products Communications* 4, no. 12 (2009): 1717−28.
180 深海の生き物から得られる生物活性のある物質の例はすべて、Skropeta and Wei, "Recent Advances" から引用した。
181 Adam M. Schaefer, Gregory D. Bossart, Tyler Harrington, Patricia A. Fair, Peter J. McCarthy, and John S. Reif, "Temporal Changes in Antibiotic Resistance among Bacteria Isolated from Common Bottlenose Dolphins (*Tursiops truncatus*) in the Indian River Lagoon, Florida, 2003−2015," *Aquatic Mammals* 45, no. 5 (2019): 533, doi:10.1578/AM.45.5.2019.533.
182 Kate S. Baker, Alison E. Mather, Hannah McGregor, Paul Coupland, Gemma C. Langridge, Martin Day, Ana Deheer-Graham, Julian Parkhill, Julie E. Russell, and Nicholas R. Thomson, "The Extant World War I Dysentery Bacillus NCTC1: A Genomic Analysis," *Lancet* 384, no. 9955 (2014): 1691−97, doi:10.1016/S0140-6736(14)61789-X.
183 Tasha Santiago-Rodriguez, Gino Fornaciari, Stefania Luciani, Scot Dowd, Gary Toranzos, Isolina Marota, and Paul Cano, "Gut Microbiome of an 11th Century A.D. Pre-Columbian Andean Mummy," *PloS One* 10 (2015), doi:10.1371/journal.pone.0138135.
184 Vanessa M. D'Costa, Christine E. King, Lindsay Kalan, Mariya Morar, Wilson W. L. Sung, Carsten

(2019): 19949, doi:10.1038/s41598-019-56514-8.

159 Kirsty J. Morris, Brian J. Bett, Jennifer M. Durden, Noelie M. A. Benoist, Veerle A. I. Huvenne, Daniel O. B. Jones, Katleen Robert, Matteo C. Ichino, George A. Wolff, and Henry A. Ruhl, "Landscape-Scale Spatial Heterogeneity in Phytodetrital Cover and Megafauna Biomass in the Abyss Links to Modest Topographic Variation," *Scientific Reports* 6 (2016): 34080, doi:10.1038/srep34080.

160 Laurenz Thomsen, Jacopo Aguzzi, Corrado Costa, Fabio De Leo, Andrea Ogston, and Autun Purser, "The Oceanic Biological Pump: Rapid Carbon Transfer to Depth at Continental Margins during Winter," *Scientific Reports* 7 (2017): 10763, doi:10.1038/s41598-017-11075-6.

161 Mathieu Ardyna, Léo Lacour, Sara Sergi, Francesco d'Ovidio, Jean-Baptiste Sallée, Mathieu Rembauville, Stéphane Blain, Alessandro Tagliabue, Reiner Schlitzer, Catherine Jeandel, Kevin Robert Arrigo, and Hervé Claustre, "Hydrothermal Vents Trigger Massive Phytoplankton Blooms in the Southern Ocean," *Nature Communications* 20 (2019): 2451, doi:10.1038/s41467-019-09973-6.

162 Trish J. Lavery, Ben Roudnew, Peter Gill, Justin Seymour, Laurent Seuront, Genevieve Johnson, James G. Mitchell, and Victor Smetacek, "Iron Defecation by Sperm Whales Stimulates Carbon Export in the Southern Ocean," *Proceedings of the Royal Society B* 277 (2010): 3527−31, doi:10.1098/rspb.2010.0863.

163 Stephanie A. Henson, Richard Sanders, Esben Madsen, Paul J. Morris, Frédéric Le Moigne, and Graham D. Quartly, "A Reduced Estimate of the Strength of the Ocean's Biological Carbon Pump," *Geophysical Research Letters* 38, no. 4 (2011):L04606, doi:10.1029/2011GL046735; Craig McClain, "An Empire Lacking Food," *Scientific American* 98, no. 6 (2010): 470, doi:10.1511/2010.87.470. 海洋の生物学的炭素固定の推定規模は 18 ギガ～ 60 ギガトンくらいのあいだの値になる（炭素 1 トンは二酸化炭素 3.67 トンに相当する）。

164 Philip W. Boyd, Hervé Claustre, Marina Levy, David A. Siegel, and Thomas Weber, "Multifaceted Particle Pumps Drive Carbon Sequestration in the Ocean," *Nature* 568 (2019): 327−35, doi:10.1038/s41586-019-1098-2.

165 Nicolas Gruber, Dominic Clement, Brendan R. Carter, Richard A. Feely, Steven van Heuven, Mario Hoppema, Masao Ishii, Robert M. Key, Alex Kozyr, Siv K. Lauvset, Claire Lo Monaco, Jeremy T. Mathis, Akihiko Murata, Are Olsen, Fiz F. Perez, Christopher L. Sabine, Toste Tanhua, and Rik Wanninkhof, "The Oceanic Sink for Anthropogenic CO_2 from 1994 to 2007," *Science* 363, no. 6432 (2019): 1193−99, doi:10.1126/science.aau5153.

166 Ken O. Buesselera, Philip W. Boyd, Erin E. Black, and David A. Siegel, "Metrics That Matter for Assessing the Ocean Biological Carbon Pump," *Proceedings of the National Academy of Sciences (US)* 117, no. 18 (2020): 9679−87, doi:10.1073/pnas.1918114117.

167 Michael J. Russell, Roy M. Daniel, and Allan J. Hall, "On the Emergence of Life via Catalytic Iron-Sulphide Membranes," *Terra Nova* 5 (1993): 343, doi:10.1111/j.1365-3121.1993.tb00267.x. 改訂版は、William Martin and Michael J. Russell, "On the Origins of Cells: A Hypothesis for the Evolutionary Transitions from Abiotic Geochemistry to Chemoautotrophic Prokaryotes, and from Prokaryotes to Nucleated Cells," *Philosophical Transactions of the Royal Society B* 358 (2003): 59, doi:10.1098/rstb.2002.1183.

168 Massif. Karen L. Von Damm, "Lost City Found," *Nature* 412 (2001): 127−28, doi:10.1038/35084297.

169 Alden R. Denny, Deborah S. Kelley, and Gretchen L. Früh-Green. "Geologic Evolution of the Lost City Hydrothermal Field," *Geochemistry, Geophysics, Geosystems* 17, no. 2 (2015): 375−95, doi:10.1002/2015GC005869.

170 熱水噴出孔が生命の起源であるための鍵となる条件は、熱水流体が「失われた街」のようにアルカリ性であることだ。これは、現生するすべての生きた細胞がエネルギー生産をする際に必要なプロトン勾配〔細胞膜の内外に生じる水素イオンの濃度差〕をつくるのに欠かせなかった

145 Thomas Linley が著者に送ったメールより、2020 年 9 月 23 日。
146 クサウオをスキャンしたのは、Friday Harbor Laboratories marine research station, University of Washington の Adam Summers が運営する Scan All Fishes project（「すべての魚をスキャンする」プロジェクト）の一環だった。https://www.adamsummers.org/scanallfish
147 Mackenzie E. Gerringer, Jeffrey C. Drazen, Thomas D. Linley, Adam P. Summers, Alan J. Jamieson, and Paul H. Yancey, "Distribution, Composition and Functions of Gelatinous Tissues in Deep-Sea Fishes," *Royal Society Open Science* 4 (2017): 171063, doi:10.1098/rsos.171063.
148 Alan Jamieson が著者に送ったメールより、2020 年 9 月 24 日。
149 Jennifer Frazer, "Playing in a Deep-Sea Brine Pool Is Fun, as Long as You're an ROV," *Scientific American*, June 18, 2015, https://blogs.scientificamerican.com/ artful-amoeba/playing-in-a-deep-sea-brine-pool-is-fun-as-longas-you-re-an-rov-video/

第 2 部

◉深海と地球温暖化

150 Callum Roberts, *Reef Life* (London: Profile Books, 2019), 267.
151 Lijing Cheng, John Abraham, Jiang Zhui, Kevin E. Trenberth, John Fasullo, Tim Boyer, Ricardo Locarnini, Bin Zhang, Fujiang Yu, Liying Wan, Xingrong Chen, Xiangzhou Song, Yulong Liu, and Michael E. Mann, "Record-Setting Ocean Warmth Continued in 2019," *Advances in Atmospheric Sciences* 37 (2020): 137−42, doi:10.1007/s00376-020-9283-7.
152 Argo website. 2020 年 8 月 10 日閲覧、https://argo.ucsd.edu/。多数のロボット観測器が、海面の形状を測定するジェイスンと呼ばれる人工衛星と連動して観測したのでアルゴという名称を使った。ギリシャ神話のジェイスンはアルゴ号という船で金の羊毛を探した。
153 Lynne D. Talley et al., "Changes in Ocean Heat, Carbon Content, and Ventilation: A Review of the First Decade of GO-SHIP Global Repeat Hydrography," *Annual Review of Marine Science* 8 (2016):185−215, doi:10.1146/annurev-marine-052915-100829; Sarah G. Purkey and Gregory C. Johnson, "Warming of Global Abyssal and Deep Southern Ocean Waters between the 1990s and 2000s: Contributions to Global Heat and Sea Level Rise Budgets," *Journal of Climate* 23 (2010): 6336−51, doi:10.1175/2010JCLI3682.1.
154 Sarah G. Purkey, Gregory C. Johnson, Lynne D. Talley, Bernadette M. Sloyan, Susan E. Wijffels, William Smethie, Sabine Mecking, and Katsuro Katsumata, "Unabated Bottom Water Warming and Freshening in the South Pacific Ocean," *JGR Oceans* 124, no. 3 (2019): 1778−94, doi:10.1029/2018JC014775.
155 Viviane V. Menezes, Alison M. Macdonald, and Courtney Schatzman, "Accelerated Freshening of Antarctic Bottom Water over the Last Decade in the Southern Indian Ocean," *Science Advances* 3 (2017): e1601426, doi:10.1126/sciadv.1601426.
156 Daniele Castellana, Sven Baars, Fred W. Wubs, and Henk A. Dijkstra, "Transition Probabilities of Noise-Induced Transitions of the Atlantic Ocean Circulation," *Scientific Reports* 9 (2019): 20284, doi:10.1038/s41598-019-56435-6. 世界の海洋大循環のこの部分は、大西洋の表層が北上し深層が南下する南北循環（AMOC）として知られる。北米の東海岸沿いに流れるメキシコ湾流は AMOC に流れこむ。
157 Delia. W. Oppo and William B. Curry, "Deep Atlantic Circulation during the Last Glacial Maximum and Deglaciation," *Nature Education Knowledge* 3, no. 10 (2012): 1.
158 Giulia Bonino, Emanuele Di Lorenzo, Simona Masina, and Doroteaciro Iovino, "Interannual to Decadal Variability within and across the Major Eastern Boundary Upwelling Systems," *Scientific Reports* 9

129 Owen A. Sherwood, Moritz F. Lehmann, Carsten J. Schubert, David B. Scott, and Matthew D. McCarthy, "Nutrient Regime Shift in the Western North Atlantic Indicated by Compound-Specific δ^{15}N of Deep-Sea Gorgonian Corals," *Proceedings of the National Academy of Sciences (US)* 108, no. 3 (2011): 1011−15, doi:10.1073/pnas.1004904108.

130 Alessandro Cau, Maria Cristina Follesa, Davide Moccia, Andrea Bellodi, Antonello Mulas, Marzia Bo, Simonepietro Canese, Michela Angiolillo, and Rita Cannas, "*Leiopathes glaberrima* Millennial Forest from SW Sardinia as Nursery Ground for the Small Spotted Catshark *Scyliorhinus canicula,*" *Aquatic Conservation: Marine and Freshwater Ecosystems* 27 (2016): 731−35, doi:10.1002/aqc.2717.

131 Telmo Morato, Divya Alice Varkey, Carla Damaso, Miguel Machete, Marco Santos, Rui Prieto, Ricardo S. Santos, and Tony J. Pitcher, "Evidence of a Seamount Effect on Aggregating Visitors," *Marine Ecology Progress Series* 357 (2008): 23−32, doi:10.3354/meps07269.

132 Katsumi Tsukamoto. "Spawning Eels near a Seamount," *Nature* 439 (2006):929, doi:10.1038/439929a.

133 Solène Derville, Leigh G. Torres, Alexandre N. Zerbini, Marc Oremus, and Claire Garrigue, "Horizontal and Vertical Movements of Humpback Whales Inform the Use of Critical Pelagic Habitats in the Western South Pacific," *Scientific Reports* 10 (2020): 4871, doi:10.1038/s41598-020-61771-z.

134 Simone Cesca, Jean Letort, Hoby N. T. Razafindrakoto, Sebastian Heimann, Eleonora Rivalta, Marius P. Isken, Mehdi Nikkhoo, Luigi Passarelli, Gesa M. Petersen, Fabrice Cotton, and Torsten Dahm, "Drainage of a Deep Magma Reservoir near Mayotte Inferred from Seismicity and Deformation," *Nature Geoscience* 13 (2020): 87−93, doi:10.1038/s41561-019-0505-5.

135 Jacob Geersen, César R. Ranero, Udo Barckhausen, and Christian Reichert, "Subducting Seamounts Control Interplate Coupling and Seismic Rupture in the 2014 Iquique Earthquake Area," *Nature Communications* 6 (2015): 8267, doi:10.1038/ncomms9267.

136 Anthony B. Watts, Anthony A. P. Kopper, and David P. Robinson, "Seamount Subduction and Earthquakes," *Oceanography* 23, no. 1 (2010): 166−73.

137 James V. Gardner and Andrew A. Armstrong, "The Mariana Trench: A New View Based on Multibeam Echosounding," American Geophysical Union, fall meeting 2011, abstract no. OS13B-1517, https://abstractsearch.agu.org/meetings/2011/FM/OS13B-1517.html

138 Mackenzie Gerringerと著者が交わした会話より、2020年2月19日。

139 Alan Jamiesonが著者に送ったメールより、2020年9月24日。Mackenzie E. Gerringer, "On the Success of the Hadal Snailfishes," *Integral Organismal Biology* 1, no. 1 (2019): 1−18, doi:10.1093/iob/obz004.

140 Alan Jamiesonが著者に送ったメールより、2020年9月24日。

141 Paul H. Yancey, Mackenzie E. Gerringer, Jeffrey C. Drazen, Ashley A. Rowden, and Alan Jamieson, "Marine Fish May Be Biochemically Constrained from Inhabiting the Deepest Ocean Depths," *Proceedings of the National Academy of Sciences (US)* 111, no. 12 (2014): 4461−65, doi:10.1073/pnas.132200311.

142 Mackenzie Gerringerと著者が交わした会話より、2020年2月19日。

143 Kun Wang, Yanjun Shen, Yongzhi Yang, Xiaoni Gan, Guichun Liu, Kuang Hu, Yongxin Li, Zhaoming Gao, Li Zhu, Guoyong Yan, Lisheng He, Xiujuan Shan, Liandong Yang, Suxiang Lu, Honghui Zeng, Xiangyu Pan, Chang Liu, Yuan Yuan, Chenguang Feng, Wenjie Xu, Chenglong Zhu, Wuhan Xiao, Yang Dong, Wen Wang, Qiang Qiu, and Shunping He, "Morphology and Genome of a Snailfish from the Mariana Trench Provide Insights into Deep-sea Adaptation," *Nature Ecology and Evolution* 3 (2019): 823−33, doi:10.1038/s41559-019-0864-8.

144 Hideki Kobayashi, Hirokazu Shimoshige, Yoshikata Nakajima, Wataru Arai, and Hideto Takami, "An Aluminum Shield Enables the Amphipod *Hirondellea gigas* to Inhabit Deep-Sea Environments, " *PLoS One* 14, no. 4 (2019): e0206710, doi:10.1371/journal.pone.0206710.

Special Reference to Diversity and Distribution of Deep-Water Scleractinian Corals," *Bulletin of Marine Science* 81, no. 3 (2007): 311−22. 本書では、中深層と、それより深い海域で生育するサンゴについて述べるが、これより浅い海域にもサンゴと結びついた生態系がある。中有光層（メソフォティック・ゾーン、水深 30 〜 50m）にもあれば、最近になって微光層（ラリフォティック・ゾーン、水深 120 〜 300m）にもあることがわかった。Carole C. Baldwin, Luke Tornabene, and D. Ross Robertson, "Below the Mesophotic," *Scientific Reports* 8 (2018): 4920, doi:10.1038/s41598-018-23067-1.

117 Anna Maria Addamo, Agostina Vertino, Jaroslaw Stolarski, Ricardo García-Jiménez, Marco Taviani, and Annie Machordom, "Merging Scleractinian Genera: The Overwhelming Genetic Similarity Between Solitary *Desmophyllum* and Colonial *Lophelia," BMC Evolutionary Biology* 16 (2012): 108, doi:10.1186/s12862-016-0654-8; Stephen Cairns, "WoRMS Note Details". 2020 年 10 月 14 日閲覧、http://www.marinespecies.org/aphia.php?p=notes&id=307194

118 Nils Piechaud のツイッターより (@ NPiechaud)、2020 年 10 月 14 日。

119 Caitlin Adams, " The Significance of Finding a Previously Undetected Coral Reef," NOAA, Ocean Exploration and Research, August 24, 2018, https://oceanexplorer.noaa.gov/explorations/18deepsearch/logs/aug24/aug24.html

120 Andrea Schröder-Ritzrau, André Freiwald, and Augusto Mangini, "U/Th-Dating of Deep-Water Corals from the Eastern North Atlantic and the Western Mediterranean Sea,"in *Cold- Water Corals and Ecosystems*, André Freiwald and Murray J. Roberts ed. (Heidelberg: Springer, 2005), 157−72.

121 Alberto Lindner, Stephen D. Cairns, and Clifford W. Cunningham, "From Offshore to Onshore: Multiple Origins of Shallow-Water Corals from Deep-Sea Ancestors," *PLoS One* 3, no. 6 (2008): e2429, doi:10.1371/journal.pone.0002429.

122 Amanda S. Kahn, Clark W. Pennelly, Paul R. McGill, and Sally P. Leys, "Behaviors of Sessile Benthic Animals in the Abyssal Northeast Pacific Ocean " *Deep Sea Research Part II: Topical Studies in Oceanography* 173 (2020): 104729, doi:10.1016/j.dsr2.2019.104729.

123「Forest of the Weird（奇妙な者たちの森）」への潜水調査は、太平洋にある米国領太平洋諸島野生生物保護区内にある Laulima O Ka Moana（ラウリマ・オ・カ・モアナ）を 2017 年に NOAA が探査したときに行なわれた。" Dive 11: Forest of the Weird " NOAA. 2020 年 10 月 21 日閲覧、https://oceanexplorer.noaa.gov/okeanos/explorations/ex1706/logs/photolog/welcome.html#cbpi=/okeanos/explorations/ex1706/dailyupdates/media/ video/dive11-forest/forest.html

124 Alex D. Rogers, Amy Baco, Huw Griffiths, Thomas Hart, and Jason M. Hall-Spencer, "Corals on Seamounts," in *Seamounts: Ecology, Fisheries and Conservation,* ed. Tony Pitcher et al. (Oxford: Blackwell, 2007), 141−69.

125 Sarah Samadi, Thomas A. Schlacher, and Bertrand Richer de Forges, "Seamount Benthos," in *Seamounts: Ecology, Fisheries and Conservation*, ed. Tony Pitcher et al. (Oxford: Blackwell, 2007), 119−40.

126 同上

127 スナギンチャク（*Gerardia* sp.）とツノサンゴ（*Leiopathes* sp.）の年齢は、いずれも 2004 年にハワイ沖の水深 400 〜 500m の海底で採集された標本で調べられた。E. Brendan Roark, Thomas Guilderson, Robert B. Dunbara, Stewart J. Fallon, and David A. Mucciarone, "Extreme Longevity in Proteinaceous Deep-Sea Corals," *Proceedings of the National Academy of Sciences (US)* 106, no. 13 (2009): 5204−8, doi:10.1073/pnas.0810875106.

128 Laura F. Robinson, Jess F. Adkins, Norbert Frank, Alexander C. Gagnon, Nancy G. Prouty, E. Brendan Roark, and Tina van de Flierdt, "The Geochemistry of Deep-Sea Coral Skeletons: A Review of Vital Effects and Applications for Palaeoceanography," *Deep-Sea Research II* 99 (2014): 184−98, doi:10.1016/j.dsr2.2013.06.005.

Bacterial Farming by a New Species of Yeti Crab," *PLoS One* 6, no. 11 (2011): e26243, doi:10.1371/journal.pone.0026243.

99 Andrew Thurber と著者が交わした会話より、2019 年 5 月 21 日。

100 Leigh Marsh, Jonathan T. Copley, Paul A. Tyler, and Sven Thatje, "In Hot and Cold Water: Differential Life-History Traits Are Key to Success in Contrasting Thermal Deep-Sea Environments," *Journal of Animal Ecology* 84 (2015): 898−913, doi:10.1111/1365-2656.12337.

101 Florence Pradillon, Bruce Shillito, Craig M. Young, and Françoise Gaill, "Developmental Arrest in Vent Worm Embryos," *Nature* 413 (2018): 698−99.

102 Christopher N. Roterman, Won-Kyung Lee, Xinming Liu, Rongcheng Lin, Xinzheng Li, and Yong-Jin Won, "A New Yeti Crab Phylogeny: Vent Origins with Indications of Regional Extinction in the East Pacific," *PLoS One* 13, no. 3 (2018): e0194696, doi:10.1371/journal.pone.0194696.

103 Christopher Nicolai Roterman と著者が交わした会話より、2019 年 5 月 28 日。

104 Sang-Hui Lee, Won-Kyung Lee, and Yong-Jin Won, "A New Species of Yeti Crab, Genus *Kiwa* MacPherson, Jones and Segonzac, 2005 (Decapoda: Anomura: Kiwaidae), from a Hydrothermal Vent on the Australian-Antarctic Ridge," *Journal of Crustacean Biology* 36, no. 2 (2016): 238−47, doi:10.1163/1937240X-00002418.

105 Roterman et al., "A New Yeti Crab Phylogeny."

◉波のうねり

106 "Massive Aggregations of Octopus Brooding near Shimmering Seeps," Nautilus Live, Ocean Exploration Trust. 2020 年 8 月 18 日閲覧、https://nautiluslive.org/video/2018/10/24/massive-aggregationsoctopus-brooding-near-shimmering-seeps

107 Bruce Robison, Brad Seibel, and Jeffrey Drazen, "Deep-Sea Octopus (*Graneledone boreopacifica*) Conducts the Longest-Known Egg-Brooding Period of Any Animal," *PLoS One* 9, no. 7 (2014): e103437, doi:10.1371/journal.pone.0103437.

108 "Return to the Octopus Garden in Monterey Bay National Marine Sanctuary," Nautilus Live, Ocean Exploration Trust. 2020 年 8 月 18 日閲覧、https://nautiluslive.org/blog/2019/10/13/return-octopusgarden-monterey-bay-national-marine-sanctuary

109 Malcom R. Clark, David A. Bowden, "Seamount Biodiversity: High Variability Both within and between Seamounts in the Ross Sea Region of Antarctica," *Hydrobiologia* 761 (2015): 161−80, doi:10.1007/s10750-015-2327-9.

110 Albert E. Theberge, "Mountains in the Sea," *Hydro International*, May 19, 2016, https://www.hydrointernational.com/content/article/mountains-in-the-sea

111 Herbert Laws Webb, "With a Cable Expedition," *Scribner's Magazine*, October 1890.

112 Peter J. Etnoyer, John Wood, and Thomas C. Shirley, "How Large Is the Seamount Biome?," *Oceanography* 23, no. 1 (2010): 206−9.

113 "Hot Spots," National Geographic Society Resource Library. 2019 年 4 月 5 日閲覧、https://www.nationalgeographic.org/encyclopedia/hot-spots/

114 Paul Wessel, David T. Sandwell, and Seung-Sep Kim, "The Global Seamount Census," *Oceanography* 23, no. 1 (2010): 24−33.

115 深海サンゴについての詳細は、J. Murray Roberts, Andrew J. Wheeler, Andrew Freiwald, and Stephen D. Cairns, *Cold Water Corals: The Biology and Geology of Deep-Sea Coral Habitats* (Cambridge: Cambridge University Press, 2019).

116 一般に深海サンゴは水深 50m より深い海底に生息するものを指す。この深度になると太陽光は弱まり、光合成を行なうのが難しい。Stephen Cairns, "Deep-Water Corals: An Overview with

84 Chong Chen, Jonathan T. Copley, Katrin Linse, Alex D. Rogers, and Julia D. Sigwart, "The Heart of a Dragon: 3D Anatomical Reconstruction of the 'Scaly-Foot Gastropod'(Mollusca: Gastropoda: Neomphalina) Reveals Its Extraordinary Circulatory System," *Frontiers in Zoology* 12 (2015):13, doi:10.1186/s12983-015-0105-1.

85 Satoshi Okada, Chong Chenb, Tomo-o Watsuji, Manabu Nishizawa, Yohey Suzuki, Yuji Sanoe, Dass Bissessur, Shigeru Deguchi, and Ken Takai, "The Making of Natural Iron Sulfide Nanoparticles in a Hot Vent Snail," *Proceedings of the National Academy of Sciences (US)* 116, no. 41 (2019), doi:10.1073/pnas.1908533116.

86 Nadine Le Bris and François Gaill, "How Does the Annelid *Alvinella pompejana* Deal with an Extreme Hydrothermal Environment?," *Reviews of Environmental Science and Biotechnolology 6* (2007):197–221, doi:10.1007/s11157-006-9112-1.

87 Aurélie Tasiemski, Sascha Jung, Céline Boidin-Wichlacz, Didier Jollivet, Virginie Cuvillier-Hot, Florence Pradillon, Costantino Vetriani, Oliver Hecht, Frank D. Sönnichsen, Christoph Gelhaus, Chien-Wen Hung, Andreas Tholey, Matthias Leippe, Joachim Grötzinger, and Françoise Gaill, "Characterization and Function of the First Antibiotic Isolated from a Vent Organism: The Extremophile Metazoan *Alvinella pompejana*," *PLoS One* 9, no. 4 (2014): e95737, doi:10.1371/journal.pone.0095737.

88 Juliette Ravaux, Gérard Hamel, Magali Zbinden, Aurélie A. Tasiemski, Isabelle Boutet, Nelly Léger, Arnaud Tanguy, Didier Jollivet, and Bruce Shillito, " hermal Limit for Metazoan Life in Question: In Vivo Heat Tolerance of the Pompeii Worm, " *PLoS One* 8, no. 5 (2013):e64074, doi:10.1371/journal.pone.0064074.

89 Kazem Kashefi, and Derek R. Lovley, "Extending the Upper Limit For Life," *Science* 301, no. 5635 (2003): 934, doi:10.1126/science.1086823.

90 Sara Teixeira, Ester A. Serrão, and Sophie Arnaud-Haond, "Panmixia in a Fragmented and Unstable Environment: The Hydrothermal Shrimp *Rimicaris exoculata* Disperses Extensively along the Mid-Atlantic Ridge," *PLoS One* 7, no. 6 (2012): e38521, doi:10.1371/journal.pone.0038521.

91 Chong Chen, Jonathan T. Copley, Katrin Linse, and Alex D. Rogers, "Low Connectivity between 'ScalyFoot Gastropod' (Mollusca: Peltospiridae) Populations at Hydrothermal Vents on the Southwest Indian Ridge and the Central Indian Ridge," *Organisms Diversity and Evolution* 15, no. 4 (2015): 663–70, doi:10.1007/s13127-015-0224-8.

92 ペスカデロ海盆の熱水噴出孔の調査でハオリムシのオアシシアの数は、1m^2 あたり 407 ～ 2423 匹になった。注釈 78 の Goffredi et al., "Hydrothermal Vent Fields Discovered."

93 Nicole Dubilier, Claudia Bergin, and Christian Lott, "Symbiotic Diversity in Marine Animals: The Art of Harnessing Chemosynthesis," *Nature Reviews Microbiology* 6 (2008): 725–40, doi:10.1038/nrmicro1992.

94 Paul R. Dando, Alan F. Southward, Eve C. Southward, D. R. Dixon, Alec Crawford, and Moya Crawford, "Shipwrecked Tube Worms," *Nature* 356 (1992):667.

95 David J. Hughes and Moya Crawford, "A New Record of the Vestimentiferan *Lamellibrachia* sp. (Polychaeta: Siboglinidae) from a Deep Shipwreck in the Eastern Mediterranean," *Marine Biodiversity Records* 1 (2008):e21, doi:10.1017/S1755267206001989.

96 Mahlon C. Kennicutt II, James M. Brooks, Robert R. Bidigare, Roger R. Fay, Terry L. Wade, and Thomas J. McDonald, "Vent-Type Taxa in a Hydrocarbon Seep Region on the Louisiana Slope," *Nature* 317 (1985): 351–53, doi:10.1038/317351a0.

97 Jean-Paul Foucher, Graham K. Westbrook, Antje Boetius, Silvia Ceramico, Stéphanie Dupré, Jean Mascle, Jürgen Mienert, Olaf Pfannkuche, Catherine Pierre, and Daniel Praeg, "Structure and Drivers of Cold Seep Ecosystems," *Oceanography* 22, no. 1 (2009):92–109.

98 Andrew R. Thurber, William J. Jones, and Kareen Schnabe, "Dancing for Food in the Deep Sea:

Stieb, Fanny de Busserolles, Martin Malmstrøm, Ole K. Tørresen, Celeste J. Brown, Jessica K. Mountford, Reinhold Hanel, Deborah L. Stenkamp, Kjetill S. Jakobsen, Karen L. Carleton, Sissel Jentoft, Justin Marshall, and Walter Salzburger, "Vision Using Multiple Distinct Rod Opsins in Deep-Sea Fishes," *Science* 364, no. 6440 (2019): 588−92, doi:10.1126/science.aav4632.

72 Alexander L. Davis, Kate N. Thomas, Freya E. Goetz, Bruce H. Robison, Sönke Johnsen, and Karen J. Osborn, "Ultra-Black Camouflage in Deep-Sea Fishes," *Current Biology* 30 (2020): 1−7, doi:10.1016/j.cub.2020.06.044. 深海魚のメラニン顆粒は、抗真菌作用や抗バクテリア作用を示す皮膚層を形成するという利点もある。Karen Osborn と著者が交わした会話より、2019 年 5 月 7 日。

◉化学合成の世界

73 Eric MacPherson, William Jones, and Michel Segonzac, " A New Squat Lobster Family of Galatheoidea (Crustacea, Decapoda, Anomura) from the Hydrothermal Vents of the Pacific-Antarctic Ridge," *Zoosystema* 27, no. 4 (2005): 709−23.

74 " Discovering Hydrothermal Vents, " Woods Hole Oceanographic Institution. 2020 年 8 月 21 日閲覧、https://www.whoi.edu/feature/history-hydrothermalvents/discovery/1977.html

75 Andrew D. Thaler and Diva Amon, "262 Voyages beneath the Sea: A Global Assessment of Macro- and Megafaunal Biodiversity and Research Effort at Deep-Sea Hydrothermal Vents," *PeerJ* 7 (2019): e7397, doi:10.7717/peerj.7397.

76 注釈 74 の "Discovering Hydrothermal Vents," Woods Hole Oceanographic Institution.

77 David A. Clague, Julie F. Martin, Jennifer B. Paduan, David A. Butterfield, John W. Jamieson, Morgane Le Saout, David W. Caress, Hans Thomas, James F. Holden, and Deborah S. Kelley, "Hydrothermal Chimney Distribution on the Endeavour Segment, Juan de Fuca Ridge," *Geochemistry, Geophysics, Geosystems* 21, no. 6 (2020): e2020GC008917, doi:10.1029/2020GC008917.

78 Shana K. Goffredi, Shannon Johnson, Verena Tunnicliffe, David Caress, David Clague, Elva Escobar, Lonny Lundsten, Jennifer B. Paduan, Greg Rouse, Diana L. Salcedo, Luis A. Soto, Ronald Spelz-Madero, Robert Zierenberg, and Robert Vrijenhoek, "Hydrothermal Vent Fields Discovered in the Southern Gulf of California Clarify Role of Habitat in Augmenting Regional Diversity," *Proceedings of the Royal Society B* 284 (2017): 20170817, doi:10.1098/ rspb.2017.0817.

79 大西洋中央海嶺でのエビの密度。Eva Ramirez Llodra, Timothy M. Shank, and Christopher R. German, "Biodiversity and Biogeography of Hydrothermal Vent Species," *Oceanography* 20, no. 1 (2007): 30−41.

80 Avery S. Hatch, Haebin Liew, Stéphane Hourdez, and Greg W. Rouse, "Hungry Scale Worms: Phylogenetics of Peinaleopolynoe (Polynoidae, Annelida), with Four New Species," *ZooKeys* 932 (2020): 27−74, doi:10.3897/zookeys.932.48532.

81 Christopher R. German, Eva Ramirez-Llodra, Maria C. Baker, Paul A. Tyler, and the ChEss Scientific Steering Committee," Deep-Water Chemosynthetic Ecosystem Research during the Census of Marine Life Decade and Beyond: A Proposed Deep-Ocean Road Map," *PLoS One* 6, no. 8 (2011) :e23259, doi:10.1371/journal.pone.0023259.

82 Pelayo Salinas-de-León, Brennan Phillips, David Ebert, Mahmood Shivji, Florencia Cerutti-Pereyra, Cassandra Ruck, Charles R. Fisher, and Leigh Marsh, "Deep-Sea Hydrothermal Vents as Natural Egg-Case Incubators at the Galapagos Rift," *Scientific Reports* 8 (2018):1788, doi:10.1038/s41598-018-20046-4.

83 Colleen M. Cavanaugh, Stephen L. Gardiner, Meredith L. Jones, Holger W. Jannasch, and John B. Waterbury, "Prokaryotic Cells in the Hydrothermal Vent Tube Worm *Riftia pachyptila* Jones: Possible Chemoautotrophic Symbionts," *Science* 213, no. 4505 (1981):340−42.

Deadfalls," *Biology Letters* 11 (2015): 20150072, doi:10.1098/rsbl.2015.0072.

53 Clifton Nunnally と著者が交わした会話より、2019 年 6 月 30 日。

54 思いがけないことに、通常生活している北極海から遠く離れたメキシコ湾に姿を現わした。Jeffrey Marlow, "What Is a Greenland Shark Doing in the Gulf of Mexico?," *Wired,* August 27, 2013, https://www.wired.com/2013/08/what-is-a-greenland-sharkdoing-in-the-gulf-of-mexico/

55 Craig Robert McClain, Clifton Nunnally, River Dixon, Greg W. Rouse, and Mark Benfield, "Alligators in the Abyss: The First Experimental Reptilian Food Fall in the Deep Ocean," *PLoS One* 14, no. 12 (2019): e0225345, doi:10.1371/journal.pone.0225345.

56 Clifton Nunnally と著者が交わした会話より、2019 年 6 月 30 日。

◉ゼリーの捕獲網

57 Ernst Haeckel, *Monographie der Medusen* (Jena: G. Fischer, 1879-1881), 15, Olaf Breidbach, Irenaeus Eibl-Eibesfeldt, and Richard Hartmann, *Art Forms in Nature: Prints of Ernst Haeckel* (Munich: Prestel, 1998) のなかに英語翻訳。

58 Steven H. D. Haddock, "A Golden Age of Gelata: Past and Future Research on Planktonic Ctenophores and Cnidarians," *Hydrobiologia* 530/531 (2004): 549−56.

59 William M. Hamner, "Underwater Observations of Blue-water Plankton: Logistics, Techniques, and Safety Procedures for Divers at Sea," *Limnology and Oceanography* 20 (1975): 1045−51.

60 Alice Alldredge と著者が交わした会話より、2019 年 4 月 22 日。

61 Alice L. Alldredge, "Abandoned Larvacean Houses: A Unique Source of Food in the Pelagic Environment," *Science* 177, no. 4052 (1972): 885−87, doi:10.1126/science.177.4052.885.

62 Anela C. Choy, Steven H. D. Haddock, and Bruce H. Robison, "Deep Pelagic Food Web Structure as Revealed by in Situ Feeding Observations," *Proceedings of the Royal Society B* 284 (2017): 20172116, doi:10.1098/rspb.2017.2116.

63 Anela Choy と著者が交わした会話より、2019 年 4 月 16 日。

64 Karen Osborn と著者が交わした会話より、2019 年 5 月 7 日。

65 Karen J. Osborn, Laurence P. Madin, and Greg W. Rouse, "The Remarkable Squidworm Is an Example of Discoveries That Await in Deep-Pelagic Habitats," *Biology Letters* 7, no. 3 (2010), doi:10.1098/rsbl.2010.0923.

66 Karen J. Osborn, Greg W. Rouse, Shana K. Goffredi, and Bruce Robison, "Description and Relationships of *Chaetopterus pugaporcinus*, an Unusual Pelagic Polychaete (Annelida, Chaetopteridae)," *Biological Bulletin* 212 (2007): 40−54.

67 Karen J. Osborn, Steven H. D. Haddock, Fredrik Pleijel, Laurence P. Madin, and Greg W. Rouse, "Deep-Sea, Swimming Worms with Luminescent 'Bombs'," *Science* 325 (2009): 964, doi:10.1126/science.1172488.

68 Séverine Martini and Steven H. D. Haddock, "Quantification of Bioluminescence from the Surface to the Deep Sea Demonstrates Its Predominance as an Ecological Trait," *Scientific Reports* 7 (2017): 45750, doi:10.1038/srep45750. 生物発光は海底でも見られるが、水中ほどの頻度ではない。Martini と Haddock は海底の動物についても調べて、発光するのはせいぜい 41% であることを見出した。Séverine Martini, Linda Kuhnz, Jérôme Mallefet, and Steven H. D. Haddock, "Distribution and Quantification of Bioluminescence as an Ecological Trait in the Deep-Sea Benthos," *Scientific Reports* 9 (2019): 14654, doi:10.1038/s41598-019-50961-z.

69 Steven Haddock と著者が交わした会話より、2020 年 5 月 8 日。

70 同上。ヤムシは毛顎（もうがく）動物門に属する。

71 Zuzana Musilova, Fabio Cortesi, Michael Matschiner, Wayne I. L. Davies, Jagdish Suresh Patel, Sara M.

31 R. C. Rocha, Phillip J. Clapham, and Yulia V. Ivashchenko, "Emptying the Oceans: A Summary of Industrial Whaling Catches in the 20th Century," *Marine Fisheries Review* 76, no. 4 (2015):37−48, doi:10.7755/MFR.76.4.3.
32 Hal Whitehead, "Estimates of the Current Global Population Size and Historical Trajectory for Sperm Whales," *Marine Ecology Progress Series* 242 (2002):295−304, doi:10.3354/meps242295.
33 Keith P. Bland and Andrew C. Kitchener, "The Anatomy of the Penis of a Sperm Whale (*Physeter catodon* L., 1758)," *Mammal Review* 3, no. 304 (2008):239−44, doi:10.1111/j.1365-2907.2001.00087.x.
34 " Whale That Died off Thailand Had Eaten 80 Plastic Bags," *BBC News*, June 2, 2018, https://www.bbc.co.uk/news/world-asia-44344468
35 Klaus H. Vanselow, Sven Jacobsen, Chris Hall, and Stefan Garthe, "Solar Storms May Trigger Sperm Whale Strandings: Explanation Approaches for Multiple Strandings in the North Sea in 2016," *International Journal of Astrobiology* 17, no. 4 (2018):336−44, doi:10.1017/S147355041700026X.
36 Matt McGrath, "Northern Lights Linked to North Sea Whale Strandings," *BBC News*, September 5, 2017, https://www.bbc.co.uk/news/science-environment-41110082
37 Klaus H. Vanselow and Klaus Ricklefs, "Are Solar Activity and Sperm Whale *Physeter macrocephalus* Strandings around the North Sea Related?," *Journal of Sea Research* 53 (2005):319−27, doi:10.1016/j.seares.2004.07.006.
38 Robert Vrijenhoekと著者が交わした会話より、2019年1月22日。
39 Shana Goffrediと著者が交わした会話より、2019年1月9日。
40 Greg W. Rouse, Shana Goffredi, and Robert C. Vrijenhoek, "Osedax: Bone-Eating Marine Worms with Dwarf Males," *Science* 305, no. 5684 (2004):668−71, doi:10.1126/science.1098650.
41 Greg Rouseと著者が交わした会話より、2019年3月6日。
42 Craig R. Smith, Adrian G. Glover, Tina Treude, Nicholas D. Higgs, and Diva J. Amon, "Whale-Fall Ecosystems: Recent Insights into Ecology, Paleoecology, and Evolution," *Annual Review of Marine Science* 7 (2015):571−96, doi:10.1146/annurev-marine-010213-135144.
43 Craig R. Smith and Amy R. Baco, "Ecology of Whale Falls on the Deep-Sea Floor," *Oceanography and Marine Biology* 41 (2003):311−54.
44 Robert Vrijenhoekと著者が交わした会話より、2019年1月22日。
45 Greg W. Rouse, Shana Goffredi, Shannon B. Johnson, and Robert C. Vrijenhoek, "An Inordinate Fondness for Osedax (Siboglinidae: Annelida): Fourteen New Species of Bone Worms from California," *Zootaxa* 4377, no. 4 (2018):451−89, doi:10.11646/zootaxa.4377.4.1.
これに加えて、発見されてはいるが正式に命名されていない*Osedax*の種類はまだたくさんある。Greg Rouseと著者が交わした会話より、2019年3月6日。
46 Martin Tresguerres, Sigrid Katz, and Greg W. Rouse, "How to Get into Bones: Proton Pump and Carbonic Anhydrase in *Osedax* Boneworms," *Proceedings of the Royal Society B* 280 (2013):20130625, doi:10.1098/rspb.2013.0625.
47 Shana Goffrediと著者が交わした会話より、2019年2月9日。
48 魚の起源や定義についてさらに詳しく知りたければ、Helen Scales, *The Eye of the Shoal* (London: Bloomsbury, 2018)（『魚の自然誌』築地書館　2020年）を参照。
49 Riley Black, "How Did Whales Evolve?" *Smithsonian Magazine*, December 1, 2010, https://www.smithsonianmag.com/science-nature/how-didwhales-evolve-73276956/
50 Robert C. Vrijenhoek, Shannon B. Johnson, and Greg W. Rouse, "A Remarkable Diversity of Bone-eating Worms (*Osedax*; Siboglinidae; Annelida), *BMC Biology* 7 (2009): 74, doi:10.1186/1741-7007-7-74.
51 Robert Vrijenhoekと著者が交わした会話より、2019年1月22日。
52 Silvia Danise and Nicholas D. Higgs, "Bone-eating *Osedax* Worms Lived on Mesozoic Marine Reptile

2020、2020年10月21日閲覧、http://www.marinespecies.org/deepsea, doi:10.14284/352
15 英国艦船イザベラ号の探検による最初の報告では、ゴカイ類やテヅルモヅルを800ファントム（1500m）の深さで捕まえたとしていたが、その時の水深は200ファントム過剰に推定されていたことが150年後にやっとわかった。
16 Thomas R. Anderson and Tony Rice, "Deserts on the Sea Floor: Edward Forbes and His Azoic Hypothesis for a Lifeless Deep Ocean," *Endeavour* 30, no. 4 (2006):131−37, doi:10.1016/j.endeavour.2006.10.003.
17 Noboru Susuki and Kenji Kato, "Studies on Suspended Materials Marine Snow in the Sea. Part I. Sources of Marine Snow," *Bulletin of the Faculty of Fisheries Science Hokkaido University* 4, no. 2 (1953):132−37.
18 Hendrik J. T. Hoving and Bruce H. Robison, "Vampire Squid: Detritivores in the Oxygen Minimum Zone," *Proceedings of the Royal Society B* 279, no. 1747 (2012):4559−67, doi:10.1098/rspb.2012.1357; Alexey V. Golikov, Filipe R. Ceia, Rushan M. Sabirov, Jonathan D. Ablett, Ian G. Gleadall, Gudmundur Gudmundsson, Hendrik J. Hoving, Heather Judkins, Jónbjörn Pálsson, Amanda L. Reid, Rigoberto Rosas-Luis, Elizabeth K. Shea, Richard Schwarz, and José C. Xavier, "The First Global Deep-Sea Stable Isotope Assessment Reveals the Unique Trophic Ecology of Vampire Squid *Vampyroteuthis infernalis* (Cephalopoda)," *Scientific Reports* 9 (2019):19099, doi:10.1038/s41598-019-55719-1.
19 The Five Deeps Expedition 、2020年9月7日閲覧、https://fivedeeps.com/

◉クジラとゴカイ

20 Craig McClain and James Barry, "Beta-Diversity on Deep-Sea Wood Falls Reflects Gradients in Energy Availability," *Biology Letters* 10 (2015):20140129, doi:10.1098/rsbl.2014.0129.
21 Hal Whitehead, *Sperm Whale Societies: Social Evolution in the Ocean* (Chicago, IL: University of Chicago Press, 2003).
22 Helena M. Rozwadowski, *Fathoming the Ocean: The Discovery and Exploration of the Deep Sea* (Cambridge, MA: Harvard University Press, 2008), 44.
23 George C. Wallich, *The North-Atlantic Seabed: Comprising a Diary of the Voyage on Board H.M.S.* Bulldog, *in 1860* (London: Jan Van Voorst, 1862), 110.
24 George J. Race, W. L. Jack Edwards, E. R. Halden, Hugh E. Wilson, and Francis J. Luibel, "A Large Whale Heart," *Circulation* 19 (1959):928−32.
25 Scott Mirceta, Anthony V. Signore, Jennifer M. Burns, Andrew R. Cossins, Kevin L. Campbell, and Michael Berenbrink, "Evolution of Mammalian Diving Capacity Traced by Myoglobin Net Surface Charge," *Science* 340 (2013):1303−11, doi:10.1126/science.1234192.
26 Malcom R. Clarke, "Cephalopoda in the Diet of Sperm Whales of the Southern Hemisphere and Their Bearing on Sperm Whale Biology," *Discovery Reports* 37 (1980), 1−324.
27 Stephanie L. Watwood, Patrick J. O. Miller, Mark Johnson, Peter T. Madsen, and Peter L. Tyack, "Deep-Diving Foraging Behaviour of Sperm Whales (*Physeter macrocephalus*)," *Journal of Animal Ecology* 75 (2006):814−25.
28 Patrick J. O. Miller, Mark P. Johnson, and Peter L. Tyack, "Sperm Whale Behaviour Indicates the Use of Echolocation Click Buzzes 'Creaks'in Prey Capture," *Proceedings of the Royal Society B* 271 (2004):2239−47, doi:10.1098/rspb.2004.2863.
29 Andrea Fais, Mark Johnson, Maria Wilson, Natacha Aguilar Soto, and Peter T. Madsen, "Sperm Whale Predator-Prey Interactions Involve Chasing and Buzzing, but No Acoustic Stunning," *Scientific Reports* 6 (2016):28562, doi:10.1038/srep28562.
30 Watwood et al., "Deep-Diving Foraging Behaviour."

注　釈

第１部

◉深海とは

1　水深 200m より深い海底の面積の合計は約 3 億 6000 万 km²。月の表面積は約 3800 万 km²。

2　Evind O. Straume, Carmen Gaina, Sergei Medvedev, Katharina Hochmuth, Karsten Gohl, Joanne M. Whittaker, Rader Abdul Fattah, Hans Doornenbal, and John R. Hopper, "GlobSed: Updated Total Sediment Thickness in the World's Oceans," *Geochemistry, Geophysics, Geosystems* 20, No4 (April 2019):1756−72, doi:10.1029/2018GC008115.

3　27 カ所の海溝（トレンチ）のほかにも、深海平原に非地震性の舟状海盆（トラフ）が 13 カ所あり、中央海嶺には海嶺の中心軸と直角方向に海底が断裂してできた断層海溝（断層トレンチ）が 7 カ所ある。Heather A. Stewart and Alan J. Jamieson, "Habitat Heterogeneity of Hadal Trenches: Considerations and Implications for Future Studies." *Progress in Oceanography* 161 (2018):47−65, doi:10.1016/j.pocean.2018.01.007.

4　"M9 Quake and 30-Meter Tsunami Could Hit Northern Japan, Panel Says" *Japan Times*, April 21, 2020, https://www.japantimes.co.jp/news/2020/04/21/national/m9-quake-30-meter-tsunami-hit-northern-japan-government-panel/

5　深い海には約 10 億 km³ の水がある。アマゾン川からは毎秒 20 万 m³ の水が流れ出す。

6　Ziliang Jin and Maitrayee Bose, " New Clues to Ancient Water on Itokawa, " *Science Advances* 5, no.5 (2019):eaav8106, doi:10.1126/sciadv.aav8106

7　Jun Wu, Steven J. Desch, Laura Schaefer, Linda T. Elkins, Tanton Kaveh Pahlevan, and Peter R. Buseck, 2019. "Origin of Earth's Water: Chondritic Inheritance Plus Nebular Ingassing and Storage of Hydrogen in the Core," *JGR Planets* 123, no. 10 (2019):2691−2712, doi:10.1029/2018JE005698.

8　Bruce Dorminey, " Earth Oceans Were Homegrown, " *Science*, November 29, 2010, https://www.sciencemag.org/news/2010/11/earth-oceans-were-homegrown

9　Benjamin W. Johnson and Boswell A. Wing, "Limited Archaean Continental Emergence Reflected in an Early Archaean 18O-Enriched Ocean," *Nature Geoscience* 13 (2020):243−48, doi:10.1038/s41561-020-0538-9.

10　Andrew R. Thurber, Andrew K. Sweetman, Bhavani E. Narayanaswamy, Daniel O. B. Jones, Jeroen Ingels, and Roberta L. Hansman, "Ecosystem Function and Services Provided by the Deep Sea," *Biogeosciences* 11 (2014):3941−63, doi:10.5194/bg-11-3941-2014.

11　Dorian Gangloff と著者が交わした会話に、ビー玉の落下速度の計算値の話が出た。2020 年 1 月 12 日。

12　J. Frederick Grassle and Nancy J. Maciolek, "Deep-Sea Species Richness: Regional and Local Diversity Estimates from Quantitative Bottom Samples," *American Naturalist* 139, no. 2 (1992):313−41.

13　Brian R. C. Kennedy, Kasey Cantwell, Mashkoor Malik, Christopher Kelley, Jeremy Potter, Kelley Elliott, Elizabeth Lobecker, Lindsay McKenna Gray, Derek Sowers, Michael P. White, Scott C. France, Steven Auscavitch, Christopher Mah, Virginia Moriwake, Sarah R. D. Bingo, Meagan Putts, and Randi D. Rotjan, "The Unknown and the Unexplored: Insights into the Pacific Deep-Sea Following NOAA CAPSTONE Expeditions," *Frontiers in Marine Science* 6 (2019):480, doi:10.3389/fmars.2019.00480.

14　Adrian G. Glover, Nicholas Higgs, and Tammy Horton, World Register of Deep-Sea Species (WoRDSS),

【ワ行】

【ヤ行】

【ラ行】

【マ行】

【ハ行】

【ナ行】

【タ行】

【サ行】

【カ行】

索　引

【ア行】

著者紹介

ヘレン・スケールズ（Helen Scales）

イギリス生まれ。海洋生物学者。

魚を観察するために数百時間を水のなかで過ごしてきた。

ダイビングやサーフィンをこなし、ブロードキャスターとしてもサイエンス・ライターとしても活躍し、ナショナルジオグラフィック誌やガーディアン紙に寄稿している。海の語り部として知られ、BBCラジオに定期的に出演し、海洋科学、海洋保全などを届けるポッドキャスト「CatchOurDrift」を提供している。ラジオのドキュメンタリー番組では夢の水中生活を紹介し、絶滅の危機にある巻貝を追いながら世界中をめぐった。

著書『Spirals in Time』（邦訳『貝と文明――螺旋の科学、新薬開発から足糸で織った絹の話まで』築地書館）は、ガーディアン紙のベストセラーになった。王立協会生物部門の出版賞の最終候補にも残り、エコノミスト誌、ネイチャー誌、タイムズ紙、ガーディアン紙の年間人気書籍に選ばれ、BBCラジオ4の週間ランキング入りも果たしている。『Eye of the Shoal』（邦訳『魚の自然誌――光で交信する魚、狩りと体色変化、フグ毒とゾンビ伝説』築地書館）では、実際に海に潜って出会った魚にまつわるさまざまな疑問に答え、サイエンス誌などで絶賛された。

訳者紹介

林 裕美子（はやし・ゆみこ）

兵庫県生まれ。小学生の2年間を米国で過ごし、英語教育に熱心な神戸女学院の中高等学部を卒業。信州大学理学部生物学科を卒業してから企業に就職したが、生き物とかかわっていたいと思いなおして同大学院理学専攻科修士課程を修了した。主婦業のかたわら英日・日英の産業翻訳を手がけるようになり、子育てが一段落したころから森林、河川、砂浜などの環境保全活動に携わる。現在は福岡県在住。

監訳書に『ダム湖の陸水学』（生物研究社）と『水の革命』（築地書館）、訳書に『砂――文明と自然』『貝と文明――螺旋の科学、新薬開発から足糸で織った絹の話まで』『魚の自然誌――光で交信する魚、狩りと体色変化、フグ毒とゾンビ伝説』（以上、築地書館）、『日本の木と伝統木工芸』（海青社）、共訳書に『消えゆく砂浜を守る』（地人書館）がある。

深海学
深海底希少金属と死んだクジラの教え

2022年6月20日　初版発行

著者　ヘレン・スケールズ
訳者　林裕美子
発行者　土井二郎
発行所　築地書館株式会社
〒104-0045 東京都中央区築地 7-4-4-201
TEL.03-3542-3731　FAX.03-3541-5799
http://www.tsukiji-shokan.co.jp/
振替 00110-5-19057
印刷・製本　中央精版印刷株式会社
装丁・装画　秋山香代子

　ISBN978-4-8067-1635-8